河南省"十四五"普通高等教育规划教材

工程管理与工程造价专业新形态教材

U0216655

建筑工程 计量与计价

第3版

主　编　刘　钦

副主编　方　俊　闫　瑾

参　编　董晓峰　商克俭　姬中凯　张坤浩
　　　　郑　鑫　闫世敏

主　审　冯东梅

机械工业出版社

CHINA MACHINE PRESS

本书以某地区房屋建筑与装饰工程预算定额为基本依据，并按照《建设工程工程量清单计价规范》（GB 50500—2013）、《房屋建筑与装饰工程工程量计算规范》（GB 50854—2013）以及《工程造价改革工作方案》（建办标〔2020〕38 号）的相关规定编写而成。全书共 12 章，主要内容包括：建设工程计量与计价概述、建设工程定额及定额计价方法、工程量清单计价方法、建筑面积的计算、土石方工程、桩与地基基础工程、砌筑工程、混凝土及钢筋混凝土工程、屋面及防水工程、装饰工程、房屋建筑与装饰工程措施项目及工程量清单计价示例。

本书主要作为高等院校工程造价、工程管理、土木工程、房地产开发与管理等专业本科教材，还可供建筑工程设计、施工、管理和咨询等单位的技术及管理人员学习参考。

图书在版编目（CIP）数据

建筑工程计量与计价/刘钦主编. —3 版. —北京：机械工业出版社，2022.6（2024.8 重印）

河南省"十四五"普通高等教育规划教材　工程管理与工程造价专业新形态教材

ISBN 978-7-111-70940-4

Ⅰ.①建…　Ⅱ.①刘…　Ⅲ.①建筑工程-计量-高等学校-教材②建筑造价-高等学校-教材　Ⅳ.①TU723.3

中国版本图书馆 CIP 数据核字（2022）第 096722 号

机械工业出版社（北京市百万庄大街 22 号　邮政编码 100037）
策划编辑：冷　彬　　　　责任编辑：冷　彬　高凤春
责任校对：陈　越　贾立萍　封面设计：张　静
责任印制：邓　博
北京盛通数码印刷有限公司印刷
2024 年 8 月第 3 版第 4 次印刷
184mm×260mm·20.5 印张·480 千字
标准书号：ISBN 978-7-111-70940-4
定价：65.00 元

电话服务　　　　　　　　网络服务
客服电话：010-88361066　机　工　官　网：www.cmpbook.com
　　　　　010-88379833　机　工　官　博：weibo.com/cmp1952
　　　　　010-68326294　金　书　网：www.golden-book.com
封底无防伪标均为盗版　机工教育服务网：www.cmpedu.com

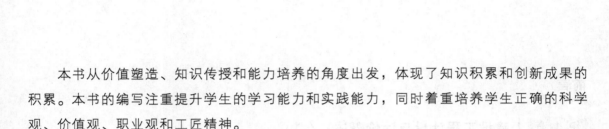

前　言

　　本书从价值塑造、知识传授和能力培养的角度出发，体现了知识积累和创新成果的积累。本书的编写注重提升学生的学习能力和实践能力，同时着重培养学生正确的科学观、价值观、职业观和工匠精神。

　　本书自第 1 版 2005 年出版以来，广受好评，得到广大师生及其他读者的关注与厚爱。第 3 版在第 2 版的基础上，根据《建设工程工程量清单计价规范》（GB 50500—2013）、《房屋建筑与装饰工程工程量计算规范》（GB 50854—2013）、《工程造价改革工作方案》（建办标〔2020〕38 号）进行修订，知识结构合理，具有很强的工程性、实践性、时效性，以满足目前高等院校应用型人才培养目标的需要。本书的编写注重创新，学生扫描书中二维码，可以实景学习典型工程案例分析及观看重要知识点的授课视频，方便随时学习、反复学习，深入掌握核心知识。

　　本书由长期从事建筑工程计量与计价教学和工程实践的教师及从事工程造价工作的工程师共同编写。具体的编写分工如下：河南城建学院刘钦编写第 1 章 1.1~1.3 节，河南城建学院闫瑾编写第 1 章 1.4 节、1.5 节；武汉理工大学方俊编写第 7 章 7.1 节、7.3 节；河南城建学院董晓峰编写第 5 章、第 6 章 6.1~6.3 节和第 8 章；河南城建学院商克俭编写第 2~第 4 章；河南城建学院姬中凯编写第 10 章 10.1~10.3 节、第 11 章和第 12 章 12.2 节；河南城建学院张坤浩编写第 9 章、第 12 章 12.1 节；河南城建学院郑鑫编写第 6 章 6.4 节、第 7 章 7.2 节；河南筑道建筑工程有限公司闫世敏编写第 10 章 10.4~10.6 节。本书由辽宁工程技术大学冯东梅主审。

　　受作者编写水平和写作时间所限，书中难免存在疏漏之处，敬请各位读者批评指正。

编　者

目　录

第1章

建设工程计量与计价概述

1.1 建设工程计量与计价的内涵

工程计量与计价是正确确定工程造价的重要工作。建设工程计量与计价是按照不同单位工程的用途和特点，综合运用技术、经济、管理等手段和方法，根据工程量清单计价规范和消耗量定额以及特定的建设工程设计施工图，对其分项工程、分部工程以及整个单位工程的工程量和工程价格，进行科学合理的预测、优化、计算和分析等一系列活动的总称。

1.1.1 建设工程计量的概念

工程量计算是工程计价活动的重要环节，是指根据工程设计施工图、施工组织设计或施工方案及有关技术经济文件，按照国家、行业相关标准及工程量计算规则等规定，进行工程数量的计算活动，在工程建设中简称工程计量。

由于工程计价的多阶段性和多次性，工程计量也具有多阶段性和多次性。工程计量不仅包括招标阶段工程量清单编制中工程量的计算，也包括投标报价以及合同履约阶段的变更、索赔、支付和结算中工程量的计算和确认。工程计量工作在不同计价过程中有不同的具体内容，例如，在招标阶段主要依据施工图和工程量计算规则确定拟完分部分项工程项目和措施项目的工程数量；在施工阶段主要根据合同约定、施工图及工程量计算规则对已完成工程量进行计算和确认。

1.1.2 工程量的概念与作用

工程量即工程的实物数量，是工程计量的结果，是指按一定规则并以物理计量单位或自然计量单位所表示的建设工程各分部分项工程、措施项目或结构构件的数量。物理计量单位是指长度、面积、体积和质量等法定计量单位。如预制钢筋混凝土方桩以"米"为计量单位，墙面抹灰以"平方米"为计量单位，混凝土以"立方米"为计量单位等。自然计量单位是指建筑成品表现在自然状态下的简单点数所表示的"个""条""樘""块"等计量单位，如门窗工程可以以"樘"为计量单位，桩基工程可以以"根"为计量单位等。

工程量的主要作用如下：

1）工程量是确定建筑工程造价的重要依据。只有准确计算工程量，才能正确计算工程相关费用，合理确定工程造价。

2）工程量是承包方生产经营管理的重要依据。工程量是编制项目管理规划，安排工程施工进度，编制材料供应计划，进行工料分析，编制人工、材料、机具台班需要量，进行工程统计和经济核算的重要依据；也是编制工程形象进度统计报表，向工程建设发包方结算工程价款的重要依据。

3）工程量是发包方管理工程建设的重要依据。工程量是编制建设计划、筹集资金、工程招标文件、工程量清单、建筑工程预算、安排工程价款的拨付和结算、进行投资控制的重要依据。

1.1.3 工程计价的概念与作用

1. 工程计价的概念

工程计价是指按照法律法规及标准规范规定的程序、方法和依据，对工程项目实施建设的各个阶段的工程造价及其构成内容进行预测和估算的行为。《住房和城乡建设部关于进一步推进工程造价管理改革的指导意见》（建标〔2014〕142号）中提出"按照市场决定工程造价原则，全面清理现有工程造价管理制度和计价依据，消除对市场主体计价行为的干扰"，这是目前进行工程计价要依据的工作原则。

2. 工程计价的主要作用

1）工程计价结果反映了工程的货币价值。建设项目兼具单件性与多样性特点，每一个建设项目都需要按业主的特定需求进行单独设计、单独施工，不能批量生产和按整个项目确定价格，只能将整个项目进行分解，划分为可以按有关技术参数测算价格的基本构造单元，即假定建筑工程产品（或称分部、分项工程），计算出基本构造单元的费用，再按照自下而上的分部组合计价法，计算出工程总造价。

2）工程计价结果是投资控制的依据。前一次的计价结果都会用于控制后一次的计价工作。具体说就是，后一次的估价幅度不能超过前一次的。这种控制是在投资者财务能力限度内为取得既定的投资效益所必需的。工程计价基本确定了建设资金的需要量，从而为筹集资金提供了比较准确的依据。

3）工程计价结果是合同价款管理的基础。合同价款管理的各项内容中始终有工程计价活动的存在，如在签约合同价的形成过程中有最高投标限价、投标报价以及签约合同价等计价活动；在工程价款的调整过程中，需要确定调整价款额度，工程计价也贯穿其中；工程价款的支付仍然需要工程计价工作，以确定最终的支付额。

1.2 固定资产投资程序

1.2.1 固定资产投资程序的概念

固定资产投资程序是指一个建设项目从决策、设计、施工到竣工验收

固定资产
投资程序

整个工作过程中各个阶段及其先后次序。固定资产投资涉及面广、环节多，完成一项建设项目，需要进行多方面的工作，其中，有些是前后衔接的，有些是左右配合的，有些是互相交叉的。这些工作必须按照一定的建设程序依次进行，工程项目建设程序是工程建设过程客观规律的反映，是建设工程项目科学决策和顺利进行的重要保证。

1.2.2　固定资产投资程序的内容

一个建设项目，从计划建设到建成投产，一般要经过项目决策、设计、施工和验收等阶段。具体工作内容包括以下各项：

（1）编制项目建议书　建设单位根据国民经济的发展，工农业生产和人民生活的需要，拟投资兴建某建设项目、开发某产品，并论证兴建该项目的必要性、可行性以及兴建的目的、要求、计划等内容，写成报告，建议有关部门同意兴建该项目。

（2）可行性研究　根据上级批准的项目建议书，对建设项目进行可行性研究，减少项目决策的盲目性，使建设项目的确定具有切实的可行性。具体需要做确切的资源勘测，工程地质和水文地质勘察，地形测量，地震、气象、环境保护资料的收集。在此基础上，论证建设项目在技术上的可行性和经济上的合理性，并进行多个方案的比较，推荐最佳方案，作为编制设计任务书的依据。

（3）编制设计任务书　设计任务书是确定固定资产投资项目、编制设计文件的主要依据。它在固定资产投资程序中起主导作用，一方面把国民经济计划落实到建设项目上，另一方面使项目建设及建成投产后所需要的人、财、物有可靠保证。一切新建、扩建、改建项目，都要根据国家发展计划和要求，按照一定的隶属关系，由主管部门组织设计单位编制设计任务书。

（4）选择建设地点　建设地点的选择主要解决三个问题：a. 工程地质、水文地质等自然条件是否可靠；b. 建设时所需的水、电、运输条件是否落实；c. 项目建成投产后的原材料、燃料等是否具备。另外，对生产人员的生活条件、居住环境等也应全面考虑。建设地点的选择，要求在综合研究和进行多方案比较的基础上，提出选点报告。

（5）编制设计文件　建设项目设计任务书和选址报告批准后，建设单位应委托设计单位，按设计任务书的要求编制设计文件。设计文件是安排建设项目和组织工程施工的主要依据。对于一般的大中型项目，一般采用两阶段设计，即初步设计和施工图设计；对于技术上复杂且缺乏设计经验的项目，应增加技术设计阶段。

1）初步设计的目的是确定建设项目在选定的地点、规定期限和拟定的投资数额内进行建设的可能性和合理性，从技术上和经济上对建设项目做出全面规划和合理安排，做出基本技术决定和确定总的建设费用，目的是取得良好的经济效益。如果初步设计提出的总概算超过可行性研究报告投资估算的 10% 以上或其他主要指标需要变动时，要重新报批可行性研究报告。初步设计经主管部门审批，建设项目被列入国家固定资产投资计划后，方可进行下一步的施工图设计。

2）技术设计是为了研究和决定初步设计所采用的工艺过程、建筑和结构形式等方面的主要技术问题，补充完善初步设计。

3）施工图设计是根据已批准的初步设计，绘制出正确、完整和尽可能详尽的建筑安装图，作为工人进行建设工程建造的依据。施工图设计的深度应能满足设备材料的选择与确定、非标准设备的设计和加工制作、施工图预算的编制及建筑工程施工和安装的要求。施工图设计文件一经审查批准，不得擅自进行修改；如遇特殊情况需要进行涉及审查主要内容的修改，必须重新报请原审批部门，由原审批部门委托审查机构审查后再批准实施。

（6）做好建设准备　要保证施工的顺利进行，就必须做好各项建设的准备工作。建设项目设计文件批准之后，建设单位应根据计划要求的建设进度和工作的实际情况，组织拆迁、材料采购、设备订货，办理建设工程质量监督手续，委托工程监理，组织施工招标，择优选定施工企业，办理施工许可证及组织完成"三通一平""五通一平"或者"七通一平"等工作。

（7）安排项目年度计划　根据批准的总概算和建设工期，合理安排建设项目的分年度实施计划。年度计划安排的建设内容，要与能取得的投资、材料、设备和劳动力相适应。配套项目要同时安排，相互衔接。

（8）组织施工　所有建设项目在签订施工承包合同后方可组织施工，并在施工过程中做到计划、设计、施工三个环节互相衔接，以及投资、设计施工图、设备、材料、施工力量五个方面的落实，保证全面完成计划。

（9）生产准备　固定资产投资的最终目的就是要形成新的生产能力。为保证项目建成后能及时投产，建设单位要根据建设项目的生产技术特点，组织专门的生产班子，尽可能建制成套，做好生产准备工作。

（10）竣工验收，交付使用　竣工验收的作用包括：a. 全面考核建设成果，确保项目按设计要求的各项技术经济指标正常使用；b. 为提高建设项目的经济效益和管理水平提供重要依据；c. 是建设项目建设全过程的最后一个程序，是建设成果转入生产使用的标志，是审查投资使用是否合理的重要环节；d. 是建设项目转入生产使用的必要环节。

综上所述，建设项目投资程序是由建筑生产的技术经济特点及建设项目投资的特殊性、连续性、不可间断性等决定的，是工程建设过程客观规律性的反映。

1.3　建设工程造价管理

1.3.1　工程造价的计价种类

建设工程
造价管理

工程计价、估价或编制工程概预算造价，均属于工程造价的范畴，从广义上讲，是指通过编制各类价格文件对拟建工程造价进行预先测算和确定的过程。建设工程分阶段进行，由初步构想到设计图再到工程建设产品，逐步落实，而以建设工程为主体、为对象的工程造价，也逐步地深化、细化和实现实际造价。所以，工程造价是一个由一系列不同用途、不同层次的各类价格所组成的建设工程造价体系，包括建设项目投资估算、设计概算、施工图预算、合同价、工程结算价、竣工决算价等。

（1）投资估算　投资估算是指在项目建议书和可行性研究阶段，根据投资估算指标、类似工程的造价资料、现行的设备材料价格，并结合工程的实际情况，对拟建工程所需投资进行预先测算和确定的过程，估算出的价格称为估算造价。投资估算是决策、筹资和控制造价的主要依据。

（2）设计概算　设计概算是指在初步设计阶段，根据初步设计图、概算定额或概算指标，通过编制工程概算文件对拟建工程所需投资进行预先测算和确定的过程，计算出来的价格称为概算造价。概算造价较估算造价准确，但应在投资估算造价的控制之内，并且是控制拟建项目投资的最高限额。

（3）施工图预算　施工图预算也称为预算造价，它是指在施工图设计阶段，根据施工图以及各种计价依据和有关规定，通过编制造价文件对拟建工程所需投资进行预先测算和确定的过程，计算出来的价格称为施工图预算造价。施工图预算造价较概算造价更为详尽和准确，它是编制招标投标价格和进行工程结算等的重要依据，同样要受概算造价的控制。

（4）合同价　合同价是指在工程承发包阶段，由发包方与承包方签订工程承包合同时共同协商确定的工程合同价格。合同价是工程结算的依据。

（5）工程结算价　以合同价格为基础，根据设计变更与工程索赔等情况，通过编制工程结算书对已完成工程量进行确定的价格称为工程结算价。工程结算价是该结算工程部分的实际价格，是支付工程款项的凭据。

（6）竣工决算价　竣工决算价是指整个建设工程全部完工并经过验收以后，通过编制竣工决算书计算整个项目从立项到竣工验收、交付使用全过程中实际支付的全部建设费用、核定新增资产和考核投资效果的过程，计算出的价格称为竣工决算价。竣工决算价是整个建设工程的最终实际价格。

从以上内容可以看出，建设工程的计价过程是一个由粗到细、由浅入深，最终确定整个工程实际造价的过程，各计价过程之间是相互联系、相互补充、相互制约的关系，前者制约后者，后者补充前者。

1.3.2　工程造价的计价特点

建设工程造价具有单件性计价、多次性计价和分部组合计价等特点。

（1）单件性计价　建设工程是按照特定使用者的专门用途，在指定地点逐个建造的。每项建筑工程为适应不同使用要求，其面积和体积、造型和结构、装修与设备的标准及数量都会有所不同，而且特定地点的气候、地质、水文、地形等自然条件及当地政治、经济、风俗习惯等因素，必然使建筑产品实物形态千差万别。再加上不同地区构成投资费用的各种生产要素（如人工、材料、机械）的价格差异，最终导致建设工程造价的千差万别。所以，建设工程和建筑产品不可能像工业产品那样统一地成批定价，而只能根据它们各自所需的物化劳动和活劳动消耗量逐项计价，即单件计价。

（2）多次性计价　建设工程造价是一个随着工程不断展开而逐渐深化、逐渐细化和逐渐接近实际造价的动态过程，而不是固定的、唯一的和静止的。工程建设的目的是节约投资、获取最大的经济效益，这就要求在整个工程建设的各个阶段依据一定的计价顺序、计价资料和计价方法，分别计算各个阶段的工程造价，并对其进行监督和控制，以防工程费用超支。

（3）分部组合计价　建设工程造价包括从立项到竣工所支出的全部费用，组成内容十分复杂，只有把建设工程分解成能够计算造价的基本组成要素，再逐步汇总，才能准确计算整个工程造价。

1.3.3　工程造价管理体制

工程造价管理体制是指对工程造价进行组织和管理的基本制度和方式方法等的总称。它是建筑市场管理体制的重要内容，主要包括有关造价管理主体的确立、各类造价管理制度的制定、各种经济利益关系的处理、工程造价的调控方式、有关造价管理机构的设置及管理权限和管理职责的划分等内容。

市场经济是以市场为基础的资源配置方式，它必须依据价值规律的客观要求，通过市场的价格信号和竞争机制，引导资源合理流动，从而达到资源合理配置的目的。价格是市场经济中的核心问题，它是商品交换或市场存在的基础，价格管理是最有效的调节手段。价格机制是价格对生产、消费和供求关系等经济活动的自发调节的过程和方式，是市场机制的主要内容。所以，工程造价管理体制是建筑市场运行机制的核心。

我国建设工程造价管理体制的产生和发展过程大体可分为以下几个阶段：

1）1950年至1966年，这一时期是我国工程造价管理机构与概预算定额体系的建立阶段。在此阶段，我国引进和吸收了苏联工程建设的经验，初步建立了我国工程建设领域的概预算制度，工程造价管理体系也逐步建立和完善，对概预算的编制原则、内容、方法和审批、修正办法、程序等做出了明确规定。

2）1967年至19世纪70年代末，这一时期我国曾一度取消了定额管理机构和工程概预算制度。概预算定额管理工作遭到破坏，概预算和定额管理机构被撤销，大量基础资料被销毁。

3）20世纪70年代末，这一时期是工程造价管理机构恢复和工程造价管理制度建立的阶段。我国首先恢复了工程造价管理机构，并进一步组织制定了工程建设概预算定额、费用标准等。1988年在建设部增设了标准定额司，各省（直辖市、自治区）、国务院有关部委相继建立了定额管理站，并在全国颁布了一系列推动工程概预算管理和定额管理发展的文件。1990年经建设部同意，成立了第一个也是唯一代表我国工程造价管理行业的行业协会——中国建设工程造价管理协会（简称中价协）。在此期间，提出了全过程、全方位进行工程程造价控制和动态管理的思路，这标志着我国工程造价的管理由单一的概预算管理向工程造价全过程管理的转变。

4）20世纪80年代至20世纪90年代，这一时期是我国工程造价管理制度逐步完善与快速发展的阶段。在此时期，除了继续按照全过程控制和动态管理的思路对工程造价管理进行改革外，在计价依据方面，首次提出了"量""价"分离的新思想，改变了国家对定额管理的方式，同时，提出了"控制量""指导价""竞争费"的改革设想。这一阶段初步建立了"在国家宏观调控下，以市场形成造价为主的价格机制，项目法人对建设项目的全过程负责，充分发挥协会和其他中介组织作用"的具有中国特色的工程造价管理体制。

5）21 世纪初至今，这一时期是我国市场经济体制下工程管理与计价体制的发展阶段。2003 年，建设部颁布了《建设工程工程量清单计价规范》（GB 50500—2003），这是建设工程计价依据第一次以国家强制性标准的形式出现，初步实现了从传统的定额计价模式到工程量清单计价模式的转变，同时也进一步确立了建设工程计价依据的法律地位，这标志着一个崭新阶段的开始。

2008 年，在总结经验的基础上，通过进一步完善和补充，又颁布了《建设工程工程量清单计价规范》（GB 50500—2008），该标准自 2008 年 12 月 1 日起实施。该标准后于 2013 年颁布新的版本，也就是《建设工程工程量清单计价规范》（GB 50500—2013），2013 年 7 月 1 日开始实施，GB 50500—2008 同时废止。

2017 年，为贯彻落实"简政放权、放管结合、优化服务"改革的要求，国家发改委在 2017 年 12 月 27 日发布第 12 号令，决定废止部分规章及规范性文件，其中包括《关于印发〈关于改进工程建设概预算定额管理工作的若干规定〉等三个文件的通知》。

2020 年，为充分发挥市场在资源配置中的决定性作用，住房和城乡建设部办公厅颁布《关于印发工程造价改革工作方案的通知》，提出加快转变政府职能，优化概算定额、投资估算指标编制发布和动态管理，取消最高投标限价按定额计价的规定，逐步停止发布预算定额。

随着我国市场经济体制的逐步确立，工程造价管理模式发生了一系列的变革，主要体现在以下几个方面：

1）重视和加强项目决策阶段的投资估算工作，努力提高政府投资或国有投资的大中型或重点建设项目的可行性研究报告中投资估算的准确度，切实发挥其控制建设项目总造价的作用。

2）进一步明确概预算工作的重要作用。概预算不仅要计算工程造价，更要能动地影响设计、优化设计，从而发挥控制工程造价、促进建设资金合理使用的作用。工程设计人员要进行多方案的技术经济比较，通过优化设计来保证设计的技术经济合理性。

3）推行工程量清单计价模式，以适应我国建筑市场发展的要求和国际市场竞争的需要，逐步与国际惯例接轨。

4）引入竞争机制，通过招标方式择优选定工程承包单位和设备材料供应单位，以促使这些单位改善经营管理，提高应变能力和竞争能力，降低工程造价。

5）提出用"动态"方法研究和管理工程造价。研究如何体现项目投资额的时间价值，要求各地区、各部门工程造价管理机构定期公布各种设备、材料、人工、机械台班的价格指数和各类工程造价指数，尽快建立地区、部门乃至全国的工程造价管理信息系统。

6）提出对工程造价的估算、概算、预算、承包合同价、结算价、竣工决算价实行一体化管理，并研究如何建立一体化的管理制度，改变过去分段管理的状况。

7）进一步完善和加强对造价工程师执业资格制度的管理，扶持与引导工程造价咨询机构的发展。

我国工程造价管理体制改革的最终目标是建立市场形成价格的机制，实现工程造价管理市场化，与国际惯例接轨，形成社会化的工程造价咨询服务业。

1.3.4 工程造价管理的组织系统

工程造价管理的组织系统是指为实现工程造价管理的目标而进行的有效组织活动，以及与造价管理功能相关的有机群体。工程造价管理的组织系统包括政府行政管理系统、企事业单位管理系统、工程造价咨询企业和中国建设工程造价管理协会。

1. 政府行政管理系统

政府在工程造价管理中既是宏观管理主体，也是政府投资项目的微观管理主体，工程造价管理始终是各级政府经济工作的重要内容。我国政府有一个十分严密的组织系统对工程造价进行管理，设置了多层管理机构，并规定了管理权限和职责范围。我国现行的工程造价管理的政府行政管理系统如图1-1所示。

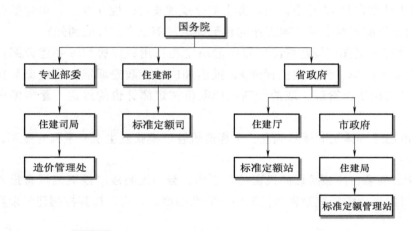

图 1-1 我国现行的工程造价管理的政府行政管理系统

由图1-1可知，国家建设行政主管部门在全国范围内行使控制管理职能，它在工程造价控制管理工作方面承担的主要职责是：

1）组织制定工程造价管理有关法规、制度并组织贯彻实施。

2）组织制定全国统一的建设工程基础定额和部管行业建设工程定额的制定、修订。

3）监督指导全国统一建设工程基础定额和部管行业建设工程定额的实施。

4）制定工程造价咨询企业的资质标准及管理制度，制定工程造价专业技术人员执业资格准入标准及管理制度。

5）对工程造价咨询企业进行监督管理。

省、自治区、直辖市和行业主管部门的造价管理机构，是在其管辖范围内行使管理职能；省辖市和地区的造价管理部门在所辖地区内行使管理职能。其职责大体和国家建设行政主管部门的工程造价管理机构相对应，主要负责本地区、本部门有关规章、制度和定额等的组织制定并贯彻执行，调解、仲裁工程造价纠纷，收集和发布有关造价信息等工作。

2. 企事业单位管理系统

企业或事业单位对工程造价的管理属于微观管理的范畴。例如，建设单位在项目的前期估算投资并进行经济评价，实施项目招标并编制标底、进行评标，在施工阶段通过设计变更、索赔、工程结算等进行造价管理和控制工作；设计单位通过限额设计实现造价控制目标；造价管理工作对施工单位尤为重要，要通过市场调查和自我分析，提出工程估价，研究投标策略进行投标报价，强化索赔意识以保护自身权益，加强管理提高竞争力等。工程造价管理是企业管理的重要组成部分，其在企业组织架构中一般均设有专门的造价管理职能机构，参与企业的日常生产经营活动，收集资料、确定造价并进行控制等，以保证企业经济效益的最大化。

3.　工程造价咨询企业

工程造价咨询企业是指接受委托，对建设项目投资、工程造价的确定与控制提供专业服务的法人组织。工程造价咨询企业按照其营业执照经营范围开展业务，其依法从事工程造价咨询活动，不受行政区域限制。国家鼓励工程造价咨询企业自愿在全国工程造价咨询管理系统完善并及时更新相关信息，供委托方根据工程项目实际情况选择参考。企业对所填写信息的真实性和准确性负责，并接受社会监督。对于提供虚假信息的工程造价咨询企业，不良行为记入企业社会信用档案。

工程造价咨询企业的业务范围包括：

1）建设项目建议书及可行性研究投资估算、项目经济评价报告的编制和审核。

2）建设项目概预算的编制与审核，并配合设计方案比选、优化设计、限额设计等工作进行工程造价分析与控制。

3）建设项目合同价款的确定（包括招标工程工程量清单和最高投标限价或标底、投标报价的编制和审核），合同价款的签订与调整（包括工程变更、工程洽商和索赔费用的计算）及工程款支付，工程结算及竣工结（决）算报告的编制与审核等。

4）工程造价经济纠纷的鉴定和仲裁的咨询。

5）提供工程造价信息服务等。

工程造价咨询企业可以对建设项目的组织实施进行全过程或者若干阶段的管理和服务。

4.　中国建设工程造价管理协会

中国建设工程造价管理协会，是由从事工程造价管理与工程造价咨询服务的单位，以及具有造价工程师注册资格的资深的专家、学者自愿组成的，具有社会团体法人资格的全国性社会团体，是对外代表造价工程师和工程造价咨询服务机构的行业性组织。经住建部同意，民政部核准登记，该协会是非营利性社会组织。

该协会的业务范围包括：

1）研究工程造价管理体制改革、行业发展、行业政策、市场准入制度及行为规范等理论和实践问题。

2）探讨提高政府和业主项目投资效益，科学预测和控制工程造价，促进现代化管理技术在工程造价咨询行业的运用，向国家行政部门提供建议。

3）接受国家行政主管部门委托，承担工程造价咨询行业和造价工程师执业资格及职业教育等具体管理工作，研究提出与工程造价有关的规章制度及工程造价咨询行业的资质标准、合同范本、职业道德规范等行业标准，并推动实施。

4）对外代表我国造价工程师组织和工程造价咨询行业与国际组织及各国同行组织建立联系和交往，签订有关协议，为会员开展国际交流与合作等对外业务服务。

5）建立工程造价信息服务系统，编辑、出版有关工程造价方面的刊物和参考资料，组织交流和推广先进工程造价咨询经验，举办有关职业培训和国际工程造价咨询业务研讨活动。

6）在国内外工程造价咨询活动中，维护和增进会员的合法权益，协调解决会员和行业间的有关问题，受理关于工程造价咨询执业违规的投诉，配合行政主管部门进行处理，并向政府部门和有关方面反映会员单位和工程造价咨询人员的建议和意见。

7）指导各专业委员会和地方造价协会的业务工作。

8）组织完成政府有关部门和社会各界委托的其他业务。

1.3.5 造价工程师

造价工程师分为一级造价工程师和二级造价工程师。一级造价工程师是指经全国统一考试合格，取得一级造价工程师执业资格证书，并经注册从事建设工程造价业务活动的专业技术人员；二级造价工程师是指经各省、自治区、直辖市自主命题并组织实施的考试合格，取得二级造价工程师执业资格证书，并经注册从事建设工程造价业务活动的专业技术人员。

造价工程师的执业资格是履行工程造价管理岗位职责和业务的准入资格。造价工程师执业资格制度是工程造价管理的一项基本制度。该制度规定，凡是从事工程建设活动的建设、设计、施工、工程咨询、工程造价管理等单位和部门，必须在相关岗位配备具有造价工程师执业资格的专业技术人员。

一级造价工程师职业资格考试主要包括建设工程造价管理、建设工程计价、建设工程技术与计量（4个专业）和建设工程造价案例分析（4个专业）四门课程。二级造价工程师职业资格考试主要包括建设工程造价管理基础知识和建设工程计量与计价实务两门课程。

1. 一级造价工程师的执业范围

1）项目建议书、可行性研究投资估算与审核，项目评价造价分析。

2）建设工程设计概算、施工预算编制和审核。

3）建设工程招标投标文件工程量和造价的编制与审核。

4）建设工程合同价款、结算价款、竣工决算价款的编制与管理。

5）建设工程审计、仲裁、诉讼、保险中的造价鉴定，工程造价纠纷调解。

6）建设工程计价依据、造价指标的编制与管理。

7）与工程造价管理有关的其他事项。

2. 二级造价工程师的执业范围

二级造价工程师主要协助一级造价工程师开展相关工作，可独立开展以下具体工作：

1）建设工程工料分析、计划、组织与成本管理，施工图预算、设计概算的编制。

2）建设工程量清单、最高投标限价、投标报价的编制。

3）建设工程合同价款、结算价款和竣工决算价款的编制。

造价工程师应在本人工程造价咨询成果文件上签章，并承担相应责任。工程造价咨询成果文件应由一级造价工程师审核并加盖执业专用章。

对出具虚假工程造价咨询成果文件或者有重大工作过失的造价工程师，不再予以注册，造成损失的依法追究其责任。

取得造价工程师注册证书的人员，应当按照国家专业技术人员继续教育的有关规定接受继续教育，更新专业知识，提高业务水平。

造价工程师不得同时受聘于两个或两个以上单位执业，不得允许他人以本人名义执业，严禁"证书挂靠"。出租出借注册证书的，依据相关法律法规进行处罚；构成犯罪的，依法追究刑事责任。

3. 造价工程师的职责范围

1）凡需报批或审查的工程造价咨询成果文件，应由造价工程师签字并加盖执业专用章，在注明单位名称和加盖单位公章后方属有效。

2）造价工程师的执业范围不得超越其所在单位的业务范围，并且只能受聘于一个单位执行业务。

3）依法签订聘任合同，依法解除聘任合同。

4. 造价工程师的素质要求

造价工程师的职责关系到国家和社会公众利益，对其素质的要求包括以下几个方面：

1）造价工程师是复合型专业管理人才。作为工程造价管理者，造价工程师应是具备工程、经济和管理知识与实践经验的高素质复合型专业人才。

2）造价工程师应具备业务技术能力。业务技术能力是指能应用知识、方法、技术及设备来完成特定任务的能力。

3）造价工程师应具备沟通协调能力。沟通协调能力是指与人共事、打交道的能力。造价工程师应具有高度的责任心和协作精神，善于与业务相关各方人员沟通、协作，共同完成工程造价管理工作。

4）造价工程师应具备组织管理能力。造价工程师应能了解整个组织及自己在组织中的角色，并具有一定的组织管理能力，面对机遇和挑战，能够积极进取、勇于开拓。

5）造价工程师应具有健康的心理和较好的身体素质，以适应紧张、繁忙的造价管理工作。

1.4　建设项目的分解及其价格的形成

建设项目的分解及其价格的形成

对建设项目而言，虽然在范围和内涵上有很大的不确定性，但每一个工程在时间和内容上都构成一个系统工程。为满足工程管理和工程成本经济核算的需要，保证工程造价计价合理确定和有效控制，可把整体、复杂的系统工程分解成若干个小的、易于管理的组成部分。按照我国建设领域内的有关规定和习惯做法，建设项目按照组成内容不同可以由大到小逐级划分为以下五个层次。

1.4.1 建设项目

建设项目是指按照同一个总体设计，在一个或两个以上工地上进行建造的单项工程之和。作为一个建设项目，一般应有独立的设计任务书，行政上是有独立组织建设的管理单位，经济上是进行独立经济核算的法人组织，如一个工厂、一所医院、一所学校等。建设项目的价格一般是由编制设计总概算或修正概算确定的。

1.4.2 单项工程

单项工程是指具有独立的施工条件和设计文件，建成后能够独立发挥生产能力或工程效益的工程项目，如办公楼、教学楼、食堂、宿舍楼等。单项工程是建设项目的组成部分，其工程产品价格是通过编制单项工程综合造价确定的。

1.4.3 单位工程

单位工程是指具有单独设计和独立施工条件并能形成独立使用功能，但竣工后不能独立发挥生产能力或工程效益的工程。

单位工程是单项工程的组成部分，如土建工程、给水排水工程、电气照明工程、设备安装工程等。单位工程的价格一般可通过编制施工图造价确定。单位工程的价格是编制设计总概算、单项工程综合造价的依据。

1.4.4 分部工程

分部工程一般是按单位工程的结构形式、工程部位、构件性质、使用材料、设备种类等的不同而划分的工程项目。它是单位工程的组成部分，如基础工程、墙体工程、脚手架工程、楼地面工程、屋面工程、钢筋混凝土工程、装饰工程等。分部工程费用组成单位工程价格，也是按分部工程发包时确定承发包合同价格的基本依据。

1.4.5 分项工程

分项工程是分部工程的细分，是构成分部工程的基本项目，又称为工程子目或子目。它是通过较为简单的施工过程就可以生产出来，并可用适当的计量单位进行计算的建筑工程或安装工程。一般是按照选用的施工方法、所使用的材料、结构构件规格等不同因素划分施工分项，如在砖石工程中可划分为砖基础、砖墙、砖柱、砌块墙、钢筋砖过梁等分项工程；在土石方工程中可划分为挖土方、回填土、余土外运等分项工程。这种以适当计量单位进行计量的工程实体数量就是工程量，不同步距的分项工程单价是工程造价最基本的计价单位（即单价）。每一个分项工程的费用即为该分项工程的工程量与单价的乘积。

综上所述，对工程造价编制对象进行正确的分项，是有效地计算每个分项工程的工程量的基础。正确编制和套用预算定额，计算每个分项工程的价格是准确可靠地编制工程总造价的一项十分重要的工作。分解建设项目一般是分析它包含几个单项工程，然后按单项工程、单位工程、分部工程、分项工程的顺序逐步细分，即由大项到小项划分。工程造价价格的形成过程，是在正确划分分项工程的基础上，用单价乘以工程量得出分项工程费用，将某一分部工程的所有分项工程费用相加求出该分部工程的费用。同理，再依次计算出单位工程、单项工程、建设项目的工程造价。

1.5　建设工程造价构成

建设项目总投资是指为完成工程项目建设，在建设期（预计或实际）投入的全部费用总和。

建设项目总投资包括建设投资、建设期贷款利息和流动资金三部分。其中建设投资和建设期贷款利息之和对应于固定资产投资，流动资金指为进行正常生产运营，用于购买原材料、燃料、支付工资及其他运营费用等所需的周转资金。

工程造价是指在建设期预计或实际支出的建设费用。工程造价中的主要构成部分是建设投资，根据国家发展和改革委员会及住房和城乡建设部发布的《建设项目经济评价方法与参数（第三版）》（发改投资〔2006〕1325 号）的规定，建设投资包括工程费用、工程建设其他费用和预备费三部分。建设项目总投资的具体构成内容如图 1-2 所示。

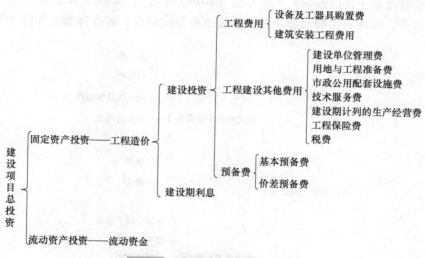

图 1-2　建设项目总投资的构成

图中可以看出，固定资产投资与建设项目的工程造价在量上相等，工程造价包含工程费用、工程建设其他费用、预备费及建设期贷款利息等。

1. 工程费用

工程费用是指建设期内直接用于工程建造、设备购置及其安装的建设投资，可以分为建筑安装工程费用和设备及工器具购置费。

2. 工程建设其他费用

工程建设其他费用是指建设期发生为项目建设或运营必须发生的但不包括在工程费用中

的费用。

3. 预备费是指在建设期内因各种不可预见因素的变化而预留的可能增加的费用，包括基本预备费和价差预备费。

1.5.1 建筑安装工程费用

建筑安装工程费用包括建筑工程费用和安装工程费用两部分。

（1）建筑工程费用 建筑工程费用是指建设项目设计范围内的建设场地平整、土石方工程费；各类房屋建筑及附属于室内的供水、供热、卫生、电气、燃气、通风空调、弱电、电梯等设备及管线工程费；各类设备基础、地沟、水池、冷却塔、烟囱烟道、水塔、栈桥、管架、挡土墙、围墙、厂区道路、绿化等工程费；铁路专用线、厂外道路、码头等工程费。

（2）安装工程费用 安装工程费用是指主要生产、辅助生产、公用等单项工程中需要安装的工艺、电气、自动控制、运输、供热、制冷等设备及装置安装工程费；各种工艺、管道安装及衬里、防腐、保温等工程费；供电、通信、自控等管线电缆的安装工程费。

根据住房和城乡建设部、财政部颁布的《关于印发〈建筑安装工程费用项目组成〉的通知》（建标〔2013〕44号）及住房和城乡建设部发布的《关于做好建筑业营改增建设工程计价依据调整准备工作的通知》（建办标〔2016〕4号），建筑安装工程费用项目按两种不同的方式划分，即按费用构成要素划分和按造价形成划分，其具体构成如图1-3所示。

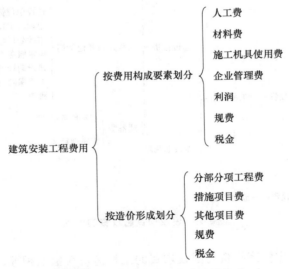

图 1-3 建筑安装工程费用项目组成

1.5.2 按费用构成要素划分建筑安装工程费用项目组成

按照费用构成要素划分，建筑安装工程费用包括人工费、材料费、施工机具使用费、企业管理费、利润、规费和税金。

1. 人工费

人工费是指按工资总额构成规定，支付给从事建筑安装工程施工的生产工人和附属生产单位工人的各项费用。内容包括：

（1）计时工资或计件工资　计时工资或计件工资是指按计时工资标准和工作时间或对已做工作按计件单价支付给个人的劳动报酬。

（2）奖金　奖金是指对超额劳动和增收节支支付给个人的劳动报酬，如节约奖、劳动竞赛奖等。

（3）津贴补贴　津贴补贴是指为了补偿职工特殊或额外的劳动消耗和因其他特殊原因支付给个人的津贴，以及为了保证职工工资水平不受物价影响支付给个人的物价补贴，如流动施工津贴、特殊地区施工津贴、高温（寒）作业临时津贴、高空津贴等。

（4）加班加点工资　加班加点工资是指按规定支付的在法定节假日工作的加班工资和在法定日工作时间外延时工作的加点工资。

（5）特殊情况下支付的工资　特殊情况下支付的工资是指根据国家法律、法规和政策规定，因病、工伤、产假、计划生育假、婚丧假、事假、探亲假、定期休假、停工学习、执行国家或社会义务等原因按计时工资标准或计时工资标准的一定比例支付的工资。

2. 材料费

材料费是指施工过程中耗费的构成工程实体的原材料、辅助材料、构配件、零件、半成品或成品、工程设备的费用。计算材料费的基本要素是材料消耗量和材料单价。材料费具体包括：

（1）材料原价　材料原价是指材料、工程设备的出厂价格或商家供应价格。

（2）运杂费　运杂费是指材料及工程设备自来源地运至工地仓库或指定堆放地点所发生的全部费用。

（3）运输损耗费　运输损耗费是指材料在运输装卸过程中不可避免的损耗。

（4）采购及保管费　采购及保管费是指为组织采购、供应和保管材料及工程设备过程中所需要的各项费用，包括采购费、仓储费、工地保管费、仓储损耗。

工程设备是指构成或计划构成永久工程一部分的机电设备、金属结构设备、仪器装置及其他类似的设备和装置。

3. 施工机具使用费

施工机具使用费是指施工机械作业所发生的施工机械使用费、仪器仪表使用费或其租赁费。

施工机械使用费以施工机械台班耗用量乘以施工机械台班单价表示，施工机械台班单价应由下列七项费用组成：

（1）折旧费　折旧费是指施工机械在规定的使用年限内，陆续收回其原值的时间价值。

（2）大修理费　大修理费是指施工机械按规定的大修理间隔台班进行必要的大修理，以恢复其正常功能所需的费用。

（3）经常修理费　经常修理费是指施工机械除大修理以外的各级保养和临时故障排除所需的费用。经常修理费包括为保障机械正常运转所需替换设备与随机配备工具附具的摊销和维护费用，机械运转中日常保养所需润滑与擦拭的材料费用，以及机械停滞期间的维护和保养费用等。

（4）安拆费及场外运费　安拆费是指施工机械在现场进行安装与拆卸所需的人工、材料、机械和试运转费用，以及机械辅助设施的折旧、搭设、拆除等费用；场外运费是指施工机械整体或分体自停放地点运至施工现场或由一施工地点运至另一施工地点的运输、装卸、辅助材料及架线等费用。

（5）人工费　人工费是指机上司机（司炉）和其他操作人员的人工费。

（6）燃料动力费　燃料动力费是指施工机械在运转作业中所消耗的各种燃料及水、电等。

（7）税费　税费是指施工机械按照国家规定应缴纳的车船使用税、保险费及年检费等。仪器仪表使用费是指工程施工所需使用的仪器仪表的摊销及维修费用。

4. 企业管理费

企业管理费是指建筑安装企业组织施工生产和经营管理所需的费用。内容包括：

（1）管理人员工资　管理人员工资是指按规定支付给管理人员的计时工资、奖金、津贴补贴、加班加点工资及特殊情况下支付的工资等。

（2）办公费　办公费是指企业管理办公用的文具、纸张、账表、印刷、邮电、书报、办公软件、现场监控、会议、水电、烧水和集体取暖降温（包括现场临时宿舍取暖降温）等费用。

（3）差旅交通费　差旅交通费是指职工因公出差、调动工作的差旅费、住勤补助费，市内交通费和误餐补助费，职工探亲路费，劳动力招募费，职工离退休、退职一次性路费，工伤人员就医路费，工地转移费，以及管理部门使用的交通工具的油料、燃料等费用。

（4）固定资产使用费　固定资产使用费是指管理和试验部门及附属生产单位使用的属于固定资产的房屋、设备仪器等的折旧、大修、维修或租赁费。

（5）工具用具使用费　工具用具使用费是指企业施工生产和管理使用的不属于固定资产的工具、器具、家具、交通工具和检验、试验、测绘、消防用具等的购置、维修、摊销费。

（6）劳动保险和职工福利费　劳动保险和职工福利费是指由企业支付的职工退职金、按规定支付给离休干部的经费、集体福利费、夏季防暑降温、冬季取暖补贴、上下班交通补贴。

（7）劳动保护费　劳动保护费是指企业按规定发放的劳动保护用品的支出。

（8）检验试验费　检验试验费是指施工企业按照有关标准规定，对建筑材料、构件和建筑安装物进行一般鉴定、检查所发生的费用，包括自设实验室进行试验所耗用的材料等费用；不包括新结构、新材料的试验费，对构件做破坏性试验及其他特殊要求检验试验的费用和建设单位委托检测机构进行检测的费用。

（9）工会经费　工会经费是指企业按《工会法》规定的全部职工工资总额比例计提的工会经费。

（10）职工教育经费　职业教育经费是指按职工工资总额的规定比例计提，企业为职工进行专业技术和职业技能培训，专业技术人员继续教育、职工职业技术鉴定、职业资格认定以及根据需要对职工进行各类文化教育所发生的费用。

（11）财产保险费 财产保险费是指施工管理用财产、车辆等的保险费用。

（12）财务费 财务费是指企业为施工生产筹集资金或提供预付款担保、履约担保、职工工资支付担保等所发生的各种费用。

（13）税金 税金是指企业按规定缴纳的房产税、车船使用税、土地使用税、印花税等、城市维护建设税、教育费附加、地方教育附加等各项税费。

（14）其他 其他包括技术转让费、技术开发费、投标费、业务招待费、绿化费、广告费、公证费、法律顾问费、审计费、咨询费、保险费等。

5. 利润

利润是指施工企业完成所承包工程获得的盈利，由施工企业根据企业自身需求并结合建筑市场实际自主确定。利润在税前建筑安装工程费用的比重可按不低于 5% 且不高于 7% 计算。

6. 规费

规费是指按国家法律、法规规定，由省级政府和省级有关权力部门规定必须缴纳或计取，应计入建筑安装工程造价的费用。主要包括社会保险费、住房公积金及工程排污费。

（1）社会保险费 社会保险费包括：

1）养老保险费，企业按照规定标准为职工缴纳的基本养老保险费。

2）失业保险费，企业按照规定标准为职工缴纳的失业保险费。

3）医疗保险费，企业按照规定标准为职工缴纳的基本医疗保险费。

4）生育保险费，企业按照规定标准为职工缴纳的生育保险。

5）工伤保险费，企业按照规定标准为职工缴纳的工伤保险费。

（2）住房公积金 住房公积金是指企业按照规定标准为职工缴纳的住房公积金。

（3）工程排污费 工程排污费是指按规定缴纳的施工现场工程排污费。

7. 税金

建筑安装工程费用中的税金就是增值税，增值税按税前造价乘以增值税税率确定。

（1）采用一般计税方法时增值税的计算 当采用一般计税方法时，建筑业增值税税率为 9%，计算公式为

$$增值税＝税前造价×9\%$$

税前造价为人工费、材料费、施工机具使用费、企业管理费、利润和规费之和，各费用项目均以不包含增值税可抵扣进项税额的价格计算。

（2）采用简易计税方法时增值税的计算

1）根据《营业税改征增值税试点实施办法》《营业税改征增值税试点有关事项的规定》以及《关于建筑服务等营改增试点政策的通知》的规定，简易计税方法主要适用于以下几种情况：

① 小规模纳税人发生应税行为适用简易计税方法计税。小规模纳税人通常是指纳税人提供建筑服务的年应征增值税销售额未超过 500 万元，并且会计核算不健全，不能按规定报送有关税务资料的增值税纳税人。年应税销售额超过 500 万元但不经常发生应税行为的单位

也可选择按照小规模纳税人计税。

②一般纳税人以清包工方式提供的建筑服务，可以选择适用简易计税方法计税。以清包工方式提供建筑服务，是指施工单位不采购建筑工程所需的材料或只采购辅助材料，并收取人工费、管理费或者其他费用的建筑服务。

③一般纳税人为甲供工程提供的建筑服务，可以选择适用简易计税方法计税。甲供工程是指全部或部分设备、材料、动力由工程发包方自行采购的建筑工程。其中，建筑工程总承包单位为房屋建筑的地基与基础、主体结构提供工程服务，建设单位自行采购全部或部分钢材、混凝土、砌体材料、预制构件的，适用简易计税方法计税。

④一般纳税人为建筑工程老项目提供的建筑服务可以选择适用简易计税方法计税。建筑工程老项目指的是：a.《建筑工程施工许可证》注明的合同开工日期在 2016 年 4 月 30 日前的建筑工程项目；b. 未取得《建筑工程施工许可证》的，建筑工程承包合同注明的开工日在 2016 年 4 月 30 日前的建筑工程项目。

2）简易计税的计算方法。当采用简易计税方法时，建筑业增值税税率为3%：

$$增值税 = 税前造价 \times 3\%$$

上式中，税前造价为人工费、材料费、施工机具使用费、企业管理费、利润和规费之和，各费用项目均以包含增值税进项税额的含税价格计算。

1.5.3　按造价形成划分建筑安装工程费用项目组成

建筑安装工程费用按照工程造价形成划分为分部分项工程费、措施项目费、其他项目费、规费和税金。

1. 分部分项工程费

分部分项工程费是指各专业工程的分部分项工程应予列支的各项费用。分部分项工程费通常用分部分项工程量乘以综合单价进行计算。综合单价包括人工费、材料费、施工机具使用费、企业管理费和利润，以及一定范围的风险费用。

2. 措施项目费

措施项目费是指为完成工程项目施工，发生于该工程施工前和施工过程中的技术、生活、安全、环境保护等方面（非工程实体项目）的费用。其内容包括：

（1）环境保护费　环境保护费是指施工现场为达到环保部门的要求所需要的各项费用。

（2）文明施工费　文明施工费是指施工现场文明施工所需要的各项费用。

（3）安全施工费　安全施工费是指施工现场安全施工所需要的各项费用。

（4）临时设施费　临时设施费是指施工企业为进行建筑工程施工所必须搭设的生活和生产用的临时建筑物、构筑物和其他临时设施的费用等。临时设施包括临时宿舍、文化福利及公用事业房屋与构筑物，仓库、办公室、加工厂，以及规定范围内的道路、水、电、管线等临时设施和小型临时设施。临时设施费用包括临时设施的搭设、维修、拆除费或摊销费。

（5）夜间施工增加费　夜间施工增加费是指因夜间施工所发生的夜班补助费、夜间施工降效、夜间施工照明设备摊销及照明用电等费用。

（6）冬雨季施工增加费　冬雨季施工增加费是指在冬季或雨季施工需增加的临时设施、

防滑、排除雨雪，人工及施工机械效率降低等费用。

（7）工程定位复测费　工程定位复测费是指工程施工过程中进行全部施工测量放线和复测工作的费用。

（8）特殊地区施工增加费　特殊地区施工增加费是指工程在沙漠或其边缘地区、高海拔、高寒、原始森林等特殊地区施工增加的费用。

（9）二次搬运费　二次搬运费是指因施工场地条件限制而发生的材料、构配件、半成品等一次运输不能到达堆放地点，必须进行二次或多次搬运所发生的费用。

（10）大型机械设备进出场及安拆费　大型机械设备进出场及安拆费是指机械整体或分体自停放场地运至施工现场或由一个施工地点运至另一个施工地点，所发生的机械进出场运输及转移费用，以及机械在施工现场进行安装、拆卸所需的人工费、材料费、机械费、试运转费和安装所需的辅助设施的费用。

（11）混凝土、钢筋混凝土模板及支架费　混凝土、钢筋混凝土模板及支架费是指混凝土施工过程中需要的各种钢模板、木模板、支架等的支、拆、运输费用及模板、支架的摊销（或租赁）费用。

（12）脚手架工程费　脚手架工程费是指施工需要的各种脚手架搭、拆、运输费用及脚手架购置的摊销（或租赁）费用。

（13）已完工程及设备保护费　已完工程及设备保护费是指竣工验收前，对已完工程及设备进行保护所需的费用。

（14）施工排水、降水费　施工排水、降水费是指为确保工程在正常条件下施工，采取各种排水、降水措施所发生的各种费用。

（15）垂直运输费　垂直运输费是指现场所用材料、机具从地面运至相应高度以及职工人员上下工作面等所发生的运输费用。

（16）超高施工增加费　建筑物超高费用是指在由于建筑物的增高，施工人员垂直交通时间以及休息时间的延长产生人工降效，以及与施工人员配合使用的施工机械也随之产生降效，需在相应措施项目中记取的费用。其中包括了由于水压不足所发生的加压水泵台班费用。

其中应予以计量的措施项目费有脚手架工程费、混凝土模板及支架费、垂直运输费、超高施工增加费、大型机械设备进出场及安拆费以及施工排水、降水费。其他的措施项目费不宜计量。

3. 其他项目费

（1）暂列金额　暂列金额是指招标人在工程量清单中暂定并包括在合同价款中的一笔款项。用于施工合同签订时尚未确定或者不可预见的所需材料、设备、服务的采购，施工中可能发生的工程变更、合同约定调整因素出现时的工程价款调整以及发生的索赔、现场签证确认等的费用。

暂列金额由招标人根据工程特点，按有关计价规定估算，施工过程中由招标人掌握使用、扣除合同价款调整后如有余额，归招标人所有。

（2）暂估价　暂估价是指招标人在工程量清单中给定的用于支付必然发生但暂时不能

确定价格的材料、设备以及专业工程的金额。

暂估价中的材料、工程设备暂估单价根据工程造价信息或参照市场价格估算，计入综合单价；专业工程暂估价分不同专业，按有关计价规定估算。暂估价在施工中按照合同约定再加以调整。

（3）计日工　计日工是指在施工过程中，承包人完成发包人提出的工程合同范围以外的零星项目或工作，按合同中约定的单价计价的一种方式。

计日工由发包人和承包人按施工过程中形成的有效签证来计价。

（4）总承包服务费　总承包服务费是指总承包人为配合、协调建设单位进行的专业工程发包，对发包人自行采购的材料、工程设备等进行保管以及施工现场管理、竣工资料汇总整理等服务所需的费用。

总承包服务费由发包人在最高投标限价中根据总包范围和有关计价规定编制，承包人投标时自主报价，施工过程中按签约合同价执行。

4. 规费和税金

规费和税金的构成和计算与按费用构成要素划分建筑安装工程费用项目组成部分是相同的。

1.5.4　设备及工器具购置费

设备及工器具购置费是由设备购置费和工具、器具及生产家具购置费组成的。在生产性工程建设中，设备及工器具购置费占工程造价比重的增大，意味着生产技术的进步和资本有机构成的提高。

1. 设备购置费

设备购置费是指为建设项目购置或自制的达到固定资产标准的各种国产或进口设备、工具、器具的购置费用。它由设备原价和设备运杂费组成。

$$设备购置费 = 设备原价 + 设备运杂费$$

1）设备原价是指国产设备或进口设备的原价。国产设备原价一般指的是设备制造厂的交货价及出厂价或订货合同价，它一般根据生产厂家或供应商的询价、报价、合同价确定，或采用一定的方法计算确定。国产设备原价分为国产标准设备原价和国产非标准设备原价。

2）设备运杂费是指除设备原价之外的关于设备采购、运输、途中包装及仓库保管等方面支出费用的总和。

2. 工具、器具及生产家具购置费

工具、器具及生产家具购置费是指新建或扩建项目初步设计规定的，保证初期正常生产必须购置的没有达到固定资产标准的设备、仪器、工卡模具、器具、生产家具和备品备件等的购置费用。一般以设备购置费为计算基数，按照相应费率按下式计算：

$$工具、器具及生产家具购置费 = 设备购置费 \times 定额费率$$

1.5.5　工程建设其他费用

工程建设其他费用是指从工程筹建到工程竣工验收交付使用的整个建设期间，除工程费用、预备费、建设期贷款利息、流动资金以外的费用。按其内容大体可分为七大类：建设单位管理费、用地与工程准备费、市政公用配套设施费、技术服务费、建设期计列的生产经营费、工程保险费及税费。

1. 建设单位管理费

建设单位管理费是指建设单位为了进行建设项目的筹建、建设、试运转、竣工验收和项目后评估等全过程管理所需的各项管理费用，包括工作人员薪酬及相关费用、办公费、办公场地租用费、差旅交通费、劳动保护费、工具用具使用费、固定资产使用费、招募生产工人费、业务招待费及竣工验收费等。

2. 用地与工程准备费

用地与工程准备费是指取得土地与工程建设施工准备所发生的费用，包括土地使用费和补偿费、场地准备费及临时设施费等。

（1）土地使用费和补偿费　建设用地的取得实质是依法获取国有土地的使用权，获取国有土地使用权的基本方法有出让方式和划拨方式两种，建设土地取得的基本方式还包括租赁和转让两种。

建设用地如果是通过行政划拨方式取得，则须承担征地补偿费用或对原单位或个人的拆迁补偿费用；如果通过市场机制取得，则不但承担以上费用，还须向土地所有者支付有偿使用费，即土地出让金。

（2）场地准备费及临时设施费　场地准备费是指为使工程项目的建设场地达到开工条件，由建设单位组织进行的场地平整等准备工作而发生的费用；临时设施费是指建设单位为满足施工建设需要而提供的未列入工程费用的临时水、电、路、信、气、热等工程和临时仓库等建筑物的建设、维修、拆除、摊销费用或租赁费用，以及货场、码头租赁等费用。

3. 市政公用配套设施费

市政公用配套设施费是指使用市政公用设施的工程项目，按照项目所在地政府有关规定建设或缴纳的市政公用设施建设配套费用。其可以是界区外配套的水、电、路、信等，包括绿化、人防等配套设施。

4. 技术服务费

技术服务费是指在项目建设全部过程中委托第三方提供项目策划、技术咨询、勘察设计、项目管理和跟踪验收评估等技术服务发生的费用。技术服务费包括可行性研究费、专项评价费、勘察设计费、监理费、研究试验费、特殊设备安全监督检验费、监造费、招标费、设计评审费、技术经济标准使用费、工程造价咨询费及其他咨询费等。

5. 建设期计列的生产经营费

建设期计列的生产经营费是指为达到生产经营条件在建设期发生或将要发生的费用，包括联合试运转费、专利及专有技术使用费、生产准备费。联合试运转费是指新建或扩建工程项目竣工验收前，按照设计规定应进行有关无负荷和负荷联合试运转所发生的费用支出大于费用收入的差额部分费用。专利及专有技术使用费是指在建设期内为取得专利、专有技术、商标权、商誉、特许经营权等发生的费用。生产准备费是指新建或扩建工程项目在竣工验收前为保证竣工交付使用而进行必要的生产准备所发生的有关费用。

6. 工程保险费

工程保险费是指为转移工程项目建设的意外风险，在建设期内对建筑工程、安装工程、机械设备和人身安全进行投保而发生的费用。工程保险费包括建筑工程一切险、引进设备财产保险和人身意外伤害险等。不同的建设项目可根据工程特点选择投保险种。

7. 税费

按财政部《基本建设项目建设成本管理规定》（财建〔2016〕504号）工程其他费中的有关规定，税费统一归纳计列，是指耕地占用税、城镇土地使用税、印花税、车船使用税等和行政性收费，不包括增值税。

1.5.6 预备费、建设期贷款利息

1. 预备费

预备费是指在建设期内因各种不可预见因素的变化而预留的可能增加的费用。

预备费包括基本预备费和价差预备费两部分费用。

（1）基本预备费 基本预备费是指在初步设计及概算内难以预料的工程费用，主要包括：

1）在批准的初步设计范围内，技术设计、施工图设计及施工过程中所增加的工程费用；设计变更、局部地基处理等增加的费用。

2）一般自然灾害造成的损失和预防自然灾害所采取的措施费用，实行工程保险的工程项目费用应适当降低。

3）竣工验收时为鉴定工程质量，对隐蔽工程进行必要的挖掘和修复费用。

基本预备费一般用建筑安装工程费用、设备及工器具购置费和工程建设其他费用三者之和乘以基本预备费费率进行计算。基本预备费费率一般按照国家有关部门的规定执行。

（2）价差预备费 价差预备费是指建设项目在建设期内由于价格等变化引起工程造价变化的预留费用。其费用内容包括：人工、设备、材料和施工机械的价差费，建筑安装工程费用及工程建设其他费用的调整，利率、汇率调整等所增加的费用。价差预备费一般用建筑安装工程费用、设备及工器具购置费、工程建设其他费用及基本预备费四者之和为基数进行计算。

2. 建设期贷款利息

建设期贷款利息是指建设项目以负债形式筹集资金在建设期应支付的利息，包括向国内银行和其他非银行金融机构贷款、出口信贷、外国政府贷款、国际商业银行贷款，以及在境内外发行的债券等在建设期内应偿还的贷款利息。按照我国计算工程总造价的规定，在建设期支付的贷款利息也构成工程总造价的一部分。

建设期贷款利息一般按下式计算：

$$建设期每年应计利息=（年初借款累计+当年借款额/2）×年利率$$

1.5.7 流动资金

流动资金是指为进行正常生产运营，用于购买原材料、燃料、支付工资及其他运营费用

等所需的周转资金。在可行性研究阶段用于财务分析时计为全部流动资金，在初步设计及以后阶段用于计算"项目报批总投资"或"项目概算总投资"时计为铺底流动资金。铺底流动资金是指生产经营性建设项目为保证投产后正常的生产运营所需，在项目资本金中筹措的自有流动资金。

习　题

一、单项选择题

1. （　　）是决策、筹资和控制造价的主要依据。

A. 投资估算　　　　　B. 设计概算　　　　　C. 施工图预算　　　　　D. 竣工决算

2. 建设工程计价是一个逐步组合的过程，正确的工程造价组合过程是（　　）。

A. 分部分项工程—单位工程—单项工程

B. 单位工程—分部分项工程—单项工程

C. 单项工程—单位工程—分部分项工程

D. 总造价—单位工程—单项工程

3. 下列属于单位工程的是（　　）。

A. 一所学校　　　　　B. 一栋办公楼　　　　　C. 给水排水工程　　　　　D. 脚手架工程

4. 根据现行建设项目投资构成相关规定，固定资产投资应与（　　）相对应。

A. 建设项目总投资

B. 建筑安装工程费用+设备及工器具购置费

C. 建设投资+建设期贷款利息

D. 工程费用+工程建设其他费用

5. 根据现行建筑安装工程费用项目组成规定，下列费用项目属于按造价形成划分的是（　　）。

A. 企业管理费　　　　　B. 材料费　　　　　C. 工程建设其他费用　　　D. 规费

6. 关于设备及工器具购置费，下列说法中正确的是（　　）。

A. 它是由设备购置费和工具、器具及生活家具购置费组成的

B. 它是固定资产投资中的消极部分

C. 在工业建设中，它占工程造价比重的增大意味着生产技术的进步

D. 在民用建设中，它占工程造价比重的增大意味着生产技术的进步

7. 关于建筑安装工程费用中建筑业增值税的计算，下列说法中正确的是（　　）。

A. 当事人可以自主选择一般计税法或简易计税法计税

B. 一般计税法、简易计税法中的建筑业增值税税率均为9%

C. 采用简易计税法时，税前造价不包含增值税的进项税额

D. 采用一般计税法时，税前造价不包含增值税的进项税额

8. 根据现行建筑安装工程费用项目组成的规定，下列费用项目中属于施工机具使用费的是（　　）。

A. 仪器仪表使用费　　　B. 工具用具使用费　　　C. 检验试验费　　　　D. 运输损耗费

9. 某拟建项目，建筑安装工程费用为11.2亿元，设备及工器具购置费为33.6亿元，工程建设其他费用为8.4亿元，建设单位管理费为3亿元，基本预备费费率为5%，则拟建项目基本预备费为（　　）亿元。

A. 0.56　　　　　　　B. 2.24　　　　　　　C. 2.66　　　　　　　D. 2.81

10. 某新建项目建设期为2年，分年度均衡贷款，2年分别贷款2000万元和3000万元，贷款年利率为10%，建设期内只计息不支付，则建设期贷款利息为（　　　）万元。

A. 455 　　　　　　　　　B. 460 　　　　　　　　　C. 720 　　　　　　　　　D. 830

二、多项选择题（每题至少有两个正确选项）

1. 建设项目投资的程序很多，下列内容属于投资程序中建设准备阶段的是（　　　）。

A. 材料采购、设备订货 　　　　　　　　　B. 办理建设工程质量监督手续

C. 委托工程监理 　　　　　　　　　D. 编制设计文件

E. 办理施工许可手续

2. 根据现行建筑安装工程费用项目组成规定，下列费用项目中属于建筑安装工程企业管理费的有（　　　）。

A. 采购及保管费 　　　　　　　　　B. 工具用具使用费

C. 联合试运转费 　　　　　　　　　D. 地方教育附加费

E. 劳动保险费

3. 按照费用构成要素划分的建筑安装工程费用项目组成规定，下列费用项目应列入材料费的有（　　　）。

A. 周转材料的摊销、租赁费用 　　　　　　　　　B. 材料运输损耗费用

C. 检验试验费 　　　　　　　　　D. 财产保险费

E. 工具用具使用费

4. 根据造价工程师执业资格制度，下列工作内容中属于一级造价工程师执业范围的有（　　　）。

A. 批准工程投资估算

B. 审核工程设计概算

C. 审核工程投标报价

D. 进行工程审计中的造价鉴定

E. 调解工程造价纠纷

5. 根据我国现行建筑安装工程造价计价方法，下列情况中可以选择适用简易计税方法的有（　　　）。

A. 小规模纳税人发生的应税行为

B. 一般纳税人以清包工方式提供的建筑服务

C. 一般纳税人为甲供工程提供的建筑服务

D. 《建筑工程施工许可证》注明的开工日期在2016年4月30日前

E. 实际开工日期在2016年4月30日前的建筑服务

三、简答题

1. 固定资产投资程序分为哪几个阶段？各阶段包括哪些内容？

2. 简述建设项目的投资构成。

第1章练习题

扫码进入在线答题小程序，完成答题可获取答案

第**2**章

建设工程定额及定额计价方法

2.1　建设工程定额计价方法

建设工程定额主要指国家、地方或行业主管部门以及企业自身制定的各种定额，包括工程消耗量定额和工程计价定额等。其中工程消耗量定额包括劳动定额、材料消耗定额和施工机械台班使用定额；工程计价定额包括投资估算指标、概算定额、概算指标和预算定额等。

2.1.1　工程定额

工程定额是一个综合概念，是工程建设中各类定额的总称。工程定额是指在正常施工条件下完成规定计量单位的合格建筑安装工程所消耗的人工、材料、施工机具台班、工期天数及相关费率等的数量标准。

工程定额

为了对工程定额能有一个全面的了解，可以按照不同的原则和方法对它进行科学的分类。按不同的分类方法，工程定额可以分成不同的类型，不同类型的定额的作用也不尽相同。

1. 工程定额的分类

（1）按照定额反映的生产要素消耗性质分类　按照定额反映的生产要素消耗性质，工程定额可分为劳动消耗定额、材料消耗定额及机械台班消耗定额三种形式。

1）劳动消耗定额。劳动消耗定额也称为劳动定额，是指在正常的生产条件下，完成单位合格工程建设产品所需消耗的劳动力的数量标准。劳动定额所反映的是活劳动消耗。按反映活劳动消耗的方式不同，劳动定额有时间定额和产量定额两种形式。时间定额是指为完成单位合格工程建设产品所需消耗生产工人的工作时间标准，以生产工人的工作时间消耗为计量单位来反映；产量定额是指生产工人在单位时间内必须完成工程建设产品的产量标准，以生产工人在单位时间内所必须完成的工程建设产品的数量来反映。为了便于综合和核算，劳动定额大多采用时间定额的形式。

2）材料消耗定额。材料消耗定额是指在正常的生产条件下，完成单位合格工程建设产品所需消耗的材料的数量标准，包括工程建设中使用的原材料、成品、半成品、构配件、燃料，以及水、电等动力资源等。

3）机械台班消耗定额。机械台班消耗定额是指在正常的生产条件下，完成单位合格工程建设产品所需消耗的机械的数量标准。按反映机械消耗的方式不同，机械台班消耗定额同样有时间定额和产量定额两种形式。时间定额是指为完成单位合格工程建设产品所需消耗机械的工作时间标准，以机械的工作时间消耗为计量单位来反映；产量定额是指机械在单位时间内必须完成工程建设产品的产量标准，以机械在单位时间内所必须完成的工程建设产品的数量来反映。

在工程建设领域，任何建设过程都要消耗大量人工、材料和机械。所以劳动定额、材料消耗定额及机械台班消耗定额称为三大基本定额，这三大基本定额都是计量性定额。

（2）按照定额的编制程序和用途分类　按照定额的编制程序和用途，工程定额可分为施工定额、预算定额、概算定额（概算指标）和投资估算指标四种。

1）施工定额。施工定额是指在正常施工条件下，具有合理劳动组织的建筑安装工人，为完成单位合格工程建设产品所需人工、机械、材料消耗的数量标准。它是根据专业施工的作业对象和工艺，以同一施工过程为对象制定的，也是一种计量性的定额。

施工定额是施工单位内部管理的定额，是生产、作业性质的定额，属于企业定额的性质。施工定额反映了企业的施工水平、装备水平和管理水平，主要用于编制施工作业计划、施工预算、施工组织设计，签发施工任务单和限额领料单，作为考核施工单位劳动生产率水平、管理水平的标尺和确定工程成本、投标报价的依据。施工定额也是编制预算定额的依据。

2）预算定额。预算定额是指在合理的劳动组织和正常的施工条件下，为完成单位合格工程建设产品所需人工、材料、机械台班消耗的数量标准。它是将发生在整个施工现场的各项综合操作过程和各项构件的制作过程以分部分项工程为对象制定的。在我国现行的工程造价管理体制下，预算定额是由国家授权部门根据社会平均的生产力发展水平和生产效率水平编制的一种社会标准，它属于社会性定额。它主要用于编制工程价格文件、投资计划、成本计划、财务计划，作为进行工程结算和竣工决算的依据，是政府工程造价管理部门监督和调控工程造价的手段。预算定额是一种计价性定额，单位工程估价表、企业定额表等都是预算定额的表现形式。从编制程序看，施工定额是预算定额的编制基础，而预算定额则是概算定额（概算指标）的编制基础。

3）概算定额（概算指标）。概算定额（概算指标）是指在一般社会平均生产力发展水平及一般社会平均生产效率条件下，为完成单位合格工程建设产品所需人工、材料、机械台班消耗的数量标准。它一般是在预算定额的基础上或根据历史的工程预、决算资料和价格变动等资料，以工程的扩大结构构件的制作过程，甚至整个单位工程施工过程为对象制定的，其定额水平一般为社会平均水平。概算定额项目划分很粗，定额标定对象所包括的工程内容很综合，非常概略。概算定额（概算指标）是计价性定额，主要用于在初步设计阶段进行设计方案技术经济比较及编制设计概算，是投资主体控制建设项目投资的重要依据。概算定额（概算指标）在工程建设的投资管理中发挥着重要作用。

4）投资估算指标。投资估算指标是比概算定额更为综合、扩大的指标，是以整个房屋或构筑物为标定对象编制的计价性定额。它是在各类实际工程的概预算和决算资料的基础上通过技术分析、统计分析编制而成的，主要用于编制投资估算和设计概算，投资项目可行性分析、项目评估和决策，也可用于设计方案的技术经济分析及考核建设成本。

（3）按照投资的费用性质分类　按照投资的费用性质，工程定额可分为建筑工程定额、安装工程定额、工器具定额，以及工程建设其他费用定额等。

1）建筑工程定额。建筑工程定额是建筑工程的施工定额、预算定额、概算定额、概算指标的统称。在我国的固定资产投资中，建筑工程投资所占比例约为60%，因此，建筑工程定额在整个工程定额中所处的地位非常重要。

2）安装工程定额。安装工程定额是安装工程的施工定额、预算定额、概算定额、概算指标的统称。在生产性的项目中，机械设备和电气设备安装工程占有重要地位，在非生产性的项目中，随着社会生活和城市设施的日益现代化，设备安装工程量也在不断增加。所以安装工程定额也是工程定额的重要组成部分。

3）工器具定额。工器具定额是为新建或扩建项目投产运转首次配备的工器具的数量标准。

4）工程建设其他费用定额。工程建设其他费用定额是独立于建筑安装工程、设备和工器具购置之外的其他费用开支的标准，它的发生与整个项目的建设密切相关。工程建设其他费用定额按各项独立费用分别制定，如建设单位管理费定额、生产职工培训费定额、办公和生活家具购置费定额。

（4）按照管理权限和适用范围分类　按照管理权限和适用范围，工程定额可分为全国统一定额、行业统一定额、地区统一定额、企业定额等。

1）全国统一定额。全国统一定额是指由国家建设行政主管部门制定发布的，在全国范围内执行的定额，如全国统一建筑工程基础定额、全国统一安装工程预算定额等。

2）行业统一定额。行业统一定额是指由国务院行业行政主管部门制定发布的，一般只在本行业范围内使用的定额，如冶金工程定额、水利工程定额、铁路或公路工程定额等。

3）地区统一定额。地区统一定额是指由省、自治区、直辖市建设行政主管部门制定颁布的，只在规定的地区范围内使用的定额。它一般是考虑各地区不同的气候条件、资源条件和交通运输条件等编制的，如××省房屋建筑与装饰工程预算定额、××省通用安装工程预算定额等。

4）企业定额。企业定额是指由施工企业根据自身的具体情况制定的，只在企业内部范围内使用的定额。企业定额是企业从事生产经营活动的重要依据，也是企业不断提高生产管理水平和市场竞争能力的重要标志。企业定额编制水平一般应高于国家现行定额，才能满足生产技术发展、企业管理和市场竞争的需要。在工程造价推行市场化的改革中，企业定额在施工企业投标报价中将显示出越来越重要的作用。

（5）按照工程项目的专业类别分类　按照工程项目的专业类别，工程定额可以分为建筑工程定额、安装工程定额、公路工程定额、铁路工程定额、水利工程定额、市政工程定额、园林绿化工程定额等多种专业定额类别。

2. 工程定额的改革与发展

（1）工程定额的改革任务　在传统的定额编制工作中，一方面，因为编制工作复杂，编制周期长，定额数据往往滞后于市场变化；另一方面，定额编制人员的专业局限性、定额编制方式、数据质量等因素，也会导致定额消耗量及费用标准与市场水平存在偏差。因此，传统的定额已经不能很好满足市场需要，同时存在造价信息服务水平不高，造价形成机制不够科学等问题。

为深入贯彻落实党中央、国务院关于推进建筑业高质量发展的决策部署，通过改进工程计量和计价规则、完善工程计价依据发布机制、加强工程造价数据积累、强化建设单位造价管控责任、严格施工合同履约管理等措施，推行清单计量、市场询价、自主报价、竞争定价的工程计价方式，进一步完善工程造价市场形成机制，住房和城乡建设部办公厅于2020年7月24日印发了《工程造价改革工作方案》（建办标〔2020〕38号），该方案指出，改革开放以来，工程造价管理坚持市场化改革方向，在工程发承包计价环节探索引入竞争机制，全面推行工程量清单计价，各项制度不断完善，但还存在定额等计价依据不能很好满足市场需要，造价信息服务水平不高，造价形成机制不够科学等问题。为充分发挥市场在资源配置中的决定性作用，促进建筑业转型升级，需要对工程造价进行改革。其中，与工程造价计价依据改革相关的任务主要包括以下两个方面：

1）完善工程计价依据发布机制。加快转变政府职能，优化概算定额、投资估算指标编制发布和动态管理，取消最高投标限价按定额计价的规定，逐步停止发布预算定额。搭建市场价格信息发布平台，统一信息发布标准和规则，鼓励企事业单位通过信息平台发布各自的人工、材料、机械台班市场价格信息，供市场主体选择。加强市场价格信息发布行为监管，严格信息发布单位主体责任。

2）加强工程造价数据积累。加快建立国有资金投资的工程造价数据库，按地区、工程类型、建筑结构等分类发布人工、材料、项目等造价指标指数利用大数据、人工智能等信息化技术为概预算编制提供依据。加快推进工程总承包和全过程工程咨询，综合运用造价指标指数和市场价格信息，控制设计限额、建造标准、合同价格，确保工程投资效益得到有效发挥。

（2）先进信息技术对工程定额编制的影响　工程计价及造价管理过程中，会产生大量的造价信息数据。随着科技的发展，特别是大数据、人工智能等先进信息技术的发展，为造价信息数据的管理和挖掘提供了现代化的手段。这些先进信息技术势必对企业定额测算和管理的高效化、工程定额编制和管理的动态化及工程定额编制和管理的市场化等方面产生积极且深远的影响。

2.1.2　建设工程定额计价方法及程序

1. 建设工程定额计价方法

建设工程定额计价是我国在很长一段时间内工程造价计算中采用的计价模式，即以各类建设工程定额为依据，按照定额规定的分部分项子项目名称及工程量计算规则，逐项计算工程量，套用相应子项目的定额单价确定分部分项工程费、措施项目费、规费，计算构成工程价格的其他费用、税金，再结合材料费市场价进行材料调差，并对人工费、机械费、管理费进行指数调差，最后汇总得到建筑安装工程价格。

2. 建设工程定额计价程序

（1）单位工程定额计价程序　从定额的计价方法可以知道，编制建设项目单位工程造价最基本的内容有两个：工程量计算和工程计价。定额计价方法的特点就是量与价的结合，根据概算定额或预算定额中的消耗量标准、价格标准，采用规定的计算程序，计算出单位工程造价。图 2-1 为单位工程定额计价程序示意图。

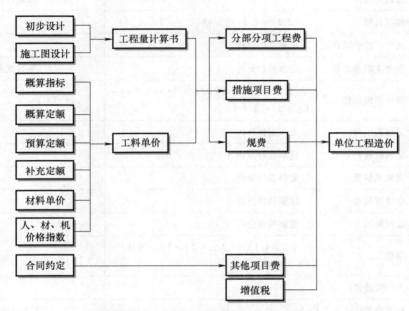

图 2-1　单位工程定额计价程序示意图

（2）工程造价计价程序表　工程造价的计价程序按照计税方法的不同分为一般计税方法和简易计税方法（不常用，此处不讲解），一般计税方法计价程序见表 2-1。

表 2-1　**工程造价计价程序表**（一般计税方法）

序号	费用名称	计算公式	备注
1	分部分项工程费	（1.2）+（1.3）+（1.4）+（1.5）+（1.6）+（1.7）	
1.1	其中：综合工日	定额基价分析	
1.2	定额人工费	定额基价分析	
1.3	定额材料费	定额基价分析	
1.4	定额机械费	定额基价分析	
1.5	定额管理费	定额基价分析	
1.6	定额利润	定额基价分析	

（续）

序号	费用名称	计算公式	备注
1.7	调差	(1.7.1)+(1.7.2)+(1.7.3)+(1.7.4)	
1.7.1	人工费差价		
1.7.2	材料费差价		不含税价调差
1.7.3	机械费差价		
1.7.4	管理费差价		按规定调差
2	措施项目费	(2.2)+(2.3)+(2.4)	
2.1	其中：综合工日	定额基价分析	
2.2	安全文明施工费	定额基价分析	不可竞争费
2.3	单价类措施费	(2.3.1)+(2.3.2)+(2.3.3)+(2.3.4)+(2.3.5)+(2.3.6)	
2.3.1	定额人工费	定额基价分析	
2.3.2	定额材料费	定额基价分析	
2.3.3	定额机械费	定额基价分析	
2.3.4	定额管理费	定额基价分析	
2.3.5	定额利润	定额基价分析	
2.3.6	调差	(2.3.6.1)+(2.3.6.2)+(2.3.6.3)+(2.3.6.4)	
2.3.6.1	人工费差价		
2.3.6.2	材料费差价		不含税价调差
2.3.6.3	机械费差价		
2.3.6.4	管理费差价		按规定调差
2.4	其他措施费（费率类）	(2.4.1)+(2.4.2)	
2.4.1	其他措施费（费率类）	定额基价分析	
2.4.2	其他（费率类）		按约定
3	其他项目费	(3.1)+(3.2)+(3.3)+(3.4)+(3.5)	
3.1	暂列金额		按约定
3.2	专业工程暂估价		按约定
3.3	计日工		按约定
3.4	总承包服务费	业主分包专业工程造价×费率	按约定
3.5	其他		按约定

（续）

序号	费用名称	计算公式	备注
4	规费	(4.1)+(4.2)+(4.3)	不可竞争费
4.1	定额规费	定额基价分析	
4.2	工程排污费		据实计取
4.3	其他		
5	不含税工程造价	(1)+(2)+(3)+(4)	
6	增值税	(5)×9%	一般计税方法
7	含税工程造价	(5)+(6)	

1）计价程序表中，分部分项工程费、单价类措施费中的人工费、材料费、机械费、管理费、利润按照定额基价确定，等于各分部分项工程项目和单价类措施项目的定额工程量乘以基价中的人工费、材料费、机械费、管理费、利润。

2）分部分项工程费、单价类措施费中的人工费差价、材料费差价、机械费差价、管理费差价参照定额相关费用动态调整文件，计算方法如下：

① 人工费。

$$调差后人工费=基期人工费+指数调差$$

② 材料费。

材料费按单价法动态管理。

③ 机械费。机械费实行动态管理，其中，台班组成中的人工费实行指数法动态调整，调整公式如下：

$$调整后机械费=基期机械费+指数调差+单价调差$$

④ 管理费。

$$调整后管理费=基期管理费+指数调差$$

⑤ 指数调差。

$$指数调差=基期费用×调差系数×K_n$$

$$调差系数=（发布期价格指数÷基期价格指数）-1$$

（注：根据某地区基期价格指数文件确定，调整人工费时，K_n 为 1；调整机械费时，K_n 为 1；调整管理费时，K_n 为 6%）

3）安全文明施工费。安全文明施工费按照各分部分项工程项目和单价类措施项目的定额工程量乘以定额基价中的安全文明施工费进行确定。

4）其他措施费。其他措施费包括夜间施工费、二次搬运费和冬雨季施工费。计价过程中按照实际项目是否发生按实记取，其中，夜间施工费比例为 25%，二次搬运费比例为 50%，冬雨季施工费比例为 25%。

5）规费。规费按照各分部分项工程项目和单价类措施项目的定额工程量乘以定额基价中的规费进行确定。

6）其他项目费。其他项目费按照合同约定进行确定。

7）税金。税金等于分部分项工程费、措施项目费、规费、其他项目费的和乘以增值税率。

2.2　建设工程人工、材料、施工机械台班消耗量标准

2.2.1　施工过程及时间研究

1. 施工过程研究

（1）施工过程的概念　施工过程就是在工程建设现场范围内所进行的生产过程。其最终目的是要建造、恢复、改建、移动或拆除工业、民用建筑物和构筑物的全部或一部分。施工过程与其他的物质生产过程一样，也包括生产力三要素，即劳动者、劳动对象、劳动工具。劳动者是指不同工种、不同技术等级的建筑安装工人；劳动对象是指建筑材料、半成品、构件、配件等；劳动工具是指手动工具、小型机具和机械等。每个施工过程的结束都会获得一定的建筑产品，该产品可能是改变了劳动对象的外观形象、内部结构或性质（由于制作和加工的结果），也可能改变了劳动对象的空间位置（由于运输和安装的结果）。

（2）施工过程的分类　对施工过程的研究，首先是对施工过程进行分类，并对施工过程的组成及其各组成部分的相互关系进行分析。按不同的分类标准，施工过程可以分成不同的类型：

1）按施工的性质不同分类，可以分为建筑过程和安装过程。

2）按操作方法不同分类，可以分为手工操作过程、机械化过程和人机并作过程（半机械化过程）。

3）按施工过程劳动分工的特点不同分类，可以分为个人完成的过程、工人班组完成的过程和施工队完成的过程。

4）按施工过程组织的复杂程度分类，可以分为工序、工作过程和综合工作过程。

①工序。工序是组织上分不开和技术上相同的施工过程。工序的主要特征是工人编制、工作地点、施工工具和材料均不发生变化。如果其中有一个因素发生了变化，就意味着从一个工序转入了另一个工序。从施工的技术操作和组织的观点看，工序是工艺方面最简单的施工过程。例如，生产工人在工作面上砌筑砖墙这一生产过程，一般可以划分成铺砂浆、砌砖、刮灰缝等工序；现场使用混凝土搅拌机搅拌混凝土，一般可以划分成将材料装入料斗、提升料斗、将材料装入搅拌机鼓筒、开机拌和及料斗返回等工序；钢筋工程一般可以划分成调直、除锈、切断、弯曲、运输和绑扎等工序。

工序又可以分为更小的组成部分——操作和动作。操作是一个动作接一个动作的组合，如钢筋剪切可以划分为到钢筋堆放处取钢筋、把钢筋放到作业台上、操作钢筋剪切机、取下剪切完的钢筋等操作。动作是由每一个操作分解的一系列连续的针对劳动对象所做出的举动，如到钢筋堆放处取钢筋，可以划分为走到钢筋堆放处、弯腰、抓取钢筋、直腰、回到作业台等动作。

将一个施工过程分解成一系列工序的目的是分析、研究各工序在施工过程中的必要性和

合理性。测定每个工序的工时消耗，分析各工序之间的关系及其衔接时间，最后测定工序的时间消耗标准。一般来说，测定定额分解到工序为止。

② 工作过程。工作过程是由同一工人或同一工人班组所完成的在技术操作上相互有机联系的工序的总和。其特点是，在此过程中生产工人的编制不变、工作地点不变，而材料和工具则可以发生变化。例如，同一组生产工人在工作面上进行铺砂浆、砌砖、刮灰缝等工序的操作，从而完成砌筑砖墙的生产任务，在此过程中生产工人的编制不变、工作地点不变，而材料和工具则发生了变化，由于铺砂浆、砌砖、刮灰缝等工序是砌筑砖墙这一生产过程不可分割的组成部分，它们在技术操作上相互紧密地联系在一起，所以这些工序共同构成一个工作过程。再如，现场生产工人进行装料入斗、提升料斗、材料入鼓、开机拌和及料斗返回等工序的操作，从而完成使用混凝土搅拌机搅拌混凝土这一生产过程的生产任务。所以，上述这些工序共同构成一个工作过程。从施工组织的角度看，工作过程是组成施工过程的基本单元。

③ 综合工作过程。综合工作过程是同时进行的、在施工组织上有机地联系在一起的、最终能获得一种产品的工作过程的总和，其范围可大到整个工程或小到某个构件。例如，混凝土构件现场浇筑的生产过程，是由搅拌、运送、浇捣及养护混凝土等一系列工作过程组成的；钢筋混凝土梁、板等构件的生产过程，是由模板工程、钢筋工程和混凝土工程等一系列工作过程组成的；建筑物土建工程，是由土方工程、钢筋混凝土工程、砌筑工程、装饰工程等一系列工作过程组成的。

施工过程的工序或其组成部分，如果以同样次序不断重复，并且每经过一次重复都可以生产同一种产品，则称为循环的施工过程。反之，若施工过程的工序或其组成部分不是以同样的次序重复，或者生产出来的产品各不相同，这种施工过程则称为非循环的施工过程。

在施工过程分类的基础上，对某个工作过程的各个组成部分之间存在的相互关系进行分析，目的是全面地确定工作过程各组成部分在工艺逻辑和组织逻辑上的相互关系，为时间测量创造条件。

施工过程的研究需采用适当的方法，对被研究的施工过程展开系统的、逐项的分析、记录和考察、研究，以求得在现有设备技术条件下改进落后和薄弱的工作环节，获得更有效、更经济的施工程序和方法。对于施工过程研究的工作方法主要有模型法和动作分析法等，模型法主要包括实物模型、图式模型和数学模型三种，动作分析法主要包括动作要素研究和动作经济原理研究两方面的内容。

（3）施工过程的影响因素　对施工过程的影响因素进行研究的目的是正确确定单位施工产品所需要的作业时间消耗。施工过程的影响因素包括技术因素、组织因素和自然因素。

2. 时间研究

（1）时间研究的概念　时间研究是在一定的标准测定条件下，确定人们完成作业活动所需时间总量的一套程序和方法。其过程是：将生产过程中的某一项工作（某一项工作过程）按照生产的工艺要求及顺序分解成一系列基本的操作（一般为工序），由若干名有代表性的操作人员把这项基本工序反复进行若干次，观测分析人员用秒表测出每一个工序所需要的时间，并以此为基础，定出该项工序的标准时间。时间研究用于测量完成一项工作所必需的时间，以便建立在一定生产条件下的工人或机械的产量标准。

（2）时间研究的作用　时间研究所产生的数据可以在很多方面加以利用。例如，它可作为编制劳动定额和机械消耗定额的依据，还可用于在施工活动中确定合适的人员或机械的配置水平，组织均衡生产；用于制定机械利用和生产成果完成标准，为制定奖励目标提供依据；用于确定标准的生产目标，为费用控制提供依据；用于检查劳动效率和定额的完成情况，作为优化施工方案的依据等。

（3）工作时间分析　时间研究的主要任务是确定在既定的标准工作条件下的时间消耗标准，而根据使用上的要求，该时间消耗标准的计量单位一般为"工日"或"台班"，在8h工作制的条件下，所谓"工日"是指一个工人的工作班延续时间，即一个工人在工作岗位8h。所谓"台班"是指一台机械的工作班延续时间，即一台机械装备在施工现场并正常工作8h。为了确定完成工作的时间标准，有必要对工人或机械在工作班延续时间内的时间利用情况进行分析。

1）工人工作时间消耗的分类。工人在工作班延续时间内消耗的工作时间按其消耗的性质分为两大类：必需消耗的时间和损失时间。

① 必需消耗的工作时间。必需消耗的工作时间是工人在正常施工条件下，为完成一定数量合格产品所必需消耗的时间。它是制定定额的主要根据。必需消耗的工作时间包括有效工作时间、不可避免的中断时间和休息时间。

A. 有效工作时间，是从生产效果来看与产品生产直接有关的时间消耗，包括基本工作时间、辅助工作时间、准备与结束工作时间的消耗。

a. 基本工作时间，是工人完成基本工作所消耗的时间，是完成一定产品的施工工艺过程所消耗的时间。基本工作时间所包括的内容依工作性质而各不相同。例如，砖瓦工的基本工作时间包括砌砖拉线时间、铲灰浆时间、砌砖时间、校验时间；抹灰工的基本工作时间包括准备工作时间、润湿表面时间、抹灰时间、抹平抹光时间；工人操纵机械的时间也属于基本工作时间。基本工作时间的长短与工作量大小成正比。

b. 辅助工作时间，是为保证基本工作能顺利完成所做的辅助性工作所消耗的时间。在辅助工作时间内，产品的形状大小、性质或位置不发生变化，例如施工过程中工具的校正和小修、机械的调整、搭设小型脚手架等所消耗的工作时间等。辅助工作时间的结束，往往是基本工作时间的开始。辅助工作一般是手工操作，但在半机械化的情况下，辅助工作是在机械运转过程中进行的，这时不应再计辅助工作时间的消耗。辅助工作时间的长短与工作量大小有关。

c. 准备和结束工作时间，是执行任务前或任务完成后所消耗的工作时间。例如，工作地点、劳动工具和劳动对象的准备工作时间，工作结束后的整理工作时间等。准备和结束工作时间的长短与所担负的工作量大小无关，但往往与工作内容有关。所以，这项时间消耗又分为班内的准备和结束工作时间，以及任务的准备和结束工作时间。班内的准备和结束工作时间包括工人每天从工地仓库领取工具、检查机械、准备和清理工作地点的时间；准备安装设备的时间；机器开动前的观察和试车的时间；交接班时间等。任务的准备和结束工作时间与每个工作日交替无关，但与具体任务有关。例如，接受施工任务书，研究施工详图，接受技术交底，领取完成该任务所需的工具和设备，以及验收、交工等工作所消耗的时间。

B. 不可避免的中断时间，是由于施工工艺特点所引起的工作中断所消耗的时间。例如，汽车驾驶员在等待汽车装、卸货时消耗的时间，安装工等待起重机吊预制构件的时间。与施工过程工艺特点有关的工作中断时间应作为必需消耗的时间，但应尽量缩短此项时间消耗。与工艺特点无关的工作中断时间是由于劳动组织不合理引起的，属于损失时间。

C. 休息时间，是工人在施工过程中为恢复体力所必需的短暂休息和生理需要消耗的时间。这种时间是为了保证工人精力充沛地进行工作，应作为必需消耗的时间。休息时间的长短与劳动条件有关。在劳动繁重紧张、劳动条件差（如高温）的情况下，休息时间需要长一些。

② 损失时间。损失时间是与产品生产无关，但与施工组织和技术上的缺点有关，与工人或机械在施工过程的个人过失或某些偶然因素有关的时间消耗。损失时间一般不能作为正常的时间消耗因素，在制定定额时一般不加以考虑。损失时间包括多余和偶然工作、停工、违反劳动纪律造成的时间损失。

A. 多余和偶然工作的时间损失，包括多余工作引起的时间损失和偶然工作引起的时间损失两种情况。

a. 多余工作是工人进行了任务以外的而又不能增加产品数量的工作。例如，对质量不合格的墙体返工重砌，对已磨光的水磨石进行多余的磨光等。多余工作的时间损失，一般都是由于工程技术人员和工人的差错而引起的修补废品和多余加工造成的，因此，不应计入定额时间中。

b. 偶然工作是工人在任务外进行的工作，但能够获得一定产品的工作。例如抹灰工不得不补上偶然遗留的墙洞等。从偶然工作的性质看，不应考虑它是必需消耗的时间，但由于偶然工作能获得一定产品，拟定定额时可适当考虑。

B. 停工时间是工作班内停止工作造成的时间损失。停工时间按其性质可分为施工本身造成的停工时间和非施工本身造成的停工时间两种。

a. 施工本身造成的停工时间，是由于施工组织不善、材料供应不及时、工作面准备工作做得不好等情况引起的停工时间。

b. 非施工本身造成的停工时间，是由于气候条件，以及水源、电源中断等引起的停工时间。

拟定定额时，施工本身造成的停工时间不应计算，非施工本身造成的停工时间应给予合理的考虑。

C. 违反劳动纪律造成的时间损失，是指工人在工作班内的迟到早退、擅自离开工作岗位、工作时间内聊天或办私事等造成的时间损失。由于个别工人违反劳动纪律而影响其他工人无法工作的时间损失也包括在内。此项时间损失不应允许存在，因而定额中不能考虑。

2）机械工作时间消耗的分类。在机械化施工过程中，对工作时间消耗的分析和研究除了要对工人工作时间的消耗进行分类研究之外，还需要分类研究机械工作时间的消耗。机械工作时间的消耗也分为必需消耗的工作时间和损失时间。

① 必需消耗的工作时间。必需消耗的工作时间，包括有效工作时间、不可避免的无负荷工作时间和不可避免的中断工作时间。

A. 有效工作时间包括在正常负荷下、有根据地降低负荷下和低负荷下的工作时间消耗。

a. 正常负荷下的工作时间，是机械在与机械说明书规定的计算负荷相符的情况下进行工作的时间。

b. 有根据地降低负荷下的工作时间，是在个别情况下机械由于技术上的原因在低于其计算负荷下工作的时间。例如，汽车运输质量轻而体积大的货物时，不能充分利用汽车的载重吨位；起重机吊装轻型结构时，不能充分利用其起重能力，因而低于其计算负荷。

c. 低负荷下的工作时间，是由于工人或技术人员的过错所造成的施工机械在降低负荷的情况下工作的时间。例如，工人装车的砂石数量不足引起的汽车在降低负荷的情况下工作所延续的时间。此项工作时间不能作为计算时间定额的基础。

B. 不可避免的无负荷工作时间，是由施工过程的特点和机械结构的特点造成的机械无负荷工作的时间。例如，载重汽车在工作班时间的单程"放空车"；筑路机在工作区末端调头等。

C. 不可避免的中断工作时间，是与工艺过程的特点、机械的使用和保养、工人休息有关的不可避免的中断时间。

a. 与工艺过程的特点有关的不可避免的中断工作时间，有循环的和定期的两种。循环的不可避免中断，是在机械工作的每一个循环中重复一次，例如，汽车装货和卸货时的停车。定期的不可避免中断，是经过一定时期重复一次，例如，把灰浆泵由一个工作地点转移到另一个工作地点的工作中断。

b. 与机械有关的不可避免的中断工作时间，是由于工人进行准备与结束工作或辅助工作时，机械停止工作而引起的中断工作时间。它是与机械的使用和保养有关的不可避免的中断时间。

c. 工人休息时间。要注意的是，工人应尽量利用与工艺过程有关的和与机械有关的不可避免的中断工作时间进行休息，以充分利用工作时间。

② 损失时间。损失时间包括机械的多余工作时间、机械的停工时间和违反劳动纪律引起的机械时间损失。

A. 机械的多余工作时间，是机械进行任务内和工艺过程内未包括的工作而延续的时间。例如，搅拌机搅拌灰浆超过规定而多延续的时间；工人没有及时供料而使机械空运转的时间。

B. 机械的停工时间，按其性质也可分为施工本身造成和非施工本身造成的停工。前者是由于施工组织得不好而引起的停工现象，例如由于未及时供给机器水、电、燃料而引起的停工；后者是由于气候条件所引起的停工现象，例如暴雨时压路机的停工。

C. 违反劳动纪律引起的机械时间损失，是指由于工人迟到、早退或擅离岗位等原因引起的机械停工时间。

把上述有关工人或机械在工作班延续时间内的时间利用情况进行分析并整理汇总，得到反映工人在工作班延续时间内时间利用情况的分析汇总表（表2-2）和反映机械在工作班延续时间内时间利用情况的分析汇总表（表2-3）。

表2-2　工人工作时间分类表

项目	时间性质	时间分类构成	
工人工作时间	必需消耗的时间	有效工作时间	基本工作时间
			辅助工作时间
			准备与结束工作时间
		不可避免的中断时间	不可避免的中断时间
		休息时间	休息时间
	损失时间	多余和偶然工作的时间损失	多余工作引起的时间损失
			偶然工作引起的时间损失
		停工时间	施工本身造成的停工时间
			非施工本身造成的停工时间
		违反劳动纪律造成的时间损失	违反劳动纪律造成的时间损失

表2-3　机械工作时间分类表

项目	时间性质	时间分类构成	
机械工作时间	必需消耗的时间	有效工作时间	正常负荷下的工作时间
			有根据地降低负荷下的工作时间
			低负荷下的工作时间
		不可避免的无负荷工作时间	不可避免的无负荷工作时间
		不可避免的中断工作时间	与工艺过程特点有关的中断时间
			与机械有关的中断时间
			工人休息时间
	损失时间	机械的多余工作时间	机械的多余工作时间
		机械的停工时间	施工本身造成的停工时间
			非施工本身造成的停工时间
		违反劳动纪律引起的机械时间损失	违反劳动纪律引起的机械时间损失

总结以上两表的内容，可以发现：

对工人的工作时间来说，基本工作时间是生产工人直接对劳动对象进行操作形成产品所消耗的时间，辅助工作时间是为保证基本工作能顺利完成所做的辅助性工作所消耗的时间，因为这两种时间均发生在工序作业上，所以把它们合并成为工序作业时间，它是完成工序作业的基本时间。而其他时间，包括准备和结束工作时间、不可避免的中断时间，以及必要的休息时间等，均为由于受施工技术及施工组织等技术经济因素的制约而在工作班内不可避免的损耗时间，所以称它们为工作班内的时间损耗。制定劳动定额，不仅应考虑完成单位合格工程建设产品所需的基本时间，还应考虑相应的不可避免的时间损耗。

对机械的工作时间来说，正常负荷下的工作时间，是机械在发挥其额定的生产能力的条件下，直接对操作对象进行操作形成产品所消耗的时间，即机械的基本工作时间，而其他时间，包括有根据地降低负荷下和低负荷下的工作时间、不可避免的无负荷工作时间、不可避免的中断工作时间等，均为由于受施工技术及施工组织等技术经济因素的制约而在工作班内不可避免的损耗时间。制定机械台班消耗定额，不仅应考虑完成单位合格工程建设产品所需机械的基本时间，还应考虑相应的不可避免的时间损耗。

（4）测定时间消耗的基本方法——计时观察法　定额测定是制定定额的一个主要步骤。测定定额是用科学的方法观察、记录、整理、分析施工过程，为制定建筑工程定额提供可靠依据。测定定额通常使用计时观察法。

1）计时观察法的含义、用途及特点。

① 计时观察法的含义。计时观察法是研究工作时间消耗的一种技术测定方法。它以研究工时消耗为对象，观察测时为手段，通过密集抽样和粗放抽样等技术进行直接的时间研究。计时观察法运用于建筑施工中，是以现场观察为特征，所以也称为现场观察法。计时观察法适宜用于研究人工手动过程和机手并动过程的工时消耗。

在施工中，运用计时观察法的主要目的是：a. 查明工作时间消耗的性质和数量；b. 查明和确定各种因素对工作时间消耗数量的影响；c. 找出工时损失的原因和研究缩短工时、减少损失的可能性。

② 计时观察法的用途。计时观察法的用途包括以下几个方面：

A. 取得编制施工的劳动定额和机械定额所需要的基础资料和技术根据。

B. 研究先进工作法和先进技术操作对提高劳动生产率的具体影响，并应用、推广先进工作法和先进技术操作。

C. 研究减少工时消耗的潜力。

D. 研究定额执行情况，包括研究大面积、大幅度超额和达不到定额的原因，积累资料反馈信息。

③ 计时观察法的特点。计时观察法能够把现场工时消耗情况和施工组织技术条件联系起来加以考察。它在施工过程分类和工作时间分类的基础上，利用一整套方法对选定的过程进行全面观察、测时、计量、记录、整理和分析研究，以获得该施工过程的技术组织条件和工时消耗的有技术根据的基础资料，分析出工时消耗的合理性和影响工时消耗的具体因素，以及各个因素对工时消耗影响的程度。所以，它不仅能为制定定额提供基础数据，而且能为改善施工组织管理、改善工艺过程和操作方法、消除不合理的工时损失和进一步挖掘生产潜力提供技术根据。

计时观察法的局限性是考虑人的因素不够。

我国从 20 世纪 50 年代初开始在工程建设中应用计时观察法，已有几十年的历史，但主要局限于编制定额方面。特别是编制施工定额时，运用这种方法提供确定劳动定额和机械台班定额的计算根据。随着体制改革和企业管理的加强，运用这种方法的领域还会得到进一步扩展。

2）计时观察前的准备工作。

① 确定需要进行计时观察的施工过程。计时观察之前的第一个准备工作是研究并确定有哪些施工过程需要进行计时观察。对于需要进行计时观察的施工过程要编出详细的目录，

拟订工作进度计划，制定组织技术措施，并组织编制定额的专业技术队伍，按计划认真开展工作。

② 对施工过程进行预研究。对于已确定的施工过程的性质应进行充分的研究，目的是正确地安排计时观察和收集可靠的原始资料。研究的方法是全面地对各个施工过程及其所处的技术组织条件进行实际调查和分析，以便设计正常的（标准的）施工条件和分析研究测时数据。

A. 熟悉与该施工过程有关的现行技术规范和技术标准等文件和资料。

B. 了解新采用的工作方法的先进程度，了解已经得到推广的先进施工技术和操作，还应了解施工过程中存在的技术组织方面的缺点和由于某些原因造成的混乱现象。

C. 注意系统地收集完成定额的统计资料和经验资料，以便与计时观察所得的资料进行对比分析。

D. 把施工过程划分为若干个组成部分（一般划分到工序）。划分施工过程的目的是便于计时观察。如果计时观察法的目的是研究先进工作法或是分析影响劳动生产率提高或降低的因素，则必须将施工过程划分到操作以致动作。

E. 确定定时点和施工过程产品的计量单位。所谓定时点，即上、下两个相衔接的组成部分之间的分界点。确定定时点，对于保证计时观察的精确性是不容忽略的因素。确定产品计量单位，要能具体地反映产品的数量，并具有最大限度的稳定性。

③ 选择施工的正常条件。绝大多数企业和施工队、组，在合理组织施工的条件下所处的施工条件，称为施工的正常条件。选择施工的正常条件是技术测定的一项重要内容，也是确定定额的依据。

选择施工的正常条件，应该具体考虑下列问题：

A. 所完成的工作和产品的种类，以及对其质量的技术要求。

B. 所采用的建筑材料、制品和装配式结构配件的类型。

C. 采用的劳动工具和机械的类型。

D. 工作的组成，包括施工过程的各个组成部分。

E. 工人的组成，包括小组成员的专业、技术等级和人数。

F. 施工方法和劳动组织，包括工作地点的组织、工人配备和劳动分工、技术操作过程和完成主要工序的方法等。

④ 选择观察对象。所谓观察对象，就是对其进行计时观察的施工过程和完成该施工过程的工人。选择计时观察对象，必须注意所选择的施工过程要完全符合正常施工条件，所选择的建筑安装工人应具有与技术等级相符的工作技能和熟练程度，所承担的工作与其技术等级相等，同时应该能够完成或超额完成现行的施工劳动定额。

⑤ 调查所测定施工过程的影响因素。施工过程的影响因素包括技术、组织及自然因素。例如，产品和材料的特征（规格、质量、性能等）；工具和机械性能、型号；劳动组织和分工；施工技术说明（工作内容、要求等），并附施工简图和工作地点平面布置图。

⑥ 其他准备工作。除上述工作外，还必须准备好必要的用具和表格。例如，测时用的秒表或电子计时器，测量产品数量的工具、器具，记录和整理测时资料用的各种表格等。如

果有条件并且也有必要时，还可配备摄像机和电子记录设备。

3）计时观察法的内容与分类。对施工过程进行观察、测时，计算实物和劳务产量，记录施工过程所处的施工条件和确定影响工时消耗的因素，这是计时观察法的三项主要内容和要求。计时观察法种类很多，其中最主要的有三种，如图2-2所示。

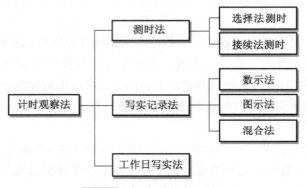

图 2-2　计时观察法的种类

① 测时法。测时法主要适用于测定那些定时重复的、循环工作的工时消耗，是精确度比较高的一种计时观察法。它可分为选择法和接续法两种。

A. 选择法测时。它是间隔选择施工过程中非紧密连接的组成部分（工序或操作）测定工时，精确度达 0.5s。

选择法测时也称为间隔测时法。采用选择法测时，当被观察的某一循环工作的组成部分开始，观察者立即开动秒表，当该组成部分终止，则立即停止秒表。然后把秒表上指示的延续时间记录到选择法测时记录（循环整理）表上，并把秒针拨回到零点。下一组成部分开始，再开动秒表，如此依次观察，并依次记录下延续时间。

采用选择法测时，应特别注意掌握定时点。记录时间时，仍在进行的工作组成部分应不予观察。当所测定的各工序或操作的延续时间较短时，连续测定比较困难，用选择法测时比较方便而且简单。

B. 接续法测时。它是连续测定一个施工过程各工序或操作的延续时间。接续法测时每次要记录各工序或操作的终止时间，并计算出本工序的延续时间。

接续法测时也称为连续法测时。它比选择法测时准确、完善，但观察技术也较之复杂。它的特点是，在工作进行中和非循环组成部分出现之前一直不停止秒表，秒针走动过程中，观察者根据各组成部分之间的定时点，记录它的终止时间。由于这个特点，在观察时，要使用双针秒表，以便使其辅助针停止在某一组成部分的结束时间上。

C. 计时观察数据的整理。计时观察次数越多，取得的时间数据越充足，误差就越小。对每一组成部分进行多次测时的记录所形成的数据序列，称为测时数列。对每次计时观察法的资料进行整理之后，要对整个施工过程的观察资料进行研究和整理。整理观察资料的方法基本上有两种：一种是平均修正法；另一种是图示整理法。这里主要介绍平均修正法。

平均修正法是一种在对测时数列进行修正的基础上，求出平均值的方法。修正测时数列，就是剔除那些偏高、偏低的不正常的数值，并在此基础上求出算术平均值。测时法记录时间的精确度较高，一般可达到 0.2~15s。

② 写实记录法。写实记录法是一种研究各种性质的工作时间消耗的方法。采用这种方法，可以获得分析工作时间消耗的全部资料，是一种值得提倡的方法。

写实记录法的观察对象，可以是一个工人，也可以是一个工人小组。测时用普通表进行，详细记录在一段时间内观察对象的各种活动及其时间消耗（起止时间），以及完成的产品量。写实记录法按记录时间的方法不同分为数示法、图示法和混合法三种。

A. 数示法写实记录。数示法的特征是用数字记录工时消耗，它是三种写实记录法中精确度较高的，精确度达到 5s，可以同时对两个工人进行观察，观察的工时消耗，记录在专门的数示法写实记录表中。数示法用来对整个工作班或半个工作班进行长时间观察，因此能反映工人或机器工作日全部情况。

B. 图示法写实记录。图示法是在规定格式的图表上用时间进度线条表示工时消耗量的一种记录方式，精确度可达到 30s，可同时对 3 个以内的工人进行观察。观察资料记入图示法写实记录表中。观察所得时间消耗资料记录在表的中间部分。表的中部是由 60 个小纵行组成的格网，每一小纵行相当于 1min。开始观察后将各组成部分的延续时间用横线画出，这段横线必须和该组成部分的开始与结束时间相符合。为便于区分两个以上工人的工作时间消耗，又设一辅助直线，将属于同一个工人的横线段连接起来。观察结束后，再分别计算出每一个工人在各个组成部分上的时间消耗，以及各组成部分的工时总消耗。观察时间内完成的产品数量记入产品数量栏。

C. 混合法写实记录。混合法吸取数字法和图示法两种方法的优点，以时间进度线条表示工序的延续时间，在进度线的上部加写数字表示各时间区段的工人数。混合法适用于 3 个以上工人的小组工时消耗的测定与分析。记录观察资料的表格仍采用图示法写实记录表。填写表格时，各组成部分延续时间用图示法填写，完成每一组成部分的工人人数，则用数字填写在该组成部分时间线段的上面。

整理混合法的方法，是将表示分钟数的线段与标在线段上面的工人人数相乘，计算出每一组成部分的工时消耗，记入图示法写实记录表工分总计栏，然后再将总计垂直相加，计算出工时消耗总数。该总计数应与参加该施工过程的工人人数和观察时间的乘积符合。

对于写实记录的各项观察资料也要在事后加以整理。

③ 工作日写实法。工作日写实法是一种研究整个工作班内的各种工时消耗的方法。

运用工作日写实法主要有两个目的：一是取得编制定额的基础资料；二是检查定额的执行情况，找出缺点，改进工作。当它被用来达到第一个目的时，工作日写实的结果要获得观察对象在工作班内工时消耗的全部情况，以及产品数量和影响工时消耗的影响因素。其中工时消耗应该按工时消耗的性质分类记录。当它被用来达到第二个目的时，通过工作日写实应该做到：查明工时损失量和引起工时损失的原因，制定消除工时损失、改善劳动组织和工作地点组织的措施，查明熟练工人是否能发挥自己的专长，确定合理的小组编制和合理的小组分工；确定机器在时间利用和生产率方面的情况，找出使用不当的原因，定出改善机器使用情况的技术组织措施；计算工人或机器完成定额的实际百分比和可能百分比。

工作日写实法与测时法、写实记录法比较，具有技术简便、费力不多、应用面广和资料全面的优点，在我国是一种采用较广的编制定额的方法。

工作日写实法利用写实记录表记录观察资料，记录方法与图示法或混合法相同。记录时间时不需要将有效工作时间分为各个组成部分，只需划分适合于技术水平和不适合于技术水平两类。但是工时消耗还需按性质分类记录。

上述计时观察的主要方法，在实际工作中，有时为了减少测时工作量，往往采取某些简化的方法，这在制定一些次要的、补充的和一次性定额时是很可取的。在查明大幅度超额和完不成定额的原因时，采用简化方法也比较经济。简化的最主要途径是合并组成部分的项目。

2.2.2　人工定额消耗量的确定

人工定额按表现形式的不同，可以分为时间定额和产量定额两种形式，两种定额是互为倒数的关系。人工定额的影响因素很多，通过各种因素及相关资料的统计和分析，可以获得人工定额的各种必需消耗时间。将此时间进行整理或换算，最后把全部定额时间进行整合就是整个工作过程的人工消耗定额。

1. 确定工序作业时间

依据各种资料的分析整合与筛选，可以获取各种产品的基本工作时间和辅助工作时间，这两个时间就组成了工序作业时间，是整个产品定额时间的基础。

（1）基本工作时间　必需消耗的工作时间中占比较大的就是基本工作时间，因此，基本工作时间的确定就必须精确详细。基本工作时间的计算一般依据计时观察资料来确定。其做法是，首先确定工作过程每一组成部分的工时消耗，然后再综合出工作过程的工时消耗。如果组成部分的产品计量单位和工作过程的产品计量单位不符，就需先求出不同计量单位的换算系数，进行产品计量单位的换算，然后再相加，求得工作过程的工时消耗。

（2）辅助工作时间　辅助工作时间与基本工作时间的确定方法基本一致。

2. 确定规范时间

规范时间由准备和结束时间、不可避免的中断时间及休息时间三部分组成。

3. 确定时间定额

时间定额由基本工作时间、辅助工作时间、准备和结束工作时间、不可避免的中断时间与休息时间这五部分组成，依据时间定额可计算出产量定额，时间定额和产量定额互成倒数。计算公式如下：

$$工序作业时间=基本工作时间+辅助工作时间$$

$$规范时间=准备与结束工作时间+不可避免的中断时间+休息时间$$

$$工序作业时间=基本工作时间+辅助工作时间=基本工作时间/[1-辅助时间占比(\%)]$$

$$时间定额=工序作业时间/[1-规范时间占比(\%)]$$

> **例 2-1**　工作日写实法测定数据显示，完成 $10m^3$ 某现浇混凝土工程需基本工作时间 $8h$，辅助工作时间占工序作业时间的 8%，准备和结束工作时间、不可避免的中断时间、休息时间、损失时间分别占工作日的 5%、2%、18%、6%，则完成 $10m^3$ 该现浇混凝土工程的时间定额是多少？
>
> 　　**解:**　　　　　基本工作时间 $=(8/8)$ 工日 $/10m^3=1$ 工日 $/10m^3$
>
> 　　　　　　工序作业时间 $=[1/(1-8\%)]$ 工日 $/10m^3=1.09$ 工日 $/10m^3$
>
> 　　　　时间定额 $=[1.09/(1-5\%-2\%-18\%)]$ 工日 $/10m^3=1.45$ 工日 $/10m^3$

2.2.3　机械台班定额消耗量的确定

（1）机械台班定额的概念及表达形式　在建筑施工中，有些工程项目是由工人完成的，有些是由机械完成的，有些则是由机械和人工共同完成的。在人工完成的产品中所消耗的时间就是人工时间定额。由机械完成的或由人工和机械共同完成的产品，就有一个完成单位合格产品机械所消耗的工作时间。所以，机械台班使用定额是指在正常的施工条件和合理的使用机械的条件下，完成单位合格产品所消耗的机械台班数量的标准。台班是指一台机械工作 $8h$。

1）机械时间定额。这是指在正常的施工条件和合理的劳动组织的条件下，使用某种规定的机械，完成单位合格产品所消耗的台班数量。

2）机械台班产量定额。这是指在正常的施工条件和合理的劳动组织的条件下，某机械在一个台班时间内必须完成的单位合格产品的数量。

机械时间定额与机械台班产量定额互为倒数。

3）机械和人工共同工作时的时间定额。这是指在正常的施工条件和合理的劳动组织的条件下，人机每完成一个合格单位产品所消耗的人工工日数量。即

时间定额 = 机械台班内工人的工日数/机械的台班产量

（2）拟定正常的施工条件　拟定机械工作正常条件，主要是拟定工作地点的合理组织和合理的工人编制。

1）拟定工作地点的合理组织，就是对施工地点机械和材料的放置位置、工人从事操作的场所，做出科学合理的平面布置和空间安排。它要求施工机械和操纵机械的工人在最小范围内移动，但又不阻碍机械运转和工人操作；应使机械的开关和操纵装置尽可能集中地装置在操纵工人的近旁，以节省工作时间和减轻劳动强度；应最大限度地发挥机械的效能，减少工人的手工操作。

2）拟定合理的工人编制，就是根据施工机械的性能和设计能力，工人的专业分工和劳动工效，合理确定操纵机械的工人和直接参加机械化施工过程的工人编制人数。

拟定合理的工人编制，应要求保持机械的正常生产率和工人正常的劳动工效。

（3）确定机械纯工作 $1h$ 的正常生产率　确定机械正常生产率时，必须首先确定出机械纯工作 $1h$ 的正常生产效率。机械纯工作时间就是指机械的必需消耗时间。机械纯工作 $1h$ 正

常生产率就是指在正常施工组织条件下，具有必需的知识和技能的技术工人操纵机械 1h 的生产率。

根据机械工作特点的不同，机械纯工作 1h 的正常生产率的确定方法也有所不同。对于循环动作机械，确定机械纯工作 1h 的正常生产率的计算公式如下：

$$机械一次循环的正常延续时间 = \sum \left(\frac{循环各组成部分}{正常延续时间} \right) - 交叠时间$$

$$机械纯工作 1h 的正常循环次数 = \frac{60 \times 60(s)}{机械一次循环的正常延续时间}$$

机械纯工作 1h 的正常生产率 = 机械纯工作 1h 的正常循环次数 × 一次循环生产的产品数量

从公式中可以看到，计算机械纯工作 1h 的正常生产率的步骤是：根据现场观察资料和机械说明书确定各循环组成部分的延续时间，将各循环组成部分的延续时间相加，减去各组成部分之间的交叠时间，求出循环过程的正常延续时间；计算机械纯工作 1h 的正常循环次数；计算机械纯工作 1h 的正常生产率。

对于连续动作机械，确定机械纯工作 1h 的正常生产率要根据机械的类型和结构特征，以及工作过程的特点来进行。计算公式如下：

$$连续动作机械纯工作 1h 的正常生产率 = \frac{工作时间内生产的产品数量}{工作时间(8h)}$$

工作时间内生产的产品数量和工作时间的消耗，要通过多次现场观察和机械说明书来获取数据。

对于同一机械进行作业，需要考虑是否属于不同的工作过程，例如，挖掘机所挖土壤的类别不同，碎石机所破碎的石块硬度和粒径不同，均需分别确定其纯工作 1h 的正常生产率。

（4）确定施工机械的正常利用系数　确定施工机械的正常利用系数是指机械在正常工作班内对工作时间的利用率。施工机械的利用系数与机械在工作班内的工作状况有着密切的关系。所以，要确定施工机械的正常利用系数，首先要拟定机械工作班的正常工作状况，以保证合理利用工时。

确定施工机械的正常利用系数，要计算工作班正常状况下准备与结束工作，机械启动、机械维护等工作所消耗的时间，以及机械有效工作的开始和结束时间。从而进一步计算出机械在工作班内的纯工作时间和施工机械的正常利用系数。施工机械的正常利用系数的计算公式为：

$$施工机械的正常利用系数 = \frac{机械在一个工作班内纯工作时间}{一个工作班延续时间(8h)}$$

（5）计算机械台班定额　在确定了机械工作正常条件、机械纯工作 1h 的正常生产率和施工机械的正常利用系数之后，采用下列公式计算机械台班产量定额和机械时间定额：

机械台班产量定额 = 机械纯工作 1h 的正常生产率 × 工作班纯工作时间

或

机械产量定额 = 机械纯工作 1h 的正常生产率 × 工作班延续时间 × 施工机械的正常利用系数

$$机械时间定额 = \frac{1}{机械台班产量定额}$$

例 2-2　某装载容量为 15m³ 的运输机械，每运输 10km 的一次循环工作中，装车、运输、卸料、空车返回时间分别为 10min、15min、8min、12min，机械的利用系数为 0.75，则该机械运输 10km 的台班产量定额是多少？

解：一次循环需要的时间 = (10+15+8+12)min = 45min = 0.75h

机械纯工作 1h 的正常循环次数 = (1/0.75) 次/台时 = 1.33 次/台时

机械台班产量定额 = (1.33×15×0.75×8)m³/台班 = 119.7m³/台班

2.2.4　材料消耗定额的确定

1. 材料消耗定额的概念

材料消耗定额是指在合理和节约使用材料的条件下，生产单位合格产品或完成一定的施工作业过程所必须消耗的一定品种、规格的材料的数量标准，包括各种原材料、辅助材料、零件、半成品、构配件等。定额中材料消耗量包括材料净用量（直接用于建筑和安装工程的材料）和材料损耗量（主要包括不可避免的施工废料和不可避免的材料损耗）。

在材料消耗定额编制中，直接用于建筑和安装工程的材料可编制材料净用量定额，不可避免的施工废料和材料损耗可编制材料损耗定额：

$$材料消耗量 = 材料净用量 + 材料损耗量$$

产品生产中某种材料的损耗量常用损耗率来表示，材料损耗率的计算公式如下：

$$材料损耗率 = \frac{材料损耗量}{材料消耗量} \times 100\%$$

材料消耗定额是企业确定材料需要量和储备量的依据，是施工队向工人班组签发限额领料单，实行材料核算的标准。

2. 确定材料消耗量的基本方法

确定材料净用量定额和材料损耗定额的计算数据，是通过现场技术测定、实验室试验、现场统计和理论计算等方法获得的。

（1）现场技术测定法　现场技术测定法主要用于编制材料损耗定额，也可以提供编制材料净用量定额的参考数据。其优点是能通过现场观察、测定，取得产品产量和材料消耗的情况，为编制材料定额提供技术根据。

（2）实验室试验法　实验室试验法主要用于编制材料净用量定额。通过试验能够对材料的结构、化学成分和物理性能，以及按强度等级控制的混凝土、砂浆配合比做出科学的结论，给编制材料消耗定额提供有技术根据的、比较精确的计算数据。用于施工生产时，需加以必要的调整方可作为定额数据。

（3）现场统计法　现场统计法是指通过对现场进料、用料的大量统计资料进行分析计算，获得材料消耗的数据。这种方法由于不能分清材料消耗的性质，因而不能作为确定材料净用量定额和材料损耗定额的依据。

上述三种方法的选择必须符合国家有关标准规范，即材料的产品标准，计量要使用标准容器和称量设备，质量符合施工验收规范要求，以保证获得可靠的定额编制依据。

（4）理论计算法 理论计算法是指根据施工图和建筑构造要求，用理论计算公式计算出产品的材料净用量的方法。例如，砌砖工程中砖和砂浆净用量一般都采用以下公式计算：

1）每 $1m^3$ 标准砖砌体中，标准砖的净用量：

$$标准砖的净用量 = \frac{2K}{墙厚 \times (砖长 + 灰缝厚) \times (砖厚 + 灰缝厚)}$$

式中 K——以砖长倍数表示的墙厚（半砖墙 $K = 0.5$；一砖墙 $K = 1$；一砖半墙 $K = 1.5$；二砖墙 $K = 2$）。

标准砖尺寸为：$0.24m$（长）、$0.115m$（宽）、$0.053m$（厚），其单块体积为 $0.24m \times 0.115m \times 0.053m = 0.0014628m^3$，灰缝的厚度为 $0.01m$。则

$$标准砖的净用量 = \frac{2K}{墙厚 \times (0.24 + 0.01) \times (0.053 + 0.01)}$$

2）每 $1m^3$ 标准砖砌体中砂浆的净用量：

$$砂浆的净用量 = 1 - 标准砖的净用量 \times 0.0014628$$

砖和砂浆的损耗量是根据现场观察资料计算，并以损耗率表现出来的。

净用量和损耗量相加，即等于材料的消耗总量。

例 2-3 计算 $1m^3$ 一砖半 $\left(1\frac{1}{2}砖\right)$ 厚的标准砖墙的砖和砂浆的消耗量（标准砖和砂浆的损耗率均为 1%）。

解：砖的净用量 $= \dfrac{2 \times 1.5}{0.365 \times (0.24 + 0.01)(0.053 + 0.01)}$ 块 $= 521.8$ 块

砂浆的净用量 $= (1 - 521.8 \times 0.0014628)m^3 = 0.237m^3$

砖的消耗量 $= 521.8$ 块 $\times (1 + 1\%) = 527$ 块

3）$100m^2$ 块料面层材料消耗量的计算。块料面层一般指瓷砖、地面砖、墙面砖、大理石、花岗岩等。通常以 $100m^2$ 为计量单位，其计算公式如下：

$$面层净用量 = \frac{100}{(块料长 + 灰缝) \times (块料宽 + 灰缝)}$$

$$面层消耗量 = 面层净用量 \times (1 + 损耗率)$$

例 2-4 某工程有 $300m^2$ 地面砖，规格为 $150mm \times 150mm$，灰缝厚 $1mm$，损耗率为 1.5%，试计算 $300m^2$ 地面砖的消耗量。

解：$100m^2$ 地面砖净用量 $= \left[\dfrac{100}{(0.15 + 0.001) \times (0.15 + 0.001)}\right]$ 块 ≈ 4386 块

$100m^2$ 地面砖消耗量 $= 4386$ 块 $\times (1 + 1.5\%) = 4452$ 块

$300m^2$ 地面砖消耗量 $= 3 \times 4452$ 块 $= 13356$ 块

3. 施工周转材料的计算

在编制材料消耗定额时，某些工序定额、单项定额和综合定额中涉及的周转材料的确定

和计算，如劳动定额中的架子工程、模板工程等。

施工中使用的周转材料是指在施工中工程上多次周转使用的材料，也称为材料型的工具或称为工具型材料。例如，钢、木脚手架、模板、挡土板、支撑、活动支架等材料。习惯上也称为施工作业用料或施工手段用料。

在编制材料消耗定额时，应按多次使用、分次摊销的办法确定。为了使周转材料的周转次数确定接近合理，应根据工程类型和使用条件，采用各种测定手段进行实地观察，结合有关的原始记录、经验数据加以综合取定。影响周转次数的主要因素有以下几个方面：

1）材质及功能对周转次数的影响，如金属制的周转材料比木制的周转次数多 10 倍甚至 100 倍。

2）使用条件的好坏对周转材料使用次数的影响。

3）施工速度的快慢对周转材料使用次数的影响。

4）周转材料的保管、保养和维修的好坏，也对周转材料使用次数有影响等。

因此，确定出最佳的周转次数是十分不容易的。

4. 材料摊销量

材料消耗量中应计算材料摊销量，为此，应根据施工过程中各工序计算出一次使用量和摊销量。其计算公式如下：

$$材料摊销量 = 周转使用量 - 回收量$$

$$周转使用量 = \frac{一次使用量 + 一次使用量 \times (周转次数 - 1) \times 使用损耗率}{周转次数}$$

$$一次使用量 = 材料净用量 \times (1 + 制作损耗率)$$

$$回收量 = \frac{一次使用量 - (一次使用量 \times 使用损耗率)}{周转次数}$$

2.3　建设工程人工、材料及施工机具费的确定

2.3.1　人工日工资单价的组成和计算

人工日工资单价是指施工企业平均技术熟练程度的生产工人在每工作日（国家法定工作时间内）按规定从事施工作业应得的日工资总额。合理确定人工日工资单价是正确计算人工费和工程造价的前提和基础。

1. 人工日工资单价的组成

1）计时工资或计件工资。计时工资或计件工资是指按计时工资标准和工作时间或对已做工作按计件单价支付给个人的劳动报酬。

2）奖金。奖金是指对超额劳动和增收节支支付给个人的劳动报酬，如节约奖、劳动竞赛奖等。

3）津贴补贴。津贴补贴是指为了补偿职工特殊或额外的劳动消耗和因其他特殊原因支付给个人的津贴，以及为了保证职工工资水平不受物价影响支付给个人的物价补贴，如流动

施工津贴、特殊地区施工津贴、高温（寒）作业临时津贴、高空津贴等。

4）加班加点工资。加班加点工资是指按规定支付的在法定节假日工作的加班工资和在法定日工作时间外延时工作的加点工资。

5）特殊情况下支付的工资。特殊情况下支付的工资是指根据国家法律、法规和政策规定，因病、工伤、产假、计划生育假、婚丧假、事假、探亲假、定期休假、停工学习、执行国家或社会义务等原因按计件工资标准或计时工资标准的一定比例支付的工资。

2. 人工日工资单价的计算方法

1）年每月法定工作日。

$$年每月法定工作日 = （全年日历日 - 年法定假日）/12$$

式中，法定假日是指双休日及法定节日。

2）日工资单价的计算。把生产工人平均每月的计时、计件工资及平均每月的奖金、津贴补贴、加班加点工资、特殊情况下支付的工资相加除以平均每月的法定工作日就是生产工人的日工资单价。

3）影响工人日工资单价的因素很多，主要有社会平均工资水平、消费价格指数、人工日工资单价的组成内容、劳动力市场供需变化及政府推行的社会保障和福利政策等。

2.3.2　材料单价的组成和计算

材料单价是指建筑材料从其来源地运到施工工地仓库，直至出库形成的综合平均单价。

1. 材料单价的组成

（1）材料原价　国产材料原价一般是指材料的出厂价，进口材料原价是指材料抵达我国边境、港口或者车站且交完各种税费的价格。如果有几种材料而且价格不同时，采用加权平均的方法确定材料原价。

若材料供货价格为含税价格，则材料原价应以购进货物适用的税率（13%或9%）或征收率（3%）扣除增值税进项税额。

（2）材料运杂费　材料运杂费是指材料由来源地或交货地点，运达工地仓库或者施工现场存放地点的全部运输过程中所支付的一切费用，包括运输费、装卸费、保险费等。

若运输费为含税价格，则需要按"两票制"和"一票制"两种支付方式分别调整。

1）"两票制"支付方式。所谓"两票制"材料，是指材料供应商就收取的货物销售价款和运杂费向建筑业企业分别提供货物销售和交通运输两张发票的材料。在这种方式下，运杂费以接受交通运输与服务适用税率9%扣除增值税进项税额。

2）"一票制"支付方式。所谓"一票制"材料，是指材料供应商就收取的货物销售价款和运杂费合计金额向建筑业企业仅提供一张货物销售发票的材料。在这种方式下，运杂费采用与材料原价相同的方式扣除增值税进项税额。

（3）运输损耗　运输损耗是指材料由来源地或交货地点，运达工地仓库或者施工现场存放地点，在运输装卸过程中不可避免的损耗。

（4）采购及保管费　采购及保管费是指材料部门在组织采购、供应和保管材料的过程中所需的各项费用，包括采购费、仓储费、工地保管费和仓储损耗。

2. 材料单价的计算

材料单价一般包含四部分内容，具体计算公式如下：

材料单价＝（材料原价＋运杂费）×（1＋运输损耗率）×（1＋采购及保管费费率）

> **例 2-5**　某工程采用"两票制"支付方式采购某种材料，已知材料原价和运杂费的含税价格分别为 500 元/t、30 元/t，材料运输损耗率、采购及保管费费率分别为 0.5%、3.5%。材料采购和运输的增值税税率分别为 13%、9%。则该材料的不含税单价为多少？
>
> **解：** 材料的不含税原价为
>
> $$\frac{500}{1+13\%} 元/t = 442.48 元/t$$
>
> 材料运杂费不含税原价为
>
> $$\frac{30}{1+9\%} 元/t = 27.52 元/t$$
>
> 材料不含税单价为
>
> $$（442.48+27.52）元/t×（1+0.5\%）×（1+3.5\%）= 488.88 元/t$$

2.3.3　施工机械台班单价的组成和计算

施工机械台班单价是指在正常使用的情况下，一台施工机械在 8h 内所发生的全部费用。依据《建设工程施工机械台班费用编制规则》（建标〔2015〕34 号）的规定，施工机械台班单价由折旧费、检修费、维护费、安拆及场外运费、人工费、燃料动力费及其他费用组成。

（1）折旧费　折旧费是指施工机械在规定的耐用总台班内，陆续收回其原值的费用。其计算公式如下：

折旧费＝机械预算价格×（1－残值率）/耐用总台班

（2）检修费　检修费是指施工机械在规定的耐用总台班内，按规定的检修间隔进行必要的检修，以恢复其正常功能所需的费用。检修费是机械使用期限内全部检修费之和在台班费用中的分摊额，取决于一次检修费、检修次数和耐用总台班的数量，其计算公式如下：

检修费＝一次检修费×检修次数×除税系数/耐用总台班

（3）维护费　维护费是指施工机械在规定的耐用总台班内，按规定的维护间隔进行各级维护和临时故障排除所需的费用。

（4）安拆及场外运费　安拆费是指施工机械在现场进行安装与拆卸所需的人工、材料、机械和试运转费用以及机械辅助设施的折旧、拆除等费用；场外运费是指机械整体或分体自停置地点运至现场或某一工地运至另一工地的运输、装卸、辅助材料以及架线等费用。

（5）人工费　人工费是指机上司机或副司机、司炉的基本工资和其他工资性津贴（年工作台班以外的机上人员基本工资和工资性津贴以增加系数的形式表示）。

（6）燃料动力费　燃料动力费是指机械在运转或施工作业中所耗用的固体燃料（煤炭、木材）、液体燃料（汽油、柴油）、电力、水和风力等费用。

（7）其他费用　其他费用是指施工机械按照国家规定应缴纳的车船税、保险费及检测费等。

2.4 工程计价定额的编制

工程计价定额是指直接用于工程计价的定额或指标，包括预算定额、概算定额、概算指标和投资估算指标等。工程计价定额主要用来在建设项目的不同阶段作为确定和计算工程造价的依据。

2.4.1 预算定额

1. 预算定额的概念

预算定额

预算定额是指在正常的施工条件下，为完成单位合格工程建设产品（结构构件、分项工程）的施工任务所需人工、机械、材料消耗的数量标准。它是根据组织施工和核算工程造价的要求而制定的。这里的"单位合格工程建设产品"指的是分项工程和结构构件，是确定人工、机械、材料消耗数量标准的对象，是预算定额子目划分的最小单位。

预算定额按照专业性质划分为建筑工程预算定额和安装工程预算定额两大类。建筑工程预算定额按照适用对象划分为土建工程预算定额、市政工程预算定额、房屋修缮工程预算定额、园林与绿化工程预算定额、公路工程预算定额与铁路工程预算定额等；安装工程预算定额按照适用对象划分为机械设备安装工程预算定额、电气设备安装工程预算定额、送电线路安装工程预算定额、通信设备安装工程预算定额、工艺管道安装工程预算定额、长距离输送管道安装工程预算定额、给水排水采暖煤气安装工程预算定额、通风空调安装工程预算定额、自动化控制装置及仪表安装工程预算定额、工艺金属结构安装工程预算定额、窑炉砌筑工程预算定额、刷油绝热防腐蚀工程预算定额、热力设备安装工程预算定额、化学工业设备安装工程预算定额等。

在我国，建筑工程预算定额是行业定额，是反映全行业为完成单位合格工程建设产品的施工任务所需人工、机械、材料消耗的标准。它有两种表现形式：一种是计"量"性的定额，由国务院行业主管部门制定发布，如全国统一建筑工程基础定额；另一种是计"价"性的定额，由各地建设行政主管部门根据全国基础定额结合本地区的实际情况加以确定，如各省建筑工程单位估价表或建筑装饰工程企业（施工）定额。应用比较广泛的是计"价"性的预算定额。

2. 预算定额的作用

（1）预算定额是编制施工图预算、确定建筑安装工程造价的基础 施工图设计一经确定，工程预算造价就取决于预算定额水平和人工、材料及机械台班的价格。预算定额起着控制劳动消耗、材料消耗和机械台班使用的作用，进而起着控制建筑产品价格的作用。

（2）预算定额是编制施工组织设计的依据 施工组织设计的重要任务之一是确定施工中所需人力、物力的供求量，并做出最佳安排。施工单位在缺乏本企业的企业（施工）定额的情况下，根据预算定额，也能够比较精确地计算出施工中各项资源的需要量，为有计划地组织材料采购和预制件加工、劳动力和施工机械的调配，提供了可靠的计算依据。

（3）预算定额是工程结算的依据 工程结算是建设单位和施工单位按照工程进度对已

完成的分部分项工程实现货币支付的行为。按进度支付工程款，需要根据预算定额将已完分项工程的造价算出。单位工程验收后，再按竣工工程量、预算定额和施工合同的规定进行结算，以保证建设单位建设资金的合理使用和施工单位的经济收入。

（4）预算定额是施工单位进行经济活动分析的依据　预算定额规定的物化劳动和劳动消耗指标，是施工单位在生产经营中允许消耗的最高标准。目前，预算定额决定着施工单位的收入，施工单位就必须以预算定额作为评价企业工作的重要标准，作为努力实现的目标。施工单位可根据预算定额对施工中的劳动、材料、机械的消耗情况进行具体分析，以便找出并克服低功效、高消耗的薄弱环节，提高竞争能力。只有在施工中尽量降低劳动消耗，采用新技术，提高劳动者素质，提高劳动生产率，才能取得较好的经济效果。

（5）预算定额是编制概算定额的基础　概算定额是在预算定额的基础上综合扩大编制的。利用预算定额作为编制依据，不但可以节省编制工作的大量人力、物力和时间，收到事半功倍的效果，还可以使概算定额在水平上与预算定额保持一致，以免造成执行中的不一致。

（6）预算定额是合理编制招标标底、投标报价的基础　在深化改革中，预算定额的指令性作用将日益削弱，而施工单位按照工程个别成本报价的指导性作用仍然存在，因此，预算定额作为编制标底的依据和施工企业报价的基础性作用仍将存在，这也是由预算定额本身的科学性和权威性决定的。

3. 预算定额的编制原则

为了保证预算定额的编制质量，充分发挥预算定额的作用并且简便易行，在编制定额的工作中应遵循以下原则：

（1）平均合理的原则　预算定额的水平以施工定额水平为基础。但是，预算定额绝不是简单地套用施工定额的水平。首先，预算定额将施工定额的工作内容综合扩大了，包含了更多的可变因素，需要保留合理的幅度差，例如，人工幅度差、机械幅度差、材料的超运距、辅助用工，以及材料堆放、运输、操作损耗和由细到粗综合后的量差等。其次，预算定额水平是平均水平，而施工定额是平均先进水平，两者相比，预算定额水平要相对低一些，但其程度应限制在一定范围内。

（2）简明适用的原则　简明适用是指在编制预算定额时，对于那些主要的、常用的、价值量大的项目，其分项工程划分宜细；而对于那些次要的、不常用的、价值量相对较小的项目则可以粗一些。

预算定额要项目齐全。如果项目不全，缺项多，就会使计价工作缺少充足的依据。补充定额一般因受资料所限，费时费力，可靠性较差，容易引起争执。对定额的活口也要设置适当。

简明适用，还要求合理确定预算定额的计量单位，简化工程量的计算，尽可能避免同一种材料用不同的计量单位和一量多用，尽量减少定额附注和换算系数。

4. 预算定额的编制依据

1）施工定额或现行的劳动定额。

2）现行设计规范、施工及验收规范、质量评定标准和安全操作规程。

3）具有代表性的典型工程施工图及有关标准图集。

4）新技术、新结构、新材料和先进的施工方法等。

5）有关科学试验、技术测定和统计、经验资料。

6）典型工程的设计资料、施工现场条件、施工方案和相应的资源配置情况等。

7）以往颁发的预算定额、各种资源的现行的价格及有关文件规定等。

5. 预算定额的编制程序

预算定额的编制程序大致可以分为准备工作，收集资料，编制定额，定额报批和修改定稿、整理资料五个阶段。各阶段工作相互有交叉，有些工作还需多次反复。

（1）准备工作阶段　应进行以下工作：

1）拟订编制方案。

2）抽调人员根据专业需要划分编制小组和综合组。

（2）收集资料阶段　具体工作如下：

1）普遍收集资料。在已确定的范围内，采用表格化收集定额编制基础资料，以统计资料为主，注明所需要的资料内容、填表要求和时间范围，便于资料整理，并使其具有广泛性。

2）专题座谈会。邀请建设单位、设计单位、施工单位及其他有关单位的有经验的专业人士召开座谈会，就以往定额中存在的问题提出意见和建议，以便在编制新定额时改进。

3）收集现行规定、规范和政策法规资料。

4）收集定额管理部门积累的资料。主要包括：日常定额解释资料，补充定额资料，新结构、新工艺、新材料、新机械、新技术用于工程实践的资料。

5）专项查定及试验。主要指混凝土配合比和砌筑砂浆试验资料。除收集试验试配资料外，还应收集一定数量的现场实际配合比资料。

（3）编制定额阶段　应进行以下工作：

1）确定编制细则。主要包括：统一编制表格及编制方法；统一计算口径、计量单位和小数点位数的要求；有关统一性规定，名称统一，用字统一，专业用语统一，符号代码统一；简化字要规范，文字要简练、明确。

2）确定定额的项目划分和工程量计算规则。

3）定额人工、材料、机械台班耗用量的计算、复核和测算。

（4）定额报批阶段　应进行以下工作：

1）审核定稿。

2）预算定额水平测算。新定额编制成稿，必须与原定额进行对比测算，分析水平升降的原因。一般新编定额的水平应该不低于历史上已经达到过的水平，并略有提高。在定额水平测算前，必须编出同一工人工资、材料价格、机械台班费的新旧两套定额的工程单价。定额水平的测算方法一般有以下两种：

①工程类别比重测算法。在定额执行范围内，选择有代表性的各类工程，分别以新旧定额对比测算，并按测算的年限，以工程所占比例加权以考查宏观影响。

②单项工程比较测算法。将典型工程分别用新旧定额对比测算，以考查定额水平的升降及其原因。

（5）修改定稿、整理资料阶段　应进行以下工作：

1）印发征求意见。定额编制初稿完成后，需要征求各有关方面的意见和组织讨论，收集反馈意见，在统一意见的基础上整理分类，制定修改方案。

2）修改整理报批。按修改方案的决定，将初稿按照定额的顺序进行修改，并经审核无误后形成报批稿，经批准后交付印刷。

3）撰写编制说明。为顺利地贯彻执行定额，需要撰写新定额编制说明。其内容包括：项目、子目数量；人工、材料、机械的内容范围；资料的依据和综合取定情况；定额中允许换算和不允许换算规定的计算资料；工人、材料、机械单价的计算和资料；施工方法、工艺的选择及材料运距的考虑；各种材料损耗率的取定资料；调整系数的使用；其他应该说明的事项与计算数据、资料。

4）立档、成卷。定额编制资料是贯彻执行定额中需查对资料的唯一依据，也为修编定额提供历史资料数据，应作为技术档案永久保存。

6. 预算定额人工消耗量的确定方法

预算定额中的人工消耗量，是指在正常条件下，为完成单位合格产品的施工任务所必需的生产工人的人工消耗。预算定额人工消耗量的确定可以有以下两种方法：

（1）以施工定额为基础确定　在施工定额的基础上，将预算定额标定对象所包含的若干个工作过程所对应的施工定额按施工作业的逻辑关系进行综合，从而得到预算定额的人工消耗量标准。

预算定额中的人工消耗量，应该包括为完成分项工程所综合的各个工作过程的施工任务而在施工现场开展的各种性质的工作所对应的人工消耗，包括基本用工和其他用工两个部分。

1）基本用工，是指完成单位合格分项工程所包括的各项工作过程的施工任务必须消耗的技术工种的用工。包括：

① 完成定额计量单位的主要用工。由于该工时消耗所对应的工作均发生在分项工程的工序作业过程中，各工作过程的生产率受施工组织的影响大，其工时消耗的大小应根据具体的施工组织方案进行综合计算。

例如，工程实际中的砖基础，有一砖厚、一砖半厚、二砖厚等之分，不同厚度的砖基础有不同的人工消耗，在编制预算定额时如果不区分厚度统一按 $1m^3$ 砌体计算，则需要按统计的比例加权平均得出综合的人工消耗。

② 按施工定额规定应增（减）计算的人工消耗量。例如，在砖墙项目中，分项工程的工作内容包括了附墙烟囱孔、垃圾道、壁橱等零星组合部分的内容，其人工消耗量相应增加附加人工消耗。由于预算定额是在施工定额子目的基础上综合扩大的，包括的工作内容较多，施工的工效视具体部位而不同，所以需要另外增加人工消耗，而这种人工消耗也可列入基本用工内。

2）其他用工，是指辅助基本用工消耗的工日，包括超运距用工、辅助用工及人工幅度差三部分。

① 超运距用工。超运距是指施工定额中已包括的材料、半成品场内水平搬运距离与预算定额所考虑的现场材料、半成品堆放地点到操作地点的水平运输距离之差。而发生在超运距上运输材料、半成品的人工消耗即为超运距用工：

$$超运距 = 预算定额取定的运距 - 施工定额已包括的运距$$

② 辅助用工。辅助用工是指技术工种施工定额内不包括而在预算定额内又必须考虑的人工消耗。例如，机械土方工程配合用工、材料加工（筛砂、洗石、淋化灰膏）所需的人工消耗等，计算公式如下：

$$辅助用工 = \sum（材料加工数量×相应加工材料的施工定额）$$

③ 人工幅度差。即预算定额与施工定额的差额，主要是指在施工定额中未包括，而在正常施工条件下不可避免，但又很难准确计量的各种零星的人工消耗和各种工时损失。内容包括：

A. 各工种间工序搭接及交叉作业互相配合或影响所发生的停歇用工。

B. 施工机械在单位工程之间转移及临时水、电线路移动所造成的停工。

C. 质量检查和隐蔽工程验收工作的影响。

D. 班组操作地点转移用工。

E. 工序交接时对前一工序不可避免的修整用工。

F. 施工中不可避免的其他零星用工。

人工幅度差计算公式如下：

人工幅度差 =（基本用工+辅助用工+超运距用工）×人工幅度差系数

人工幅度差系数一般为 10%～15%。在预算定额中，人工幅度差的用量一般列入其他用工量。

当分别确定了为完成分项工程的施工任务所必需的基本用工、超运距用工、辅助用工及人工幅度差后，把这四项用工量相加即为该分项工程总的人工消耗量。

（2）以现场观察测定资料为基础确定　当遇到施工定额缺项时，应首先采用这种方法。即运用时间研究的技术，通过对施工作业过程进行观察测定取得数据，并在此基础上编制施工定额，从而确定相应的人工消耗量标准。然后，再用以施工定额为基础确定预算定额的人工消耗量标准。

7. 预算定额中材料消耗量的确定

预算定额中的材料消耗量是指在正常施工生产条件下，为完成单位合格产品的施工任务所必需消耗的材料、成品、半成品、构配件及周转性材料的数量标准。从消耗内容看，包括为完成该分项工程或结构构件的施工任务必需的各种实体性材料（如标准砖、混凝土、钢筋等）的消耗和各种措施性材料（如模板、脚手架等）的消耗；从引起消耗的因素看，包括直接构成工程实体的材料净耗量、发生在施工现场该施工过程中材料的合理损耗量及周转性材料的摊销量。

预算定额中材料消耗量的确定方法与施工定额中材料消耗量的确定方法一样。但有一点必须注意，即预算定额中材料的损耗率与施工定额中材料的损耗率不同，预算定额中材料损耗率的损耗范围比施工定额中材料损耗率的损耗范围更广，它必须考虑整个施工现场范围内材料堆放、运输、制备、制作及施工操作过程中的损耗。

8. 预算定额中机械台班消耗量的确定方法

预算定额中的机械台班消耗量是指在正常施工生产条件下，为完成单位合格产品的施工任务所必需消耗的某类某种型号施工机械的台班数量。它应该包括为完成该分部分项工程或结构件所综合的各个工作过程的施工任务而在施工现场开展的各种性质的机械操作所对应的机械台班消耗。一般来说，它是由分部分项工程或结构构件所综合的有关工作过程所对应的施工定额所确定的机械台班消耗量，以及施工定额与预算定额的机械台班幅度差组成的。

（1）工序机械台班消耗量的确定　工序机械台班消耗量是指发生在分部分项工程或结构构件施工过程中，各工序作业过程上的机械消耗，由于各工序作业过程的生产效率受该分部分项工程或结构构件的施工组织方案（如施工技术方案、资源配置方案及分部分项工程的施工流程等）的影响较大，施工机械固有的生产能力不易充分发挥，所以，考虑到施工机械在调度上的不灵活性，预算定额中的工序机械台班消耗量的大小应根据具体的施工组织方案进行综合计算。

（2）机械台班幅度差的确定　机械台班幅度差是指预算定额规定的台班消耗量与相应的综合工序机械台班消耗量之间的数量差额。一般包括如下内容：

1）施工技术原因引起的中断及合理停置时间。

2）因供电、供水故障及水、电线路移动检修而发生的运转中断时间。

3）因气候原因或机械本身故障引起的中断时间。

4）各工种间的工序搭接及交叉作业互相配合或影响所发生的机械停歇时间。

5）施工机械在单位工程之间转移所造成的机械中断时间。

6）因质量检查和隐蔽工程验收工作的影响而引起的机械中断时间。

7）施工中不可避免的其他零星的机械中断时间等。

大型机械幅度差系数一般为：土方机械25%，打桩机械33%，吊装机械30%。其他分部工程中，如钢筋加工、木材、水磨石等各项专用机械的幅度差为10%。

综上所述，预算定额的机械台班消耗量按下式计算：

$$预算定额机械台班消耗量=综合工序机械台班\times(1+机械幅度差系数)$$

例2-6　某出料容量750L的砂浆搅拌机，每一次循环工作中，运料、装料、搅拌、卸料、中断需要的时间分别为150s、40s、250s、50s、40s，运料和其他时间的交叠时间为50s，机械利用系数为0.8，机械幅度差为25%，计算该搅拌机搅拌100m³砂浆的预算定额机械台班耗用量。

解：　　　　一次循环的正常延续时间=（150+40+250+50+40-50）s=480s

每一小时循环次数=（3600/480）次=7.5次

一小时正常生产率=（7.5×750）L=5.625m³

机械台班产量定额=（5.625×8×0.8）m³/台班=36.00m³/台班

机械台班时间定额=（1/36）台班/m³=0.028台班/m³

预算定额机械耗用台班=[0.028×（1+25%）]台班/m³=0.035台班/m³

该搅拌机搅拌100m³砂浆的预算定额机械台班耗用量=（100×0.035）台班=3.5台班

2.4.2　概算定额

1. 概算定额的概念

概算定额是指在正常的施工生产条件下，完成一定计量单位的工程建设产品（扩大结构构件或分部扩大分项工程）所需要的人工、材料、机械消耗数量和费用的标准。

概算定额是在预算定额的基础上，按工程形象部位，以主体结构分部为主，将一些相近的分项工程预算定额加以合并，进行综合扩大编制的。它与预算定额相比，项目划分要综合，使概算工程量的计算和概算书的编制都比预算简化了许多，但精确度相对降低了。

概算定额的组成内容、表现形式和使用方法等与预算定额十分相似，也可划分为建筑工程概算定额和安装工程概算定额两大类。其中，建筑工程概算定额包括一般土建工程概算定额、给排水工程概算定额、采暖工程概算定额、通信工程概算定额、电气照明工程概算定额和工业管道工程概算定额等；设备安装工程概算定额主要包括机器设备及安装工程概算定额、电气设备及安装工程概算定额和工器具及生产家具购置费概算定额等。概算定额在编制过程中，与预算定额的水平基本一致，但两者在水平上需保留一个合理的幅度差。根据概算定额编制的设计概算是控制根据预算定额编制的施工图预算的依据。

2. 概算定额的作用

1）概算定额是编制投资计划控制投资的依据。

2）概算定额是编制设计概算，进行设计方案优选的重要依据。

3）概算定额是施工企业编制施工组织总设计的依据。

4）根据概算定额可以编制建设工程的标底或最高投标限价、投标报价，进行工程结算。

5）概算定额是编制投资估算指标的基础。

3. 概算定额的编制原则

1）概算定额的编制深度要适应设计的要求。概算定额是初步设计阶段计算工程造价的依据，在保证设计概算质量的前提下，概算定额的项目划分应简明和便于计算。要求计算简单且项目齐全，但它只能综合，而不能漏项。在保证一定准确性的前提下，以主体结构分部工程为主，合并相关联的子项，并考虑应用计算机编制概算的要求。

2）概算定额在综合过程中，应使概算定额与预算定额之间留有余地，即两者之间将允许产生一定的幅度差，一般应控制在 5% 以内，这样才能使设计概算起到控制施工图预算的作用。

3）为了稳定概算定额水平，统一考核和简化计算工作量，并考虑扩大初步设计图的深度条件，概算定额的编制尽量不留活口或少留活口。

4. 概算定额的编制依据

1）现行的设计标准规范。

2）现行的建筑安装工程预算定额。

3）现行的建筑安装工程单位估价表。

4）国务院各有关部门和各省、自治区、直辖市批准颁发的标准设计图集，以及有代表性的设计图等。

5）现行的概算定额及其编制资料。

6）编制期人工工资标准、材料预算价格、机械台班费用等。

5. 概算定额的编制步骤

编制概算定额的方法与步骤和编制综合预算定额的方法与步骤基本相同，所以其编制原理可参考综合预算定额的编制原理。概算定额的编制一般分为以下几个步骤：

（1）准备阶段　主要是成立编制机构，确定组成人员，进行调查研究，了解现行概算定额执行情况及存在的问题，明确编制范围及编制内容等。在此基础上，制定概算定额的编制细则和定额项目划分标准。

（2）编制阶段　根据已制定的编制细则、定额项目划分标准和工程量计算规则，对收集到的设计图、技术资料进行细致的测算和分析，编制出概算定额初稿；将该初稿的定额总水平与预算定额水平相比较，分析两者在水平上的一致性，并进行必要的调整。

（3）审批阶段　在征求意见修改之后，形成审批稿，再经批准后即可交付印刷。

6. 概算定额的内容

概算定额的内容与预算定额基本相同。表 2-4 是某一地区的概算定额项目表的具体形式。

表 2-4　基础　　　　　　　　　（定额单位：m³）

编号				1-2	
名称				砖基础	
基价（元）				117.49	
其中	人工费（元）			20.59	
	材料费（元）			96.40	
	机械费（元）			0.52	
预算定额编号	工程名称	单价	单位	数量	合价
3-1	砖基础	103.21	m³	1	103.21
1-16	人工挖地槽	1.73	m³	2.15	3.72
1-59	人工夯填土	1.42	m³	1.22	1.73
1-54	人工运土	2.21	m³	3.05	6.74
8-19	水泥砂浆防潮层	4.45	m³	0.47	2.09
人工	合计		工日	2.12	
主要材料	砖		块	522	
	水泥		kg	49	
	砂子		m³	0.28	

2.4.3　概算指标

1. 概算指标的概念

概算指标以统计指标的形式反映工程建设过程中生产单位合格工程建设产品所需资源消耗量的水平。它比概算定额更为综合和概括，通常是以整个建筑物和构筑物为对象，以建筑面积、体积或成套设备装置的台或组为计量单位，包括人工、材料和机械台班的消耗量标准和造价指标。

2. 概算指标的作用

1）概算指标可以作为编制投资估算的参考。

2）概算指标中的主要材料指标可作为匡算主要材料用量的依据。

3）概算指标是设计单位进行设计方案比较和建设单位选址的依据。

4）概算指标是编制固定资产投资计划，确定投资额的主要依据。

3. 概算指标的编制原则

1）按平均水平确定概算指标的原则。在我国社会主义市场经济条件下，概算指标作为确定工程造价的依据，必须满足价值规律的客观要求，在编制时必须按社会必要劳动时间，贯彻平均水平的编制原则。只有这样才能使概算指标合理确定和控制工程造价的作用得到充分发挥。

2）概算指标的内容和表现形式，要贯彻简明适用的原则。概算指标从形式到内容应简明易懂，要便于在使用时根据拟建工程的具体情况进行必要的调整换算，能在较大范围内满足不同用途的需要。

3）概算指标的编制依据必须具有代表性。编制概算指标所依据的工程设计资料必须是有代表性的，技术上是先进的，经济上是合理的。

4. 概算指标的编制依据

以建筑工程为例，建筑工程概算指标的编制依据有：

1）各种类型工程的典型设计和标准设计图。

2）现行建筑工程预算定额和概算定额。

3）当地材料价格、工资单价、施工机械台班费、间接费定额。

4）各种类型的典型工程结算资料。

5）国家及地区的现行工程建设政策、法令和规章。

5. 概算指标的表现形式

按具体内容和表示方法的不同，概算指标一般有综合指标和单项指标两种形式。

综合指标是以一种类型的建筑物或构筑物为研究对象，以建筑物或构筑物的体积或面积为计量单位，综合了该类型范围内各种规格的单位工程的造价和消耗量指标而形成的。它反映的不是具体工程的指标，而是一类工程的综合指标，是一种概括性较强的指标。其格式见表 2-5～表 2-7。

表 2-5　各类工业项目投资参考指标

序号	项目	投资分配					
		建筑工程			设备及安装工程		其他
		工业建筑	民用建筑	厂外工程	设备	安装	
1	冶金工业	33.4	3.5	1.3	48.2	5.7	7.9
2	电工器材工业	7.7	5.4	0.8	1.7	2.2	12.2
3	石油工业	22	3.5	1	50	10	13.5
4	机械制造工业	27	3.9	1.3	56	2.3	9.5
5	化学工业	33	3	1	46	11	9
6	建筑材料工业	5.6	3.1	3.5	50	2.8	7.8
7	轻工业	25	4.4	0.5	55	6.1	9
8	电力工业	30	1.6	1.1	51	13	3.3

（续）

序号	项目	投资分配					
		建筑工程			设备及安装工程		其他
		工业建筑	民用建筑	厂外工程	设备	安装	
9	煤炭工业	41	6	2	38	7	6
10	食品工业（冻肉厂）	55	3	0.5	30	9	2.5
11	纺织工业（棉纺厂）	29	4.5	1	53	4	8.5

表 2-6　建筑工程每 100m² 工料消耗指标

项目	人工及主要材料												
	人工	钢材	水泥	模板	成材	砖	黄砂	碎石	毛石	石灰	玻璃	油毡	沥青
	工日	t	t	m³	m³	千块	t	t	t	t	m²	m²	kg
工业与民用建筑综合	315	3.04	13.57	1.69	1.44	14.76	44	46	8	1.48	18	110	240
（一）工业建筑	340	3.94	14.45	1.82	1.43	11.56	46	51	10	1.02	18	133	300
（二）民用建筑	277	1.68	12.24	1.50	1.48	19.58	42	36	6	2.63	17	67	160

　　单项指标则是一种以典型的建筑物或构筑物为分析对象的概算指标，仅仅反映某一具体工程的消耗情况，其格式见表 2-8。

表 2-7　办公楼技术经济指标汇总表

层数及结构形式		2 层混合结构	4 层混合结构	6 层框架结构	9 层框架结构	12 层框架结构	29 层框剪结构
总建筑面积	m²	435	1377	4865	5378	14800	21179
总造价	万元	27.8	86.7	243	309	1595	2008
檐高	m	7.1	13.5	23.4	29	46.9	90.9
工程特征及设备选型		混合结构钢筋混凝土带基，桩基（0.2m×0.2m×8m×109 根），铝合金茶色玻璃窗，硬木弹簧门，外墙石屑砂浆面层，内墙刷乳胶漆，2 件卫生洁具	混合结构，无梁带基，外墙刷 PA-1 涂料，2 件卫生洁具，吊扇，立式空调器，50 门电话交换机 1 套	框架结构，钢筋混凝土有梁满堂基础，内外墙面刷涂料，地面做 777 涂料，吊扇，50 门共电式交换机 1 套，窗式空调器，2t 电梯 1 台	框架结构，独立柱基，桩基（0.4m×0.4m×26.5m×365 根），铝合金门窗，外墙做水刷石，地面做 777 涂料，2 件卫生洁具，吊扇，1t 电梯 2 台	框架结构，独立柱基，桩基（0.4m×0.4m×7m×262 根），古铜色铝合金茶色玻璃门窗，外墙石屑砂浆面层，局部泰山面砖，彩磨地面，2 件卫生洁具，窗式空调器，400 门自动电话交换机，1t 电梯 3 台	框剪结构，箱基（底板厚为 1200mm），桩基（0.45m×0.45m×38.2m×251 根），铝合金弹簧门，铝合金窗，外墙贴马赛克，局部轻钢龙骨吊顶，水磨石地面，3 件卫生洁具，0.5t 电梯 2 台，1t 电梯 4 台

（续）

每1m²建筑面积总造价（元）			639	631	500	573	1078	948
其中：土建			601	454	382	453	823	744
设备			35	176	112	115	242	191
其他			3	1	6	5	13	13
主要材料消耗指标	水泥	kg/m²	251	212	234	247	292	351
	钢材	kg/m²	28	28	55	57	79	74
	钢模	kg/m²	1.2	2.2	2.5	3	5.2	7.4
	原木	m³/m²	0.022	0.018	0.015	0.023	0.029	0.018
	混凝土折厚	cm/m²	19	12	23	54	48	58

表2-8 某12层框架结构办公楼技术经济指标明细

项目名称		办公楼		每1m²主要材料及其他指标	水泥		292
檐高/m	46.9	建筑占地面积/m²	2455		钢材	kg/m²	79
层数（层）	12	总建筑面积/m²	14800		钢模	kg/m²	5.20
层高/m	3.6	其中：地上面积/m²	1595		原木	m³/m²	0.029
开间/m	7	地下面积/m²			混凝土折厚 地上	cm/m²	30
进深/m	6	总造价（万元）	1595		地下	cm/m²	9
间	132	单位造价（元/m²）	1078		桩基	cm/m²	102
工程特征	框架结构，独立桩基，桩基（0.4m×0.4m×17m×262根，0.45m×0.45m×30m×294根），古铜色铝合金茶色玻璃门窗，外墙石屑砂浆面层，局部泰山面砖，内墙乳胶漆，彩色水磨石地面						
设备选型	2件卫生洁具，局部窗式空调器，400门自动电话交换机1套，3台1t全自动电梯						

项目名称	总值（元）	占分部造价比例（%）	占总造价比例（%）	技术经济指标				
				单位	数量	单价1	单价2	单价3
土建	6290330	100	70.2	m²	14800	425	823	1440
地上部分	5145700	81.8		m²	14800	348	674	1180
地下部分								
打桩	1144640	18.2		m²	14800	78	144	252
设备安装	2469710	100	27.6	m²	14800	167	242	424
给水排水	209510	8.5		m²	14800	14	20	35
照明、防雷	284880	11.5		m²	14800	19	28	49
电力	38790	1.6		kW	273	142	206	361
空调	190160	7.7		m²	14800	13	19	33
弱电	1359360	55.0		m²	14800	91	132	231
动力	9940	0.4		m²	14800	0.63	0.91	2
冷冻设备	53780	2.2		kcal	184000	0.29	0.42	0.74
电梯	323210	13.1		台	3	107360	155672	272426
其他费用	194750		2.2	m²	14800	13	13	23
合计	8954790		100	m²	14800	605	1078	1887

注：1cal=4.1855J。

6. 概算指标的编制方法

单项指标的编制较为简单，按具体的设计施工图和预算定额编制工程预算书，算出工程造价及资源消耗量，再将其除以建筑面积，即得单项指标。

综合指标的编制是一个综合过程，其基本原理是将不同工程的单项指标进行加权平均，计算能综合反映一般水平的单位造价及资源消耗量指标，该指标即为工程的综合指标。

2.4.4　投资估算指标

1. 投资估算指标的概念

投资估算指标是编制建设项目建议书、可行性研究报告等前期工作阶段投资估算的依据，也可以作为编制固定资产长远规划投资额的参考。投资估算指标为完成项目建设的投资估算提供依据和手段，它在固定资产的形成过程中起着投资预测、投资控制、投资效益分析的作用，是合理确定项目投资的基础。投资估算指标中的主要材料消耗量也是一种扩大材料消耗指标，可以作为计算建设项目主要材料消耗量的基础。投资估算指标的正确制定和合理使用，对于提高投资估算的准确度、对建设项目的合理评估和正确决策具有重要的意义。

2. 投资估算指标的作用

同概算定额和预算定额一样，投资估算指标是与建设项目各个阶段相适应的多次性估价的产物，其主要作用是：

1）编制投资估算的依据。

2）对建设项目进行合理评估、正确决策的依据。

3）编制基本建设计划、申请投资拨款和制订资源使用计划的依据。

4）考核投资效果的依据。

5）限额设计和工程造价确定与控制的依据。

3. 投资估算指标的内容

投资估算指标是确定和控制建设项目全过程各项投资支出的技术经济指标，其范围涉及建设前期、建设实施期和竣工验收交付使用期等各个阶段的费用支出，内容因行业不同而各异，一般可分为建设项目综合指标、单项工程指标和单位工程指标三个层次。

（1）建设项目综合指标　建设项目综合指标是指按规定应列入建设项目总投资的从立项筹建开始至竣工验收交付使用的全部投资额，包括单项工程投资、工程建设其他费用和预备费等。建设项目综合指标一般以项目的综合生产能力单位投资表示，如元/t、元/kW；或以使用功能表示，如医院床位可用元/床等。

我国建设工程投资估算指标大多数是由国务院各部委或中央级专业公司制定和发布的，投资估算指标的种类非常多，如国家计委颁发的《建设项目经济评价办法与评价指标》、化工部颁发的《化工装置投资估算指标》、中国石油化工总公司颁布的《石油化工安装工程概算指标》等。我国各部门制定的建设工程投资估算指标内容和表现形式，结合各自行业的特点各有不同，应具体参照其编制的原则和使用说明执行。

（2）单项工程指标　一般建设工程投资估算指标太粗略，所以，如果能够具有更详细的技术资料和单项工程指标的话，可以将整个建设工程分解为若干个单项工程，使用单项工程指标分别估算各个单项工程的造价，再估算设备与工器具购置费、工程建设其他费用和固定资产调节税等，最后综合成为整个建设工程的总造价，这样就比采用建设工程投资估算指标更为准确。

单项工程指标是指按规定应列入能独立发挥生产能力或使用效益的单项工程内的全部投资额，包括建筑工程费用、安装工程费用、设备及工器具购置费和其他费用。单项工程一般划分原则如下：

1）主要生产设施，是指直接参加生产产品的工程项目，包括生产车间或生产装置。

2）辅助生产设施，是指为主要生产车间服务的工程项目，包括集中控制室、中央实验室，机修、电修、仪器仪表修理及木工等车间，原材料、成品、半成品及危险品仓库。

3）公用工程，包括给水排水系统、供热系统、供电及通信系统，以及热电站、热力站、煤气站、空压站、冷冻站、冷却塔和全厂管网等。

4）环境保护工程，包括废气、废渣、废水等的处理和综合利用设施及全厂性绿化。

5）总图运输工程，包括厂区防洪、围墙大门、传达及收发室、汽车库、消防车库、厂区道路、桥涵、厂区码头及厂区大型土石方工程。

6）厂区服务设施，包括厂部办公室、厂区食堂、医务室、浴室、哺乳室、自行车棚等。

7）生活福利设施，包括职工宿舍、住宅、生活区食堂、职工医院、俱乐部、托儿所、幼儿园、子弟学校、商业服务点，以及与之配套的设施。

8）厂外工程，例如水源工程，厂外输电、输水、排水、通信、输油等管线，以及公路、铁路专用线等。

单项工程指标一般以单项工程生产能力单位投资表示。例如，变配电站：元/（kV·A）；锅炉房：元/t（蒸汽）；供水站：元/m³；办公室：元/m² 等。

（3）单位工程指标　这一层次的技术经济指标也可称为概算指标，是比概算定额更为综合和概括的一类定额。它主要以单位建筑或安装工程为估算对象，对各类建筑物以建筑面积、建筑体积或万元造价为计量单位，对构筑物以"座"为计量单位，对安装工程以"台""套"等为计量单位所整理的造价和人工、主要材料用量等的指标。

如果采用单项工程指标比较粗略的话，还可以按照相关的技术资料和单位工程指标将单项工程划分为若干个单位工程，然后采用单位工程指标分别估算各个单位工程的造价，再将其汇总，便得到整个单项工程的造价。所以，如果能够将建设项目按照一定的技术与经济资料划分到单位工程，再利用单位工程指标就能够更加准确地估算整个建设工程的造价。

习　题

一、单项选择题

1. 下列定额中，定额水平应反映社会平均先进水平的是（　　）。

A. 施工定额 　　　　　　　　　　　　B. 预算定额

C. 概算定额 　　　　　　　　　　　　D. 概算指标

2. 对工人工作时间消耗的分类中属于必需消耗的时间而被计入时间定额的是（　　）。

A. 偶然工作时间　　　　　　　　　　　B. 工人休息时间

C. 施工本身造成的停工时间　　　　　　D. 非施工本身造成的停工时间

3. 用干混地面砂浆铺贴 600mm×600mm 石材楼面，灰缝为 2mm，石材损耗率为 2%，则每 100m² 石材楼面的石材消耗量为（　　）块。

A. 281.46　　　　　B. 281.57　　　　　C. 283.33　　　　　D. 283.45

4. 工作日写实法测定数据显示，完成 10m³ 某现浇混凝土工程需基本工作时间 8h，辅助工作时间占工序作业时间的 8%，准备和结束工作时间、不可避免的中断时间、休息时间、损失时间分别占工作日的 5%、2%、18%、6%，则该项混凝土工程的时间定额是（　　）工日/10m³。

A. 1.44　　　　　B. 1.45　　　　　C. 1.56　　　　　D. 1.64

5. 某挖掘机械挖二类土方的台班产量定额为 100m³/台班，当机械幅度差系数为 20% 时，该机械挖二类土方 1000m³ 预算定额的台班耗用量应为（　　）台班。

A. 8.0　　　　　B. 10.0　　　　　C. 12.0　　　　　D. 12.5

6. 在测定定额所采用的方法中，测时法用于测定（　　）。

A. 循环组成部分的工作时间　　　　　B. 准备与结束时间

C. 工人休息时间　　　　　　　　　　D. 非循环的工作时间

7. 下列费用项目中，属于施工机械台班单价构成内容的是（　　）。

A. 检修费　　　　　　　　　　　　　B. 人工费

C. 检测软件费　　　　　　　　　　　D. 校验费

8. 关于材料消耗的性质及确定材料消耗量的基本方法，下列说法正确的是（　　）。

A. 理论计算法适用于确定材料净用量

B. 必须消耗的材料量是指材料的净用量

C. 土石方爆破工程所需的炸药、雷管、引信属于非实体材料

D. 现场统计法主要适用于确定材料损耗量

9. 某材料原价为 300 元/t，运杂费及运输损耗费合计为 50 元/t，采购及保管费费率为 3%，则该材料预算单价为（　　）元/t。

A. 350.0　　　　　B. 359.0　　　　　C. 360.5　　　　　D. 360.8

10. 编制某分项工程预算定额人工工日消耗量，已知：基本用工、辅助用工、超运距用工分别为 20 工日、2 工日、3 工日，人工幅度差系数为 10%。则该分项工程单位人工工日消耗量为（　　）工日。

A. 27.0　　　　　B. 27.2　　　　　C. 27.3　　　　　D. 27.5

二、多项选择题（每题至少有两个正确选项）

1. 关于人工定额消耗量的确定，下列算式中正确的有（　　）。

A. 工序作业时间 = 基本工作时间×(1+辅助工作时间占比)

B. 工序作业时间 = 基本工作时间+辅助工作时间+不可避免的中断时间

C. 规范时间 = 准备与结束时间+不可避免的中断时间+休息时间

D. 时间定额 = 基本工作时间/(1-辅助工作时间占比)

E. 时间定额 = (基本工作时间+辅助工作时间)/(1-规范时间占比)

2. 下列材料损耗中，因损耗而产生的费用包含在材料单价中的有（　　）。

A. 场外运输损耗

B. 工地仓储损耗

C. 出工地仓库后的搬运损耗

D. 材料加工损耗

E. 材料施工损耗

3. 下列人工、材料、机械台班的消耗，应计入定额消耗量的有（   ）。

A. 准备与结束工作时间

B. 施工本身原因造成的工人停工时间

C. 措施性材料的合理消耗量

D. 不可避免的施工废料

E. 低负荷下的机械工作时间

4. 下列工人工作时间中，属于有效工作时间的有（   ）。

A. 基本工作时间

B. 不可避免的中断时间

C. 辅助工作时间

D. 偶然工作时间

E. 准备和结束工作时间

5. 根据现行《建筑安装工程费用项目组成》的规定，下列费用项目已包括在人工日工资单价内的有（   ）。

A. 节约奖

B. 流动施工津贴

C. 高温作业临时津贴

D. 劳动保护费

E. 探亲假期间工资

第2章练习题
扫码进入在线答题小程序，完成答题可获取答案

第**3**章

工程量清单计价方法

3.1　工程量清单的概念和内容

　　工程量清单计价是改革和完善工程价格管理体制的一个重要的组成部分。工程量清单计价方法相对于传统的定额计价方法是一种新的计价模式，或者说，是一种市场定价模式。工程量清单计价是由建设产品的买方和卖方在建设市场上根据供求状况、信息状况进行自由竞价，从而最终能够签订工程合同价格的方法。在工程量清单的计价过程中，工程量清单为建设市场的交易双方提供了一个平等的平台，是投标人在投标活动中进行公正、公平、公开竞争的重要基础。

　　工程量清单计价是国际上普遍采用的工程招标投标时合同价格的计算方式，已有上百年历史，规章制度完善成熟。在我国，工程量清单计价是一种全新的计价模式，是我国不断深化工程造价改革的结果，不同于过去一直沿用的定额计价模式。工程量清单计价包括最高投标限价和投标报价。最高投标限价是由招标人或受其委托的工程造价咨询人编制的招标人能够接受的最高投标限价。投标报价是投标人投标时所报出的投标总价。

　　为了全面推行工程量清单计价，2003 年 2 月 17 日，建设部以第 119 号公告批准发布了《建设工程工程量清单计价规范》（GB 50500—2003），自 2003 年 7 月 1 日起实施，该规范在后期执行中，反映出一些不足之处。为了进一步完善工程量清单计价工作，住房和城乡建设部在 2008 年发布了《建设工程工程量清单计价规范》（GB 50500—2008）（简称 2008 版《清单计价规范》），从 2008 年 12 月 1 日起实施。2008 版《清单计价规范》实施以来，对规范工程实施阶段的计价行为起到了良好的作用，得到了工程建设领域充分的肯定。但是由于相关法律法规的变化、实践中存在的一些问题、科技的新发展（新技术、新材料、新工艺）等因素，为了更加广泛深入地推行工程量清单计价，规范建设工程发承包双方的计量、计价行为，2013 年在 2008 版《清单计价规范》的基础上，住房和城乡建设部、国家质量监督检验检疫总局联合发布了新的清单计价规范和工程量计算规范。清单计价规范是《建设工程工程量清单计价规范》（GB 50500—2013）（简称 2013 版《清单计价规范》），工程量计算规范⊖共 9 本，具体为：《房屋建筑与装饰工程工程量计算规范》（GB 50854—2013）、《仿古

　　⊖　本章此后提到的工程量计算规范均和此处的含义相同。

建筑工程工程量计算规范》（GB 50855—2013）、《通用安装工程工程量计算规范》（GB 50856—2013）、《市政工程工程量计算规范》（GB 50857—2013）、《园林绿化工程工程量计算规范》（GB 50858—2013）、《矿山工程工程量计算规范》（GB 50859—2013）、《构筑物工程工程量计算规范》（GB 50860—2013）、《城市轨道交通工程工程量计算规范》（GB 50861—2013）、《爆破工程工程量计算规范》（GB 50862—2013）。

为进一步满足"完善工程项目划分，建立多层级工程量清单，形成以清单计价规范和各专（行）业工程量计算规范配套使用的清单规范体系，满足不同设计深度、不同复杂程度、不同承包方式及不同管理需求下工程计价的需要"的清单计价原则，2014 年，住房和城乡建设部发布了《住房城乡建设部关于进一步推进工程造价管理改革的指导意见》（建标〔2014〕142 号），该文提到构建科学合理的工程计价依据体系，由于我国目前使用的建设工程工程量清单计价规范主要用于施工图完成后进行发包的阶段，故将工程量清单的项目设置分为分部分项工程项目、措施项目、其他项目以及规费和税金项目五大类。

3.1.1　工程量清单的概念

工程量清单

工程量清单是指载明建设工程分部分项工程项目、措施项目、其他项目的名称和相应数量以及规费、税金项目等内容的明细清单。在建设工程发承包及实施过程的不同阶段，工程量清单又可分别称为招标工程量清单和已标价工程量清单。招标工程量清单是指招标人依据国家标准、招标文件、设计文件以及施工现场实际情况编制的，随招标文件发布供投标报价的工程量清单，包括其说明和表格。已标价工程量清单是指构成合同文件组成部分的投标文件中已标明价格，经算术性错误修正（如有）且承包人已确认的工程量清单，包括其说明和表格。

招标工程量清单应由招标人编制，若招标人不具备编制工程量清单的能力，可委托工程造价咨询人编制。

采用工程量清单方式招标发包的建设工程项目，招标工程量清单必须作为招标文件的组成部分，招标人应将招标工程量清单连同招标文件的其他内容一并发给（或发售）投标人。招标人对招标工程量清单编制的准确性和完整性负责。投标人必须按招标工程量清单填报价格，对工程量清单不负有核实的义务，更不具有修改和调整的权利。在履行施工合同过程中发现招标工程量清单漏项或错算，引起的合同价款调整应由招标人承担。

招标工程量清单是工程量清单计价的基础，应作为编制最高投标限价、投标报价、计算或调整工程量、索赔等的依据之一。

在理解招标工程量清单的概念时，首先应注意到，招标工程量清单是由招标人提供的文件，编制人是招标人或其委托的工程造价咨询人。其次，在性质上说，招标工程量清单是招标文件的组成部分，一经中标且签订合同，即成为合同的组成部分。因此，无论招标人还是投标人都应该慎重对待。

3.1.2　工程量清单计价的范围和作用

2003 年以前，我国实行的是传统的计价模式，随着经济建设的不断深入，传统的计价模式已不再适应市场经济的发展，工程量清单计价方式应运而生，并在全国快速推广。工程量清单计价通过全国制定统一的工程量计算规则，自主报价，具有很强的市场能动性，适合我国现行的经济状况。工程量清单计价模式与国际接轨，使国内市场与国际市场同步，对推动我国建设事业的健康快速发展具有重要意义。

1. 工程量清单计价的适用范围

工程量清单计价适用于建设工程招标投标及其实施阶段的计价活动。使用国有资金投资的建设工程招标投标，必须采用工程量清单计价；非国有资金投资的建设工程，宜采用工程量清单计价；不采用工程量清单计价的建设工程，应执行清单计价规范中除工程量清单等专门性规定外的其他规定。

国有资金投资的项目包括全部使用国有资金（含国家融资资金）投资或国有资金投资为主的工程建设项目。国有资金（含国家融资资金）为主的工程建设项目是指国有资金占投资总额 50%以上或国有投资者实质上拥有控股权的建设项目。

2. 工程量清单计价的作用

1）在招标投标阶段，招标工程量清单为投标人的投标竞争提供了平等和共同的基础。工程量清单将要求投标人完成的工程项目及其相应工程实体数量全部列出，为投标人提供拟建工程的基本内容、实体数量和质量要求等信息。这使所有投标人所掌握的信息相同，受到的待遇是客观、公正和公平的。

2）工程量清单是建设工程计价的依据。在招标投标过程中，招标人根据工程量清单编制招标工程的最高投标限价；投标人按照工程量清单所表述的内容，依据企业定额计算投标价格，自主填报工程量清单所列项目的单价与合价。

3）工程量清单是工程付款和结算的依据。发包人根据承包人是否完成工程量清单规定的内容以投标时在工程量清单中所报的单价作为支付工程进度款和进行结算的依据。

4）工程量清单是调整工程量、进行工程索赔的依据。在发生工程变更、索赔、增加新的工程项目等情况时，可以选用或者参照工程量清单的分部分项工程或计价项目合同单价来确定变更项目或索赔项目的单价和相关费用。

5）有利于提高计价效率，能真正实现快速报价。避免了传统计价模式下招标人与投标人重复计算工程量的问题，所有投标人以招标人统一提供的工程量清单为标准结合自身实际情况进行报价。

3.1.3　招标工程量清单的内容

招标工程量清单作为招标文件的组成部分，一个最基本的功能是作为信息的载体，以便投标人能对工程有全面充分的了解。从这个意义上讲，招标工程量清单的内容应全面、准确。招标工程量清单主要包括招标工程量清单总说明和招标工程量清单表两部分。

1. 招标工程量清单总说明

招标工程量清单总说明主要是招标人解释拟招标工程的工程量清单的编制依据以及编制范围，明确清单中的工程量是招标人根据拟建工程设计文件预计的工程量，仅作为编制最高投标限价和各投标人进行投标报价的共同基础，结算时的工程量应按发承包双方在合同中约定应予计量且实际完成的工程量确定，提示投标人重视清单以及如何使用清单。

招标工程量清单总说明包括：工程概况、工程招标范围、工程量清单编制依据以及其他需要说明的问题。

2. 招标工程量清单表

招标工程量清单表作为清单项目和工程数量的载体，是工程量清单的重要组成部分。招标工程量清单表包括分部分项工程量清单表、措施项目清单表、其他项目清单表、规费项目清单表、税金项目清单表等。2013版《清单计价规范》分部分项工程量清单表格式见表3-1，它是将2008版《清单计价规范》中"分部分项工程量清单与计价表"和"措施项目清单与计价表"合并形成的。

表 3-1　分部分项工程和单价措施项目清单与计价表

工程名称：（招标项目名称）　　　标段：　　　　　　　　　　　　　　　　第　页　共　页

序号	项目编码	项目名称	项目特征描述	计量单位	工程量	金额（元）			
						综合单价	合价	其中	
								暂估价	
1									
2									
3									
4									
本页小计									
合计									

合理的清单项目设置和准确的工程数量，是清单计价的前提和基础。对于招标人来讲，招标工程量清单是进行投资控制的前提和基础，招标工程量清单表编制的质量直接关系和影响到工程建设投资的最终结果。

3.1.4　招标工程量清单的编制

1. 招标工程量清单的编制依据

1）《建设工程工程量清单计价规范》和相关的工程量计算规范。

2）国家或省级、行业建设主管部门颁发的计价依据和办法。

3）建设工程设计文件及相关资料。

4）与建设工程有关的标准、规范、技术资料。

5）拟定的招标文件。

6）施工现场情况、地勘水文资料、工程特点及常规施工方案。

7）其他相关资料。

招标工程量清单

2. 分部分项工程量清单的内容及编制注意事项

分部工程是单项工程或单位工程的组成部分，是按结构部位、路段长度及施工特点或施工任务将单项工程或单位工程划分为若干个分部工程；分项工程是分部工程的组成部分，是按不同施工方法、材料、工序等将分部工程划分为若干个分项工程或项目。

分部分项工程量清单包括项目编码、项目名称、项目特征描述、计量单位和工程量。这五方面内容在分部分项工程量清单的组成中缺一不可。分部分项工程量清单必须根据相关工程的工程量计算规范规定的项目编码、项目名称、项目特征、计量单位和工程量计算规则进行编制。

（1）工程名称　分部分项工程量清单表头处的"工程名称"栏应填写详细具体的工程称谓，如：××中学教学楼工程。"标段"栏，对于房屋建筑而言，一般不分标段，可不填写此栏，但对于管道工程、道路工程则常常划分标段，应填写"标段"栏。

（2）项目编码　项目编码是分部分项工程和措施项目清单名称的阿拉伯数字标识。项目编码以五级编码设置，用 12 位阿拉伯数字表示。第一、二、三、四级编码统一；第五级编码由工程量清单编制人区分具体工程的清单项目特征而分别编码。当同一标段（或合同段）有多个单位工程，并且工程量清单是以单位工程为编制对象时，这几个单位工程不能出现重码的项目。例如，某工程一个标段中含有三个单位工程，每个单位工程中都有项目特征相同的实心砖墙砌体，三个单位工程需单独编制工程量清单，则第一个单位工程的实心砖墙的项目编码应为 010401003001，第二个单位工程的实心砖墙的项目编码应为 010401003002，第三个单位工程的实心砖墙的项目编码应为 010401003003，并分别列出各单位工程实心砖墙的工程量。各级编码代表的含义如下：

1）第一级（两位数）为专业工程代码：01——房屋建筑与装饰工程、02——仿古建筑工程、03——通用安装工程、04——市政工程、05——园林绿化工程、06——矿山工程、07——构筑物工程、08——城市轨道交通工程、09——爆破工程。

2）第二级（两位数）为专业工程附录分类顺序码。

3）第三级（两位数）为分部工程顺序码。

4）第四级（三位数）为分项工程项目名称顺序码。

5）第五级（三位数）为清单项目名称顺序码。

工程量清单项目编码结构如图 3-1 所示（以房屋建筑与装饰工程为例）。

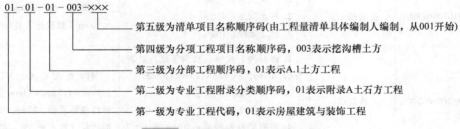

图 3-1　工程量清单项目编码结构

（3）项目名称　分部分项工程量清单项目的名称应按工程量计算规范附录中的项目名称并结合拟建工程的实际确定。在实际工作中，在项目名称的填写上存在两种情况：一是完全按照工程量计算规范的项目名称不变；二是根据工程实际在计算规范的项目名称基础上细化。这两种方式均是可行的，应根据具体情况而定。如果工程量计算规范中的项目名称包含范围很小，在编制工程量清单时可直接采用工程量计算规范中的项目名称，如 010102003 挖基坑石方；如果项目名称包含范围大，这时采用具体的名称比较恰当，如 011407001 墙面喷刷涂料，可根据喷刷部位和涂料的种类详细确定项目名称，某工程外墙刷乳胶漆，项目名称可确定为 011407001001 外墙刷乳胶漆。

工程建设中新材料、新技术、新工艺等的不断涌现，工程量计算规范中所列工程量清单项目不可能包含所有项目，在编制工程量清单时，当出现工程量计算规范中未包括的项目时，招标人可按相应的原则进行补充，补充项目的编码由专业工程代码与 B 和三位阿拉伯数字组成，并应从××B001 起顺序编制，例如：房屋建筑与装饰工程需要补充项目，其补充项目编码应从 01B001 起按顺序编制；通用安装工程需要补充项目，其补充项目编码应从 03B001 起按顺序编制。同一招标工程的项目不得重码，工程量清单中需附有补充项目的名称、项目特征、计量单位、工程量计算规则和工作内容。编制的补充项目需报省级或行业工程造价管理机构备案。

（4）项目特征　工程量清单项目特征是确定一个清单项目综合单价不可缺少的重要依据，在编制工程量清单时，必须对项目特征进行准确和全面的描述。如果工程量清单项目特征的描述不清甚至漏项、错误，从而引起在施工过程中的更改，都会引起分歧，导致纠纷。在描述工程量清单项目特征时应按下列原则进行：

1）项目特征描述的内容应按工程量计算规范中规定的项目特征，结合拟建工程项目的实际予以描述，以满足确定综合单价的需要。

2）若采用标准图集或施工图能够全部或部分满足项目特征描述的要求，项目特征描述可直接采用详见××图集或××图号的方式。对不能满足项目特征描述要求的部分，仍应用文字描述。

项目特征描述的方式大致可划分为问答式和简化式，两种描述方式见表 3-2。

表 3-2　工程量清单项目特征描述示例

序号	项目编码	项目名称	项目特征描述	
			问答式	简化式
1	010101003001	挖沟槽土方	1. 土壤类别：三类 2. 挖土深度：4.0m 3. 弃土运距：10km	三类土、挖深≤4m、弃土运距≤10km（或投标人自行考虑）
2	010401001001	砖基础	1. 砖品种、规格、强度等级：页岩标砖 MU10，240mm×115mm×53mm 2. 基础类型：条形基础 3. 砂浆强度等级：M10 水泥砂浆 4. 防潮层材料种类：20mm 厚 1：2 水泥砂浆（防水粉 5%）	M10 水泥砂浆、MU10 规格 240mm×115mm×53mm 的页岩标砖砌条形基础，20mm 厚 1：2 水泥砂浆（防水粉 5%）防潮层
3	010502002001	构造柱	1. 混凝土种类：现场搅拌 2. 混凝土强度等级：C20	C20 现场搅拌混凝土

（续）

序号	项目编码	项目名称	项目特征描述	
			问答式	简化式
4	011201001001	墙面一般抹灰	1. 墙体类型：实心标准砖墙 2. 底层厚度、砂浆配合比：素水泥浆一遍，15mm 厚 1：1：6 水泥石灰砂浆 3. 面层厚度、砂浆配合比：5mm 厚 1：0.5：3 水泥石灰砂浆	实心标准砖墙素水泥浆一遍，15mm 厚 1：1：6 水泥石灰砂浆打底，5mm 厚 1：0.5：3 水泥石灰砂浆抹面

（5）计量单位　分部分项工程量清单的计量单位应按工程量计算规范附录中规定的计量单位确定，如规定的计量单位出现一个项目两个计量单位时，清单编制人应结合拟建工程项目的实际情况，选择最适宜最方便的计量单位。同一工程项目计量单位应一致。

工程量计算规范中的计量单位一般采用基本单位，如：

1）以质量计算的项目——吨或千克（t 或 kg）。

2）以体积计算的项目——立方米（m³）。

3）以面积计算的项目——平方米（m²）。

4）以长度计算的项目——米（m）。

5）以自然计量单位计算的项目——个、套、块、樘、根、橧、段、座、孔、组、台、项等，各专业有特殊计量单位的，再另外加以说明。

（6）工程量计算规则　分部分项工程量清单的工程量应以工程设计图、施工组织设计或施工方案及有关技术经济文件为依据，按各相应专业计算规范附录中规定的工程量计算规则计算。所有清单项目的工程量应以实体工程量为准，并以完成后的净值计算；在计算综合单价时，应在单价中考虑施工中的各种损耗和需要增加的数量。

工程量的有效位数确定：以"t"为计量单位的应保留三位小数，第四位小数四舍五入；以"m³""m²""m""kg"为计量单位的应保留两位小数，第三位小数四舍五入；以"个""件""根""组""项""系统"等为计量单位的应取整数。

（7）工作内容　工作内容是指完成该清单项目可能发生的具体工作，可供招标人确定清单项目和最高投标限价以及投标人投标报价参考。以房屋建筑工程的实心砖墙为例，可能发生的具体工作有砂浆制作与运输、砌砖、刮缝、砖压顶砌筑、材料运输等。

凡工作内容中未列全的其他具体工程，由投标人按招标文件或设计图要求编制，以完成清单项目为准，综合考虑到报价中。

如前所述，招标工程量清单的编制应以《清单计价规范》和相关的工程量计算规范为依据。现行的 2013 版《建设工程工程量清单计价规范》配套的工程量计算规范是按专业划分的，包括房屋建筑与装饰工程、仿古建筑工程、通用安装工程、市政工程、园林绿化工程、矿山工程、构筑物工程、城市轨道交通工程、爆破工程九个专业。表 3-3 是分部分项工程清单项目及工程量计算规则示例，摘自《房屋建筑与装饰工程工程量计算规范》（GB 50854—2013）中附录 A 土石方工程的部分内容。表 3-4 是计算完清单工程量后编制的招标工程量清单中分部分项工程量清单示例。

表 3-3　土石方工程工程量清单项目及工程量计算规则示例（摘自 GB 50854—2013 A.1）

项目编码	项目名称	项目特征	计量单位	工程量计算规则	工作内容
010101001	平整场地	1. 土壤类别 2. 弃土运距 3. 取土运距	m²	按设计图示尺寸以建筑物首层建筑面积计算	1. 土方挖填 2. 场地找平 3. 运输
010101002	挖一般土方	1. 土壤类别 2. 挖土深度 3. 弃土运距	m³	按设计图示尺寸以体积计算	1. 排地表水 2. 土方开挖 3. 围护（挡土板）及拆除 4. 基底钎探 5. 运输
010101003	挖沟槽土方			按设计图示尺寸以基础垫层底面积乘以挖土深度计算	
010101004	挖基坑土方				
…					

表 3-4　分部分项工程和单价措施项目清单与计价表示例

工程名称：××中学教学楼工程　　标段：　　　　　　　　　　　　　　　　第　页　共　页

序号	项目编码	项目名称	项目特征描述	计量单位	工程量	金额（元）		
						综合单价	合价	其中 暂估价
0101 土石方工程								
1	010101001001	平整场地	二类土，厚度±300mm 以内就地挖填找平	m²	1792			
2	010101003001	挖沟槽土方	三类土，垫层底宽 2m，挖土深度 4m 以内，弃土运距为 10km	m³	1432			
（其他略）								
分部小计								

3. 措施项目清单

措施项目分专业措施项目、安全文明施工及其他措施项目两类。专业措施项目是根据专业的施工特点可能发生的措施项目，如房屋建筑与装饰工程的专业措施项目包括脚手架、混凝土模板及支架（撑）、垂直运输、超高施工增加、大型机械设备进出场及安拆、施工排降水等项目；通用安装工程的专业措施项目包括吊装加固、金属抱杆安装拆除移位、平台铺设拆除、安装与生产同时进行施工增加、在有害身体健康环境中施工增加、脚手架项目等项目。安全文明施工及其他措施项目一般包括安全文明施工费、夜间施工增加费、非夜间施工照明费、二次搬运费、冬雨季施工增加费、地上地下设施及建筑物的临时保护设施费、已完工程及设备保护费等。

措施项目清单必须根据各专业工程现行的工程量计算规范中的规定进行编制，并根据拟建工程的实际情况列项。各专业工程现行的工程量计算规范中将能计算工程量的措施项目，采用分部分项工程项目清单的方式列出，并相应列有项目编码、项目名称、项目特征、计量单位和工程量计算规则，表 3-5 是措施项目清单项目及工程量计算规则示例，摘自《房屋建筑与装饰工程工程量计算规范》（GB 50854—2013）中附录 S 措施项目脚手架工程的部分内容。在编制措施项目清单时应按表 3-1 的格式进行编制，同分部分项工程工程量清单编制要求一样，必须列出项目编码、项目名称、项目特征描述、计量单位、工程量。对于不能计算出工程量的项目，各专业工程现行的工程量计算规范中列出了项目编码、项目名称、工作内容及包含范围，在编制措施项目清单时，必须按相应的项目编码、项目名称确定清单项目，采用总价的方式以"项"为计量单位进行编制，其表格格式见表 3-6。若出现工程量计算规范中未列的项目，可根据工程实际情况补充。

4. 其他项目清单

其他项目清单包括：暂列金额、暂估价（包括材料暂估单价、工程设备暂估单价、专业工程暂估价）、计日工、总承包服务费。工程建设标准的高低、工程的复杂程度、工程的工期长短、工程的组成内容、招标人对工程管理的要求等都直接影响其他项目清单的内容。

表 3-5　脚手架工程工程量清单项目及工程量计算规则示例（摘自 GB 50854—2013 S.1）

项目编码	项目名称	项目特征	计量单位	工程量计算规则	工作内容
011701001	综合脚手架	1. 建筑结构形式 2. 檐口高度	m²	按建筑面积计算	1. 场内、场外材料搬运 2. 搭、拆脚手架、斜道、上料平台 3. 安全网的铺设 4. 选择附墙点与主体连接 5. 测试电动装置、安全锁等 6. 拆除脚手架后材料的堆放
011701002	外脚手架	1. 搭设方式 2. 搭设高度 3. 脚手架材质		按所服务对象的垂直投影面积计算	1. 场内、场外材料搬运 2. 搭、拆脚手架、斜道、上料平台 3. 安全网的铺设 4. 拆除脚手架后材料的堆放
011701003	里脚手架				
...					

表 3-6　总价措施项目清单与计价表

工程名称：　　　　　标段：　　　　　　　　　　　　　　　　　第　页　共　页

序号	项目编码	项目名称	计算基础	费率（%）	金额（元）	调整费率（%）	调整后金额（元）	备注
		安全文明施工费						
		夜间施工增加费						
		二次搬运费						
		冬雨季施工增加费						

（续）

序号	项目编码	项目名称	计算基础	费率（%）	金额（元）	调整费率（%）	调整后金额（元）	备注
		已完工程及设备保护费						
		…						
		…						
		合计						

　　暂列金额是招标人在工程量清单中暂定并包括在合同价款中的一笔款项。用于工程合同签订时尚未确定或者不可预见的所需材料、设备、服务的采购，施工中可能发生的工程变更、合同约定调整因素出现时的工程价款调整以及发生的索赔、现场签证确认等的费用。在工程建设过程中，不管采用何种合同形式，都会因建设工程自身的特性，使工程设计在工程进展中不断进行优化和调整，业主需求也可能会随工程建设进展而出现变化，工程建设过程还会存在一些不能预见、不能确定的因素。这些因素的产生必然会影响合同价格的调整，暂列金额是为这类不可避免的价格调整而设立的。暂列金额的使用应按照合同约定的程序，当合同约定的程序实际发生时，才能成为中标人的应得金额，纳入到合同结算价款中。扣除实际发生金额后的暂列金额余额仍属于招标人所有。暂列金额应由招标人根据工程特点、工期长短，按照有关计价规定进行估算确定，一般可按分部分项工程费的10%~15%考虑。

　　暂估价是招标人在工程量清单中提供的用于支付必然发生但暂时不能确定价格的材料、工程设备的单价以及专业工程的金额。暂估价的特点是招标阶段预见肯定要发生，只是因为标准不明确或者需要由专业承包人完成，暂时又无法确定其具体价格或金额。

　　计日工是指在施工过程中，承包人完成发包人提出的工程合同范围以外的零星项目或工作，按合同中约定的综合单价计算出总额作为工程造价组成部分。计日工是为了解决现场发生的零星工作的计价而设立的，计日工以完成零星工作所消耗的人工工时、材料数量、机械台班进行计量，并按照计日工表中填报的适用项目的单价进行计价支付。招标人应根据工程情况估算出比较贴近实际的计日工数量填入计日工表中，计日工表格式见表3-7。招标人在编制最高投标限价时按有关计价规定确定综合单价，投标人编制报价时自主确定综合单价，结算时按承发包双方确认的实际数量计算合价。计日工应列出项目名称、计量单位和暂估数量。

表 3-7　计日工表

工程名称：　　　　标段：　　　　　　　　　　　　　　　　　　　第　页　共　页

编号	项目名称	单位	暂定数量	实际数量	综合单价（元）	合价（元）	
						暂定	实际
一	人工						
1	…						
2	…						
		人工小计					

（续）

编号	项目名称	单位	暂定数量	实际数量	综合单价（元）	合价（元）	
						暂定	实际
二	材料						
1	…						
2	…						
材料小计							
三	施工机械						
1	…						
2	…						
施工机械小计							
四	企业管理费和利润						
总计							

总承包服务费是总承包人为配合协调发包人进行的专业工程发包，对发包人自行采购的材料、工程设备等进行保管以及施工现场管理、竣工资料汇总整理等服务所需的费用。招标人应填写项目名称和服务内容；在编制最高投标限价时，费率及金额由招标人按有关计价规定确定；费率及金额由投标人自主报价，计入投标总价中。

除上述 4 项内容外，不足部分，可根据工程实际情况补充。

其他项目清单与计价汇总表格式见表 3-8。

表 3-8　其他项目清单与计价汇总表

工程名称：　　　　　标段：　　　　　　　　　　　　　　　　　　第　页　共　页

序号	项目名称	金额（元）	结算金额（元）	备注
1	暂列金额			
2	暂估价			
2.1	材料（工程设备）暂估价/结算价	—		
2.2	专业工程暂估价/结算价			
3	计日工			
4	总承包服务费			
5	索赔及现场签证	—		
…				
合计				—

5. 规费项目清单

规费项目清单应包括的内容有：社会保险费（包括养老保险费、失业保险费、医疗保险费、工伤保险费、生育保险费）、住房公积金、工程排污费。

6. 税金项目清单

税金项目清单应包括的内容有：营业税（现已取消）、城市维护建设税、教育费附加、地方教育费附加。

税金项目清单按照国家税法规定的增值税计入建筑安装工程造价。

规费、税金项目计价表格式见表3-9。

表3-9 规费、税金项目计价表

工程名称： 标段： 第 页共 页

序号	项目名称	计算基础	计算基数	计算费率	金额（元）
1	规费	定额人工费			
1.1	社会保险费	定额人工费			
（1）	养老保险费	定额人工费			
（2）	失业保险费	定额人工费			
（3）	医疗保险费	定额人工费			
（4）	工伤保险费	定额人工费			
（5）	生育保险费	定额人工费			
1.2	住房公积金	定额人工费			
1.3	工程排污费	按工程所在地环境保护部门收费标准，按实计入			
2	税金	分部分项工程费+措施项目费+其他项目费+规费−按规定不计税的工程设备金额			
合计					

7. 招标工程量清单文件的标准格式

招标工程量清单应采用统一格式，一般应由下列内容组成：

1）封面。封面格式如图3-2所示。

_____**工程**

招标工程量清单

招 标 人： _____

（单位盖章）

造价咨询人： _____

（单位盖章）

年 月 日

图3-2 招标工程量清单封面

2）扉页。扉页格式如图 3-3 所示。扉页应按规定的内容填写、签字、盖章。

_____工程

招标工程量清单

招　标　人：_____　　　　工程造价咨询人：_____
　　　　（单位盖章）　　　　　　　　　　（单位资质专用盖章）

法定代表人　　　　　　　　　　　法定代表人
或其授权人：_____　　　　或其授权人：_____
　　　（签字或盖章）　　　　　　　　　（签字或盖章）

编制人：_____　　　　　　复核人：_____
　（造价人员签字盖专用章）　　　　（造价工程师签字盖专用章）

编制时间：　年　月　日　　　　　复核时间：　年　月　日

图 3-3　招标工程量清单扉页

招标人自行编制工程量清单时，编制人员必须是在招标人单位注册的造价人员。由招标人盖单位公章，法定代表人或其授权人签字或盖章；当编制人是注册造价工程师时，由其签字加盖执业专用章；当编制人是造价员时，由其在编制人栏签字加盖专用章，并应由注册造价工程师复核，在复核人栏签字盖执业专用章。

招标人委托工程造价咨询人编制工程量清单时，编制人员必须是在工程造价咨询人单位注册的造价人员。由工程造价咨询人加盖单位（公章）资质专用章，法定代表人或其授权人签字或盖章。当编制人是注册造价工程师时，由其签字加盖执业专用章；当编制人是造价员时，由其在编制人栏签字加盖专用章，并应由注册造价工程师复核，在复核人栏签字加盖执业专用章。

3）总说明。总说明应按下列内容填写：

① 工程概况，包括建设规模、工程特征、计划工期、施工现场实际情况、自然地理条件、环境保护要求等。

②工程招标和专业工程发包范围。

③ 工程量清单编制依据。

④ 工程质量、材料、施工等的特殊要求。

⑤ 其他需说明的问题。

4）分部分项工程和单价措施项目清单与计价表（表 3-1）。

5）总价措施项目清单与计价表（表 3-6）。

6）其他项目清单与计价汇总表（表 3-8）、暂列金额明细表、材料（工程设备）暂估单价及调整表、专业工程暂估价及结算价表、计日工表（表 3-7）、总承包服务费计价表。

7）规费、税金项目计价表（表 3-9）。

8）主要材料、工程设备一览表。

3.2　工程量清单计价

3.2.1　工程量清单计价的概念

工程量清单计价包括最高投标限价和投标报价，并贯穿于合同价款约定、工程计量与价款支付、索赔与现场签证、工程价款调整、工程竣工结算办理、工程造价计价争议处理等全过程计价活动。

最高投标限价是招标人根据国家或省级、行业建设主管部门颁发的有关计价依据和办法，以及拟定的招标文件和招标工程量清单，结合工程具体情况编制的招标工程的最高投标限价。我国规定，使用国有资金投资的建设工程发承包，应当采用工程量清单计价并编制最高投标限价。最高投标限价超过批准的概算时，招标人应将其报原概算审批部门审核。投标人的投标报价高于最高投标限价的应予废标。最高投标限价应由具有编制能力的招标人，或受其委托工程造价咨询人编制和复核。最高投标限价应在发布招标文件时公布，不应上调或下浮，招标人应将最高投标限价及有关资料报送工程所在地或有该工程管辖权的行业管理部门的工程造价管理机构备查。

投标报价是采用工程量清单招标时，投标人根据招标文件的要求和招标工程量清单、工程特点，并结合自身的施工技术、装备和管理水平，依据有关计价规定自主确定的工程造价，是投标人希望达成工程承包交易的期望价格，但不得低于成本。投标报价应由投标人或受其委托工程造价咨询人编制。

3.2.2　工程量清单计价时工程造价的组成内容

采用工程量清单计价时，建设工程造价由分部分项工程费、措施项目费、其他项目费、规费和税金五部分组成，按照《关于印发〈建筑安装工程费用项目组成〉的通知》（建标〔2013〕44 号）的规定，按造价形成划分如图 3-4 所示。

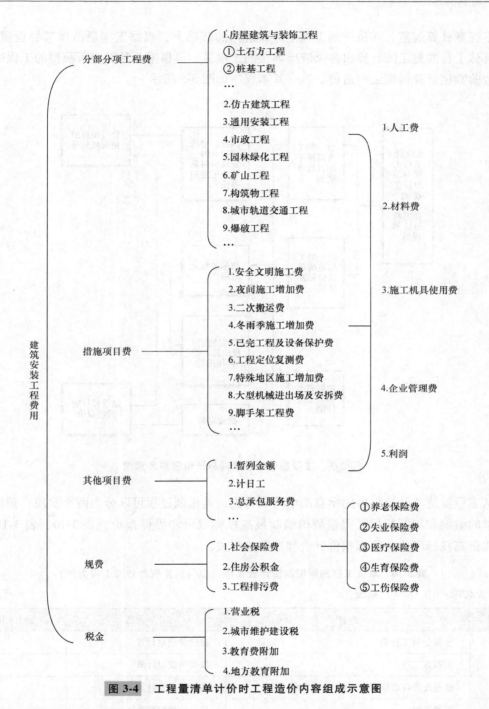

图 3-4　工程量清单计价时工程造价内容组成示意图

按照财税〔2016〕36 号文的规定，全面推行营业税改征增值税。城市维护建设税、教育费附加、地方教育附加计入企业管理费。

3.2.3　工程量清单计价的程序

工程量清单计价的基本程序可以描述为：依据《建设工程工程量清单计价规范》及各

专业工程量计算规范，在统一的工程量计算规则的基础上，根据工程量清单项目设置原则，根据具体工程的施工图计算出各个清单项目的工程量，再根据各种渠道所获得的工程造价信息和经验数据计算得到工程造价。这一基本程序如图3-5所示。

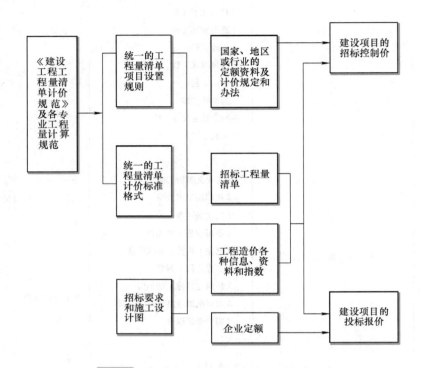

图 3-5　工程造价工程量清单计价程序示意图

从工程量清单计价程序的示意图中可以看出，其编制过程可以分为两个阶段：招标工程量清单的编制和根据招标工程量清单编制最高投标限价和投标报价。表3-10、表3-11是单位工程最高投标限价和投标报价计价程序表格格式。

表 3-10　单位工程招标控制价计价程序（以房屋建筑与装饰工程为例）

工程名称：　　　　　　标段：

序号	内容	计算方法	金额（元）
1	分部分项工程费	按计价规定计算	
1.1	土石方工程	按计价规定计算	
1.2	地基处理与边坡支护工程	按计价规定计算	
1.3	桩基工程	按计价规定计算	
1.4	砌筑工程	按计价规定计算	
1.5	混凝土与钢筋混凝土工程	按计价规定计算	
...	...		
2	措施项目费	按计价规定计算	

（续）

序号	内容	计算方法	金额（元）
2.1	其中：安全文明施工费	按规定标准计算	
3	其他项目费		
3.1	其中：暂列金额	按计价规定估算	
3.2	其中：专业工程暂估价	按计价规定估算	
3.3	其中：计日工	按计价规定估算	
3.4	其中：总承包服务费	按计价规定估算	
4	规费	按规定标准计算	
5	税金（扣除不列入计税范围的工程设备金额）	（1+2+3+4）×规定税率	
	招标控制价合计 = 1+2+3+4+5		

注：按照《建设工程工程量清单计价规范》（GB 50500—2013）要求，目前按照招标控制价计价程序表编制。

表 3-11　单位工程投标报价计价程序（以房屋建筑与装饰工程为例）

工程名称：　　　　　　标段：

序号	内容	计算方法	金额（元）
1	分部分项工程费	自主报价	
1.1	土石方工程	自主报价	
1.2	地基处理与边坡支护工程	自主报价	
1.3	桩基工程	自主报价	
1.4	砌筑工程	自主报价	
1.5	混凝土与钢筋混凝土工程	自主报价	
…	…		
2	措施项目费	自主报价	
2.1	其中：安全文明施工费	按规定标准计算	
3	其他项目费		
3.1	其中：暂列金额	按招标文件提供金额计列	
3.2	其中：专业工程暂估价	按招标文件提供金额计列	
3.3	其中：计日工	自主报价	
3.4	其中：总承包服务费	自主报价	
4	规费	按规定标准计算	
5	税金（扣除不列入计税范围的工程设备金额）	（1+2+3+4）×规定税率	
	投标报价合计 = 1+2+3+4+5		

3.2.4　工程量清单计价方法

工程量清单计价应采用综合单价计价。综合单价是指完成规定清单项目所需的人工费、材料费和工程设备费、施工机具使用费、企业管理费、利润以及一定范围内的风险费用。

在进行工程量清单计价时，规费和税金是政府和有关权力部门根据国家法律、法规规定施工企业必须缴纳的费用，不是发承包人能自主确定的，更不是由市场竞争决定的，所以规费和税金必须按照国家或省级、行业建设主管部门规定的费用标准计算。措施项目中的安全文明施工费也必须按照国家或省级、行业建设主管部门规定的费用标准计算，招标人不得要求投标人对该项费用进行优惠，投标人也不得将该项费用参与市场竞争。

1. 最高投标限价的编制

（1）最高投标限价的编制依据　具体包括以下几项：

1）现行的工程量清单计价规范。

2）国家或省级、行业建设主管部门颁发的计价定额和计价办法。

3）建设工程设计文件及相关资料。

4）拟定的招标文件及招标工程量清单。

5）与建设项目相关的标准、规范、技术资料。

6）施工现场情况、工程特点及常规施工方案。

7）工程造价管理机构发布的工程造价信息；工程造价信息没有发布的参照市场价。

8）其他的相关资料。

（2）分部分项工程费　分部分项工程费应根据招标文件中的分部分项工程量清单项目的特征描述及有关要求，按照最高投标限价编制依据中有关价格的因素确定的综合单价计算。综合单价中应包括招标文件中划分的应由投标人承担的风险范围及费用。如招标文件中没有明确风险范围，编制人提请招标人明确。暂估价中的材料、工程设备单价应按工程量清单中列出的单价计入综合单价。

（3）措施项目费　措施项目费应根据招标文件中的措施项目清单，根据拟建工程的施工现场情况、工程特点及常规施工方案按相关要求进行计算。属单价项目的，应根据拟定的招标文件和招标工程量清单项目中的特征描述及有关要求确定综合单价；属总价项目的，应根据拟定的招标文件和常规施工方案，依据工程量清单计价规范的相应要求计算。措施项目中的安全文明施工费按规定计取，不得作为竞争性费用。

（4）其他项目费　其他项目费应按下列规定计算：

1）暂列金额应按招标工程量清单中列出的金额填写。

2）暂估价中的材料、工程设备单价应按招标工程量清单中列出的单价计入综合单价。

3）暂估价中的专业工程金额应按招标工程量清单中列出的金额填写。专业工程暂估价一般应是综合暂估价，包括人工费、材料费、施工机具使用费、企业管理费和利润，不包括规费和税金。

4）计日工应按招标工程量清单中列出的项目，根据工程特点和有关计价依据确定综合单价计算。计日工单价包括企业管理费和利润。

5）总承包服务费应根据招标工程量清单列出的内容和要求估算。

（5）规费和税金　规费和税金应按国家或省级、行业建设主管部门的规定计算，不得作为竞争性费用。最高投标限价必须按2013版《清单计价规范》中规定的格式编制。

投标报价

2. 投标报价的编制

（1）投标报价的编制依据

1）现行的《建设工程工程量清单计价规范》。

2）国家或省级、行业建设主管部门颁发的计价办法。

3）企业定额，国家或省级、行业建设主管部门颁发的计价定额和计价办法。

4）招标文件、招标工程量清单及其补充通知、答疑纪要。

5）建设工程设计文件及相关资料。

6）施工现场情况、工程特点及投标时拟定的施工组织设计或施工方案。

7）与建设项目相关的标准、规范等技术资料。

8）市场价格信息或工程造价管理机构发布的工程造价信息。

9）其他的相关资料。

（2）分部分项工程费　分部分项工程费应依据综合单价的组成内容，按招标文件中分部分项工程量清单项目的特征描述确定的综合单价计算。综合单价中应包括招标文件中划分的由投标人承担的风险范围及费用，招标文件中没有明确的，应提请招标人明确。材料、工程设备暂估价应按招标工程量清单中列出的单价计入综合单价。

（3）措施项目费　措施项目费应根据招标文件中的措施项目清单，根据施工现场情况、工程特点及投标时拟定的施工组织设计或施工方案按相关要求进行计算。属单价项目的，应根据拟定的招标文件和招标工程量清单项目中的特征描述及有关要求确定综合单价；属总价项目的，应根据招标文件及投标时拟定的施工组织设计或施工方案，依据工程量清单计价规范的相应要求计算。措施项目中的安全文明施工费按规定计取，不得作为竞争性费用。

投标人可根据工程实际情况结合施工组织设计，对招标人所列的措施项目进行增补。

（4）其他项目费　其他项目费应按下列规定报价：

1）暂列金额应按招标工程量清单中列出的金额填写。

2）材料、工程设备暂估价应按招标工程量清单中列出的单价计入综合单价。

3）专业工程暂估价应按招标工程量清单中列出的金额填写。

4）计日工应按招标工程量清单中列出的项目和数量，自主确定综合单价并计算计日工总额。

5）总承包服务费应根据招标工程量清单中列出的内容和提出的要求自主确定。

（5）规费和税金　规费和税金应按国家或省级、行业建设主管部门的规定计算，不得作为竞争性费用。

招标工程量清单与计价表中列明的所有需要填写的单价和合价的项目，投标人均应填写且只允许有一个报价。未填写单价和合价的项目，视为此项费用已包含在已标价工程量清单中其他项目的单价和合价之中。竣工结算时，此项目不得重新组价予以调整。投标人填写的项目编码、项目名称、项目特征、计量单位、工程量必须与招标工程量清单一致。投标总价应当与分部分项工程费、措施项目费、其他项目费和规费、税金的合计金额一致。投标报价不得低于成本。

（6）投标报价的主要表格格式　具体如下：

1）投标总价封面（图 3-6），由投标人按规定的内容填写、签字、盖章。

_____工程

投标总价

投标人_____

（单位盖章）

年　月　日

图 3-6　投标总价封面

2）投标总价扉页（图 3-7），由投标人按规定的内容填写、签字、盖章。

投 标 总 价

招　标　人：_____

工 程 名 称：_____

投标总价（小写）：_____

　　　　（大写）：_____

投　标　人：_____

（单位盖章）

法定代表人

或其授权人：_____

（签字或盖章）

编　制　人：_____

（造价人员签字盖专用章）

时间：　年　月　日

图 3-7　投标总价扉页

3）投标报价总说明（图 3-8）。

总说明

工程名称：

（主要内容）

1. 工程概况

2. 投标报价编制依据

3. 其他需要说明的问题

图 3-8　投标报价总说明

4）建设项目投标报价汇总表（表 3-12）。

表 3-12　建设项目投标报价汇总表

工程名称：　　　　　　　　　　　　　　　　　　　　　　　　　第　页　共　页

序号	单项工程名称	金额（元）	其中（元）		
			暂估价	安全文明施工费	规费
	合计					

5）单项工程投标报价汇总表（表 3-13）。

表 3-13　单项工程投标报价汇总表

工程名称：　　　　　　　　　　　　　　　　　　　　　　　　　第　页　共　页

序号	单位工程名称	金额（元）	其中（元）		
			暂估价	安全文明施工费	规费
	合计					

6）单位工程投标报价汇总表（表3-14）。

7）分部分项工程和单价措施项目清单与计价表（表3-1）。

8）综合单价分析表（表3-15）。

9）总价措施项目清单与计价表（表3-6）。

10）其他项目清单与计价汇总表（表3-8）。

11）暂列金额明细表（表3-16）。

12）材料（工程设备）暂估单价及调整表（表3-17）。

13）专业工程暂估价及结算价表（表3-18）。

14）计日工表（表3-7）。

15）总承包服务费计价表（表3-19）。

16）规费、税金项目计价表（表3-9）。

表 3-14　单位工程投标报价汇总表

工程名称：　　　　　　　　　　　　　　　　　　　　　　　　　　　　第　页　共　页

序号	汇总内容	金额（元）	其中：暂估价（元）
1	分部分项工程费		
1.1			
1.2			
1.3			
1.4			
1.5			
...			
2	措施项目费		
2.1	其中：安全文明施工费		
3	其他项目费		
3.1	其中：暂列金额		
3.2	其中：专业工程暂估价		
3.3	其中：计日工		
3.4	其中：总承包服务费		
4	规费		
5	税金		

投标报价合计＝1+2+3+4+5

表 3-15　综合单价分析表

工程名称：　　　　　　　标段：　　　　　　　　　　　　　　　　　　　　第　页　共　页

项目编码		项目名称		计量单位		工程量	

清单综合单价组成明细

定额编号	定额项目名称	定额单位	数量	单价				合价			
				人工费	材料费	机械费	管理费和利润	人工费	材料费	机械费	管理费和利润
人工单价			小计								
元/工日			未计价材料费								
清单项目综合单价											

材料费明细	主要材料名称、规格、型号		单位	数量	单价（元）	合价（元）	暂估单价（元）	暂估合价（元）
	其他材料费				—		—	
	材料费小计				—		—	

表 3-16　暂列金额明细表

工程名称：　　　　　　　标段：　　　　　　　　　　　　　　　　　　　　第　页　共　页

序号	项目名称	计量单位	暂定金额（元）	备注
1				
...				
	合计			

表 3-17　材料（工程设备）暂估单价及调整表

工程名称：　　　　　　　标段：　　　　　　　　　　　　　　　　　　　　第　页　共　页

序号	材料（工程设备）名称、规格、型号	计量单位	数量		暂估（元）		确认（元）		差额±（元）		备注
			暂估	确认	单价	合价	单价	合价	单价	合价	
1											
...											
	合计										

表 3-18　专业工程暂估价及结算价表

工程名称：　　　　　　标段：　　　　　　　　　　　　　　　　第　页　共　页

序号	工程名称	工程内容	暂估金额（元）	结算金额（元）	差额±(元)	备注
1						
...						
	小计					

表 3-19　总承包服务费计价表

工程名称：　　　　　　标段：　　　　　　　　　　　　　　　　第　页　共　页

序号	项目名称	项目价值（元）	服务内容	计算基础	费率（%）	金额（元）
1	发包人发包专业工程					
2	发包人供应材料					
...						
	合计					

3. 注意事项

1）招标人发布的招标工程量清单，投标人必须逐项填报。对于没有填报单价和合价的项目，没有计算或少计算的费用，均视为已包括在报价表的其他项目或合价中。同时该费用除招标文件或合同约定外，结算时不得调整。这是国际通用的方法，业主承担量的风险，承包商承担价的风险。综合单价要把各个方面的因素考虑进去，包括市场价格变动的风险，施工措施费也是如此。规费不列入竞争范围，按有关计价办法的规定计取并上交或统筹，税金也是如此。

2）发包人提供的招标工程量清单中出现漏项、工程量计算偏差，以及工程变更引起工程量的增减，应按承包人在履行合同义务过程中实际完成的工程量计算。

3）发包人要求投标人提供投标报价中主要材料、工程设备价格时，应在招标文件中明确。报价单价是指材料、工程设备在施工期运至施工现场的价格。由发包人供应的材料和设备，发包人应在招标文件中明确品种、规格和价格。

4）工程竣工结算时，因非承包人原因引起的工程量增减，该项工程量变化在合同约定幅度以内的，应执行原有的综合单价；该项工程量变化在合同约定幅度以外的，其综合单价及措施费应予以调整。分部分项工程量清单漏项或非承包人原因的工程变更，造成增加新的工程量清单项目，具体调整办法应在招标文件或合同中明确。

5）因工程变更引起已标价工程量清单项目或其工程数量发生变化时，其对应的综合单价按下列方法确定：

① 已标价工程量清单中有适用于变更工程项目的，采用该项目的单价；但当工程变更导致该清单项目的工程数量发生变化，且工程量偏差超过 15%，其调整的原则为：当工程量增加 15% 以上时，其增加部分的工程量的综合单价应予调低；当工程量减少 15% 以上时，减少后剩余部分的工程量的综合单价应予调高。

② 已标价工程量清单中没有适用但有类似于变更工程项目的，可在合理范围内参照类

似项目的单价。

③ 已标价工程量清单中没有适用也没有类似于变更工程项目的，由承包人根据变更工程资料、计量规则和计价办法、工程造价管理机构发布的信息价格和承包人报价浮动率提出变更工程项目的单价，报发包人确认后调整。承包人报价浮动率可按下列公式计算：

招标工程：

$$承包人报价浮动率 L = (1-中标价／最高投标限价)×100\%$$

非招标工程：

$$承包人报价浮动率 L = (1-报价／施工图预算)×100\%$$

6）若施工期内市场价格波动超出一定幅度时，应按合同约定调整工程价款；合同没有约定或约定不明确的，应按省级或行业建设主管部门或其授权的工程造价管理机构的规定调整。

3.3　工程造价信息管理

3.3.1　工程造价信息的概念和主要内容

1. 工程造价信息的概念及特点

信息是现代社会使用频繁的一个词语，不仅在人类社会生活的各个方面和各个领域被广泛使用，而且在自然界的生命现象与非生命现象研究中也被广泛采用。按狭义理解，信息是一种消息、信号、数据或资料；按广义理解，信息被认为是物质的一种属性，是物质存在方式和运动规律与特点的表现形式。进入现代社会以后，信息逐渐被人们认识，其内涵越来越丰富，外延越来越广阔。在工程造价管理领域，信息也有它自己的定义。

（1）工程造价信息的概念　工程造价信息是一切有关工程造价的特征、状态及其变动的消息的组合。在工程承发包市场和工程建设过程中，工程造价总是在不停地运动着、变化着，并呈现出不同特征。人们对工程承发包市场和工程建设过程中工程造价运动的变化，是通过工程造价信息来认识和掌握的。

在工程承发包市场和工程建设中，工程造价是最灵敏的调节器和指示器，无论是政府工程造价主管部门还是工程承发包者，都要通过接收工程造价信息来了解工程建设市场动态，预测工程造价发展，决定政府的工程造价政策和工程承发包价。因此，工程造价主管部门和工程承发包者都要接收、加工、传递和利用工程造价信息。工程造价信息作为一种社会资源在工程建设中的地位日趋明显，特别是随着我国逐步开始推行工程量清单计价制度，工程价格从政府计划的指令性价格向市场定价转化，而在市场定价的过程中，信息起着举足轻重的作用，因此工程造价信息资源开发的意义更为重要。

（2）工程造价信息的特点

1）区域性。建筑材料大多重量大、体积大、产地远离消费地点，因而运输量大，费用也较高。尤其不少建筑材料本身的价值或生产价格并不高，但所需要的运输费用却很高，这都在客观上要求尽可能就近使用建筑材料。因此，这类工程造价信息的交换和流通往往限制在一定的区域内。

2）多样性。建设工程具有多样性的特点，要使工程造价管理的信息资料满足不同特点项目的需求，在信息的内容和形式上应具有多样化的特点。

3）专业性。工程造价信息的专业性集中反映在建设工程的专业化上，例如水利、电力、铁道、邮电、建筑安装工程等，所需的信息有其专业特殊性。

4）系统性。工程造价信息是由若干具有特定内容和同类性质的、在一定时间和空间内形成的一连串信息组成的。一切工程造价的管理活动和变化总是在一定条件下受各种因素的制约和影响。工程造价管理工作也同样是多种因素相互作用的结果，并且从多方面被反映出来，因而，从工程造价信息源发出来的信息都不是孤立的、紊乱的，而是大量的、系统的。

5）动态性。工程造价信息也和其他信息一样要保持新鲜度。为此，需要经常不断地收集和补充新的工程造价信息，进行信息更新，真实反映工程造价的动态变化。

6）季节性。由于建筑生产受自然条件影响大，施工内容的安排必须充分考虑季节因素，但工程造价的信息也不能完全避免季节性的影响。

2. 工程造价信息的分类

为便于管理信息，有必要将各种信息按一定的原则和方法进行区分和归集，并建立起一定的分类系统和排列顺序。因此在工程造价管理领域，也应该按照不同的标准对信息进行分类。

（1）工程造价信息分类的原则　对工程造价信息进行分类必须遵循以下基本原则：

1）稳定性。信息分类应选择分类对象最稳定的本质属性或特征作为信息分类的基础和标准。信息分类体系应建立在对基本概念和划分对象的透彻理解基础上。

2）兼容性。信息分类体系必须考虑到项目各参与方所应用的编码体系的情况，项目信息的分类体系应能满足不同项目参与方高效信息交换的需要。同时，与有关国际、国内标准的一致性也是兼容性应考虑的内容。

3）可扩展性。信息分类体系应具备较强的灵活性，可以在使用过程中进行方便的扩展。以保证增加新的信息类型时，不至于打乱已建立的分类体系，同时一个通用的信息分类体系还应为具体环境中信息分类体系的拓展和细化创造条件。

4）综合实用性。信息分类应从系统工程的角度出发，放在具体的应用环境中进行整体考虑。这体现在信息分类的标准与方法的选择上，应综合考虑项目的实施环境和信息技术工具。

（2）工程造价信息的具体分类

1）从管理组织的角度来划分，可以分为系统化工程造价信息和非系统化工程造价信息。

2）从形式上来划分，可以分为文件式工程造价信息和非文件式工程造价信息。

3）按传递方向来划分，可以分为横向传递的工程造价信息和纵向传递的工程造价信息。

4）按反映面来划分，分为宏观工程造价信息和微观工程造价信息。

5）从时态上来划分，可分为过去的工程造价信息、现在的工程造价信息和未来的工程造价信息。

6）按稳定程度来划分，可以分为固定的工程造价信息和流动的工程造价信息。

3. 工程造价信息的主要内容

从广义上说，所有对工程造价的确定和控制过程起作用的资料都可以称为工程造价信息。例如，各种定额资料、标准规范、政策文件等。但最能体现信息动态性变化特征，并且在工程价格的市场机制中起重要作用的工程造价信息主要包括价格信息、指数和已完工程信息三类。

（1）价格信息　价格信息包括各种建筑材料、装修材料、安装材料、人工工资、施工机械等的最新市场价格。这些信息是比较初级的，一般没有经过系统的加工处理，也可以称为数据。

（2）指数　指数主要指根据原始价格信息加工整理得到的各种工程造价指数，该内容将在下面的部分重点讲述。

（3）已完工程信息　已完工程信息是指已完或在建工程的各种造价信息，可以为拟建工程或在建工程造价提供依据。这种信息也可称为工程造价资料。

3.3.2　工程造价资料的分类积累、管理和运用

1. 工程造价资料及其分类

工程造价资料是指已建和在建的有使用价值和有代表性的工程设计概算、工程造价、工程竣工结算和决算、单位工程施工成本，以及新材料、新结构、新设备、新工艺等建筑安装工程分部分项的单价分析等资料。

工程造价资料可以分为以下几种类别：

1）工程造价资料按照其不同工程类型（如厂房、铁路、住宅、公建、市政工程等）进行划分，并分别列出其包含的单项工程和单位工程。

2）工程造价资料按照其不同阶段，一般分为项目可行性研究工程造价资料、投资估算工程造价资料、设计概算工程造价资料、施工图造价工程造价资料、竣工结算工程造价资料、竣工决算工程造价资料等。

3）工程造价资料按照其组成特点，一般分为建设项目造价资料、单项工程造价资料和单位工程造价资料，同时也包括有关新材料、新工艺、新设备、新技术的分部分项工程工程造价资料。

2. 工程造价资料积累的内容

工程造价资料积累的内容不仅应包括"量"（如主要工程量、材料量、设备量等）和"价"，还要包括对造价确实有重要影响的技术经济条件，如工程的概况、建设条件等。

1）建设项目和单项工程造价资料主要包括以下内容：

① 对造价有主要影响的技术经济条件，如项目建设标准、建设工期、建设地点等。

② 主要的工程量、主要的材料量和主要设备的名称、型号、规格、数量等。

2）单位工程造价资料包括工程的内容、建筑结构特征、主要工程量、主要材料的用量和单价、人工工日和人工费以及相应的造价。

3）其他主要包括有关新材料、新工艺、新设备、新技术分部分项工程的人工工日、主

要材料用量、机械台班用量。

3. 工程造价资料的管理

（1）建立工程造价资料积累制度 1991 年 11 月，建设部印发了关于《建立工程造价资料积累制度的几点意见》的文件，标志着我国的工程造价资料积累制度正式建立起来，工程造价资料积累工作正式开展。建立工程造价资料积累制度是工程造价计价依据极其重要的基础性工作。据了解，国外不同阶段的投资估算，以及编制标底、投标报价的主要依据是单位和个人所经常积累的工程造价资料。全面、系统地积累和利用工程造价资料，建立稳定的工程造价资料积累制度，对于我国加强工程造价管理，合理确定和有效控制工程造价具有十分重要的意义。

工程造价资料积累的工作量非常大，牵涉面也非常广，主要依靠国务院各有关部门和各省、自治区、直辖市住建委（住建厅、发改委）组织。

（2）资料数据库的建立和网络化管理 积极推广使用计算机建立工程造价资料的资料数据库，开发通用的工程造价资料管理程序，可以提高工程造价资料的适用性和可靠性。要建立造价资料数据库，首要的问题是工程的分类与编码。由于不同的工程在技术参数和工程造价组成方面有较大的差异，必须把同类型工程合并在一个数据库文件中，而把另一类型工程合并到另一个数据库文件中。为了便于进行数据的统一管理和信息交流，必须设计出一套科学、系统的编码体系。

有了统一的工程分类与相应的编码之后，就可进行数据的收集、整理和输入工作，从而得到不同层次的造价资料数据库。数据库必须严格遵守统一的标准和规范。按规定格式积累工程造价资料，建立工程造价资料数据库，其主要作用是：

1）编制概算指标、投资估算指标的重要基础资料。

2）编制投资估算、设计概算的类似工程设计资料。

3）审查施工图造价的基础资料。

4）研究分析工程造价变化规律的基础。

5）编制固定资产投资计划的参考。

6）编制标底和投标报价的参考。

7）编制造价定额、概算定额的基础资料。

对工程造价资料数据库进行网络化管理有以下明显的优越性：

1）便于对价格进行宏观上的科学管理，减少各地重复收集同样的造价资料的工作。

2）便于对不同地区的造价水平进行比较，从而为投资决策提供必要的信息。

3）促使各地定额站的相互协作，信息资料的相互交流。

4）便于原始价格数据的收集。这项工作涉及许多部门、单位，建立一个可行的造价资料信息网，则可以大大减少工作量。

5）便于对价格的变化进行预测，使建设、设计、施工单位都可以通过网络尽早了解工程造价的变化趋势。

4. 工程造价资料的运用

1）作为编制固定资产投资计划的参考，用作建设成本分析。由于固定资产投资不是一次性投入，而是分年逐次投入，可以采用以下的公式把各年发生的建设成本折合为现值：

$$z = \sum_{k=1}^{n} T_k (1 + i)^{-k}$$

式中　z——建设成本现值；

　　　T_k——建设期间第 k 年投入的建设成本；

　　　k——实际建设工期年限；

　　　i——社会折现率。

在这个基础上，还可以用以下公式计算出建设成本降低额和建设成本降低率（当两者为负数时，表明成本超支）：

$$建设成本降低额 = 批准概算现值 - 建设成本现值$$

$$建设成本降低率 = \frac{建设成本降低额}{批准概算} \times 100\%$$

还可以按建设成本构成把实际数与概算数加以对比。对建筑安装工程投资，要分别从实物工程量定额和价格两方面对实际数与概算数进行对比。对设备工器具投资，则要从设备规格数量、设备实际价格等方面与概算进行对比。各种比较的结果综合在一起，可以比较全面地描述项目投入实施的情况。

2）进行单位生产能力投资分析。单位生产能力投资的计算公式为

$$单位生产能力投资 = \frac{全部投资完成额（现值）}{全部新增生产能力（使用能力）}$$

在其他条件相同的情况下，单位生产能力投资越小则投资效益越好。计算的结果可与类似的工程进行比较，从而评价该建设工程的效益。

3）用作编制投资估算的重要依据。设计单位的设计人员在编制投资估算时一般采用类比的方法，因此，需要选择若干个类似的典型工程加以分解、换算和合并，并考虑当前的设备与材料价格情况，最后得出工程的投资估算额。有了工程造价资料数据库，设计人员就可以从中挑选出所需要的典型工程，进行适当的分解与换算，再依靠设计人员的判断经验，最后得出较为可靠的工程投资估算额。

4）用作编制初步设计概算和审查施工图造价的重要依据。在编制初步设计概算时，有时要用类比的方法进行编制。这种类比法比估算要细致深入，可以具体到单位工程甚至分部工程的水平上。在限额设计和优化设计方案的过程中，设计人员可能要反复修改设计方案，每次修改都希望能得到相应的概算，具有较多的典型工程资料是十分有益的。多种工程组合的比较不仅有助于设计人员探索造价分配的合理方式，还为设计人员指出修改设计方案的可行途径。

施工图造价编制完成之后，需要安排有经验的造价管理人员进行审查，以确定其正确性。可以通过造价资料的运用来得到帮助。可从造价资料中选取类似资料，将其造价与施工图造价进行比较，从中发现施工图造价是否有偏差和遗漏。由于设计变更、材料调价等因素所带来的造价变化，在施工图造价阶段往往无法事先估计，此时参考以往类似工程的数据，有助于预见到这些因素发生的可能性。

5）用作确定标底和投标报价的参考资料。在为建设单位制定标底或施工单位投标报价

的工作中，无论是用工程量清单计价法还是用定额计价法，尤其是工程量清单计价，工程造价资料都可以发挥重要作用。它可以向甲、乙双方指明类似工程的实际造价及其变化规律，使得甲、乙双方都可以对未来将发生的造价进行预测和准备，从而避免制定标底和编制报价的盲目性。

6）用作技术经济分析的基础资料。由于不断地收集和积累工程在建期间的造价资料，所以到结算和决算时能简单容易地得出结果。由于造价信息的及时反馈，使得建设单位和施工单位都可以尽早地发现问题，并及时予以解决。这也正是实现对工程造价由静态控制转入动态控制的关键所在。

7）用作编制各类定额的基础资料。通过分析不同种类分部分项工程造价，了解各分部分项工程中各类实物量消耗，掌握各分部分项工程造价和结算的对比结果，定额管理部门就可以发现原有定额是否符合实际情况，从而提出修改的方案。对于新工艺和新材料，也可以从积累的资料中获得编制新增定额的有用信息。概算定额和投资估算指标的编制与修订，也可以从造价资料中得到参考依据。

8）用以测定调价系数，编制造价指数。为了计算各种工程造价指数（如材料费价格指数、人工费指数、直接费价格指数、建筑安装工程价格指数、设备及工器具价格指数、工程造价指数、投资总量指数等），必须选取若干个典型工程的数据进行分析与综合，在此过程中，已经积累起来的造价资料可以充分发挥作用。

9）用以研究同类工程造价的变化规律。定额管理部门可以在拥有较多的同类工程造价资料的基础上，研究出各类工程造价的变化规律。

3.3.3　工程造价数字化及发展趋势

1. 工程造价数字化的含义

工程造价数字化的核心是工程造价管理数字化，它是指综合运用管理学、经济学、工程技术，以及建筑信息模型（BIM）、云计算、大数据、物联网、移动互联网和人工智能等数字技术方面的知识与技能，对工程造价进行预测、计划、控制、核算、分析和评价等的工作过程。

2020年新技术推动建筑业高质量发展的重要作用被全行业认可。与此同时，《工程造价改革工作方案》的发布也顺应了数字化时代变革趋势，使得工程造价行业朝着数字化方向发展成了必然，工程造价行业因此进入"数字造价管理"时代。

2. BIM 技术在工程计价中的应用

《建筑业发展"十三五"规划》中明确提出了"加快推进建筑信息模型（BIM）技术在规划、工程勘察设计、施工和运营维护全过程的集成应用"，根据《建筑信息模型应用统一标准》（GB/T 51212—2016）的术语释义，"BIM"可以指代"Building Information Modeling""Building Information Model""Building Information Management"三个相互独立又彼此关联的概念。BIM 技术的特点如下：

（1）可视化　BIM 技术将以往的线条式构件以三维立体实物图的形式展示在人们面前，虽然建筑业也有设计公司出效果图的情形，但是这种效果图主要还是专业的效果图制作团队根据设计图制作出的线条式信息。而 BIM 可视化是指实现构件之间互动性和反馈性的可视。在建筑信息模型中，所有的过程都是可视的，不仅是进行效果展示及生产报表，更重要的是项目设计、建造、运营过程中的沟通、讨论、决策，这些都是建立在可视化的基础之上的。

（2）协调性　在设计过程中，各专业设计师往往会存在沟通不到位的情况，从而导致各专业之间出现碰撞问题，特别是管线设计，常常会发生暖通、给水排水、强弱电、消防等专业彼此碰撞的问题。这类问题很难在平面图中进行识别，常常是等到问题出现再考虑如何解决。但是，利用 BIM 技术可在建筑物建造前期对各专业的碰撞问题进行协调，并生成报告，帮助设计师进行修改，可以很好地在施工前解决这类问题。同时 BIM 技术还能做到防火分区、电梯井布置等的协调。

（3）模拟性　BIM 技术不仅是模拟设计建筑模型，还可以模拟不能在真实场景中进行操作的事物。设计阶段可以进行节能模拟、紧急疏散模拟、日照模拟、热能传导模拟等；招标和施工阶段可以进行 4D 模拟（加上时间进度），同时还可以进行 5D 模拟（加入造价控制）；运营阶段可以进行日常紧急情况和处理方式的模拟，如地震逃生及消防疏散等。

（4）优化性　实际上整个设计、施工、运营过程都需要进行优化，优化不是必须使用 BIM 技术，但是如果在 BIM 技术的基础上进行优化，可以更高效、更便捷。因为优化过程受到信息、复杂程度和时间的影响，而 BIM 技术能很好地提高信息量，将复杂问题简单化，同时能节省时间。尤其是现代建筑的复杂程度大多超过参与人员本身的能力极限，所以非常需要借助 BIM 技术完成解决方案。

（5）可出图性　BIM 技术除了可以提供设计院常见的建筑设计图及构件加工图，还可以在可视化、协调、模拟、优化过程中为业主提供综合管线图、综合结构留洞图、碰撞检查报告和改进方案等。

3. BIM 技术在工程造价管理各阶段的应用

（1）在决策阶段的应用　通过在建设项目中采用 BIM 技术，将项目各个组成部分的信息数据进行综合分析比较，从中选择有价值的数据，然后对其进行调整，以进一步提高数据的精确性。因此，在工程造价管理中采用 BIM 技术为项目决策的科学性提供了重要保证。

（2）在设计阶段的应用　BIM 技术一方面提高了项目的设计质量，另一方面也可有效降低对项目成本管理的负面影响。在项目成本管理中采用 BIM 技术，不但减少了不必要的成本支出，而且降低了工作成本，可更好地促进工作顺利发展。

（3）在招标投标阶段的应用　在项目招标投标阶段采用 BIM 技术，可以转变招标投标的工作模式。招标单位与造价咨询单位可以利用 BIM 模型来获取工程量信息，从而更加详细地了解建设项目的具体情况，确保工程量清单编制的准确性，进而更为精确地控制工程造价成本，而且可有效避免因质量问题而造成的各类纠纷。

（4）在施工阶段的应用　BIM 技术在施工阶段的应用有效降低了不可控因素对工程质量的影响，对施工效果的提升及实现各相关专业的整合有决定性作用。通过 BIM 模型、项目施工质量及施工成本等信息相互关联，为项目参建各方及造价管理人员提供了直观的三维模型。

（5）在竣工结算阶段的使用　BIM技术用于竣工验收环节，一方面能够及时发现并解决问题，进而使工程成本得到控制；另一方面，利用BIM技术可以使工程造价管理人员在竣工结算中有效地减少整理结算资料的时间。

习　题

一、单项选择题

1. 关于分部分项工程项目清单中项目编码的编制，下列说法正确的是（　　）。

A. 第二级编码为分部工程顺序码

B. 第五级编码为分项工程项目名称顺序码

C. 同一标段内多个单位工程中项目特征完全相同的分项工程，可采用相同的编码

D. 补充项目应采用6位编码

2. 关于建设工程工程量清单的编制，下列说法正确的是（　　）。

A. 招标文件必须由专业咨询机构编制，由招标人发布

B. 材料的品牌档次应在设计文件中体现，在工程量清单编制说明中不再说明

C. 专业工程暂估价中包括企业管理费和利润

D. 税金、规费是政府规定的，在清单编制中可不列项

3. 关于建设工程招标工程量清单的编制，下列说法正确的是（　　）。

A. 总承包服务费应计列在暂列金额项下

B. 分部分项工程项目清单中所列工程量应按专业工程量计算规范规定的工程计算规则计算

C. 措施项目清单的编制不用考虑施工技术方案

D. 在专业工程量计算规范中没有列项的分部分项工程，不得编制补充项目

4. 在工程量清单计价中，下列费用项目应计入总承包服务费的是（　　）。

A. 总承包人的工程分包费

B. 总承包人的管理费

C. 总承包人对发包人自行采购材料的保管费

D. 总承包工程的竣工验收费

5. 在工程量清单计价中，下列关于暂估价的说法正确的是（　　）。

A. 材料设备暂估价是指用于尚未确定或不可预见的材料、设备采购的费用

B. 纳入分部分项工程项目清单综合单价中的材料暂估价包括暂估单价及数量

C. 专业工程暂估价与分部分项工程综合单价在费用构成方面应保持一致

D. 专业工程暂估价由投标人自主报价

6. 编制招标工程量清单时，应根据施工图的深度、暂估价设定的水平、合同价款约定调整因素以及工程实际情况合理确定的清单项目是（　　）。

A. 措施项目清单　　　　B. 暂列金额　　　　C. 专业工程暂估价　　　　D. 计日工

7. 关于工程量清单计价适应范围，下列说法正确的是（　　）。

A. 达到或超过规定建设规模的工程，必须采用工程量清单计价

B. 达到或超过规定投资数额的工程，必须采用工程量清单计价

C. 国有资金占投资总额不足50%的建设工程发承包，不必采用工程量清单计价

D. 不采用工程量清单计价的建设工程，应执行清单计价规范中除工程量清单等专门性规定以外的规定

8. 某项目施工过程中发生工程变更，引起分部分项工程项目发生变化，已标价工程量清单中没有适用也没有类似于变更工程项目，调整该变更项目的单价应考虑报价浮动率。已知该工程的中标价为 5030 万元，最高投标限价为 5100 万元，则承包人报价浮动率 L 为（　　）。

A. 1.37%　　　　　　　B. 1.39%　　　　　　　C. 1.37%　　　　　　　D. 1.39%

9. 下列关于工程量清单中其他项目费组成内容说法错误的是（　　）。

A. 总承包服务费的费率及金额由招标人确定并计入合同总价中

B. 暂估价是招标人在工程量清单中提供的用于支付必然发生但暂时不能确定价格的材料、工程设备的单价以及专业工程的金额

C. 暂列金额是招标人在工程量清单中暂定并包括在合同价款中的一笔款项

D. 计日工应按招标工程量清单中列出的项目和数量，由投标人自主确定综合单价并计算计日工总额

10. 措施项目分专业措施项目、安全文明施工及其他措施项目两类，下列属于专业措施项目的是（　　）。

A. 冬雨季施工增加费　　　　　　　　　　B. 夜间施工增加费

C. 二次搬运费　　　　　　　　　　　　　D. 垂直运输费

二、多项选择题（每题至少有两个正确选项）

1. 下列费用中，属于招标工程量清单中其他项目清单编制内容的有（　　）。

A. 暂列金额　　　　B. 暂估价　　　　C. 计日工

D. 总承包服务费　　E. 措施费

2. 根据 2013 版《清单计价规范》，关于分部分项工程量清单的编制，下列说法正确的有（　　）。

A. 以质量计算的项目，其计算单位应为吨或千克

B. 以吨为计量单位时，其计算结果应保留三位小数

C. 以立方米为计量单位时，其计算结果应保留三位小数

D. 以千克为计量单位时，其计算结果应保留一位小数

E. 以"个""项"为计量单位的，应取整数

3. 下列属于工程量清单作用的有（　　）。

A. 在招标投标阶段，招标工程量清单为投标人的投标竞争提供了一个平等和共同的基础

B. 工程量清单是建设工程计价的依据

C. 工程量清单是银行贷款的依据

D. 工程量清单是工程付款和结算的依据

E. 工程量清单是调整工程量、进行工程索赔的依据

4. 下列能影响到工程量清单中其他项目费内容的有（　　）。

A. 工程建设标准的高低

B. 工程的复杂程度

C. 工程量的大小

D. 工程的组成内容

E. 招标人对工程管理的要求

5. 关于 BIM 技术在工程造价管理各阶段的应用，说法正确的有（　　）。

A. 在项目招标投标阶段采用 BIM 技术，可以转变招标投标的工作模式

B. BIM 技术在施工阶段的应用有效降低了不可控因素对工程质量的影响

C. 在设计阶段采用 BIM 技术为项目决策的科学性提供了重要保证

D. 在决策阶段采用 BIM 技术可以有效地减少整理结算资料的时间

E. 在设计阶段采用 BIM 技术可以有效提高项目的设计质量

三、简答题

1. 招标工程量清单和工程量清单计价的概念是什么？

2. 招标工程量清单项目是如何设置的？

3. 简述业主和承包商工程量清单计价条件下工程数量的区别。

4. 工程造价信息的概念及特点是什么？

第 3 章练习题

扫码进入在线答题小程序，完成答题可获取答案

第4章

建筑面积的计算

4.1 概述

4.1.1 建筑面积相关基本概念

建筑面积概述

建筑面积是指建筑物（包括墙体）所形成的楼地面面积。单层建筑物的建筑面积是指外墙勒脚以上的外围水平面积；多层建筑物的建筑面积是指各层外墙外围水平面积的总和。建筑面积还包括室外阳台、雨篷、室外楼梯等建筑部件的面积。

建筑面积由使用面积、辅助面积及结构面积组成。建筑面积中的重要概念有：

自然层：按楼地面结构分层的楼层。

结构层：整体结构体系中承重的楼板层。

结构层高：楼面或地面结构层上表面至上部结构层上表面之间的垂直距离。

结构净高：楼面或地面结构层上表面至上部结构层下表面之间的垂直距离。

建筑空间：以建筑界面限定的、供人们生活和活动的场所。

围护结构：围合建筑空间的墙体、门、窗。

主体结构：接受、承担和传递建设工程所有上部荷载，维持上部结构整体性、稳定性和安全性的有机联系的构造。

围护设施：为保障安全而设置的栏杆、栏板等围挡。

地下室与半地下室：地下室是指室内地平面低于室外地平面的高度超过室内净高的 $1/2$ 的房间；半地下室是指室内地平面低于室外地平面的高度超过室内净高的 $1/3$，且不超过 $1/2$ 的房间。

凸窗（飘窗）：凸出建筑物外墙面的窗户。

走廊：建筑物中的水平交通空间。

雨篷：建筑出入口上方为遮挡雨水而设置的部件。

勒脚：在房屋外墙接近地面部位设置的饰面保护构造。

楼梯：由连续行走的梯级、休息平台和维护安全的栏杆或栏板、扶手以及相应的支托结构组成的作为楼层之间垂直交通使用的建筑部件。

架空走廊：专门设置在建筑物的二层或二层以上，作为不同建筑物之间水平交通的空间。

阳台：附设于建筑物外墙，设有栏杆或栏板，可供人活动的室外空间。

门廊：建筑物入口前有顶棚（即天棚）的半围合空间。

4.1.2　建筑面积的计算意义

在我国的工程项目建设中，建筑面积一直是一项重要的技术经济指标，是工程计量最基础的工作。例如，依据建筑面积计算每平方米的用工量或材料用量。建筑面积也是计算某些分项工程量的基本数据，如建筑物超高费用的计算、场地平整、楼地面工程等。它是编制投资计划、进行建设工程数据统计及工程概况的主要数量指标之一。在国民经济一定时期内，完成建设工程建筑面积的多少，标志着一个国家的工农业生产发展状况、人民生活居住条件的改善程度和文化福利设施发展的程度。年度竣工建筑面积的多少也是衡量和评价建筑承包商的重要指标。

有了建筑面积，才能够计算出工程项目建设的另一个重要的技术经济指标——单方造价（元/m²）。建筑面积、单方造价这两个技术经济指标，又是计划部门、规划部门、上级主管部门进行立项、审批、控制的重要依据。

4.2　建筑面积计算规则

凡在结构上、使用上形成具有一定使用功能的建筑物和构筑物，并能单独计算出其水平面积的，应计算建筑面积。

本章计算规定的适用范围是新建、扩建、改建的工业与民用建筑工程建设全过程的建筑面积计算。

4.2.1　单层建筑物的建筑面积

建筑面积
计算规则

单层建筑物无论其高度如何，均按一层计算建筑面积。其建筑面积按其外墙结构外围水平面积计算，同时应符合以下规定：

1）单层建筑物结构层高在 2.20m 及以上者应计算全面积；结构层高在 2.20m 以下者应计算 1/2 面积。

2）单层建筑物有形成建筑空间的坡屋顶，空间结构净高 2.10m 以上的部位应计算全面积；结构净高在 1.20 及以上至 2.10m 以下的部位应计算 1/2 面积；结构净高在 1.20m 以下的部位不应计算面积；结构净高是指楼面或地面结构层上表面至上部结构下表面之间的垂直距离。

单层建筑物建筑面积计算如图 4-1 所示。

建筑面积计算公式如下：

$$建筑面积\ S = 外墙结构外围水平面积 = AB$$

3）单层建筑物内设有局部楼层者，局部楼层的二层及以上楼层，有围护结构的应按其围护结构外围水平面积计算，无围护结构的应按其结构底板水平面积计算，且结构层高在

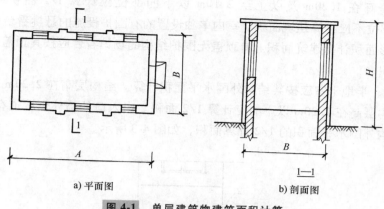

a) 平面图　　　　　　b) 剖面图

图 4-1　单层建筑物建筑面积计算

2.20m 及以上者应计算全面积；结构层高在 2.20m 以下者应计算 1/2 面积。

单层建筑物内设有局部楼层时的建筑面积计算如图 4-2 所示。

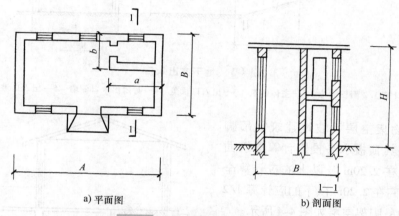

a) 平面图　　　　　　b) 剖面图

图 4-2　单层建筑物部分带楼层

建筑面积计算公式如下：

$$建筑面积 S = 底层建筑面积 + 局部二层建筑面积$$

4.2.2　多层建筑物的建筑面积

1）多层建筑物的建筑面积应按自然层外墙结构外围水平面积之和计算。结构层高在 2.20m 及以上者应计算全面积；结构层高在 2.20m 以下者应计算 1/2 面积。

2）多层建筑有形成建筑空间的坡屋顶时，空间结构净高在 2.10m 及以上的部位应计算全面积；结构净高在 1.20m 及以上至 2.10m 以下的部位应计算 1/2 面积；结构净高在 1.20m 以下的部位不应计算面积。

4.2.3　其他情况的建筑面积计算规则

1）场馆看台下的建筑空间，结构净高在 2.10m 及以上的部位应计算

其他情况的建筑
面积计算规则

全面积；结构净高在 1.20m 及以上至 2.10m 以下的部位应计算 1/2 面积；结构净高在 1.20m 以下的部位不应计算建筑面积。室内单独设置的有围护设施的悬挑看台，应按看台结构底板水平投影面积计算建筑面积。有顶盖无围护结构的场馆看台应按其顶盖水平投影面积的 1/2 计算面积。

2）地下室、半地下室应按其结构外围水平面积计算。结构层高在 2.20m 及以上的应计算全面积；结构层高在 2.20m 以下的应计算 1/2 面积。出入口外墙外侧坡道有顶盖的部位，应按其外墙结构外围水平面积的 1/2 计算面积，如图 4-3 所示。

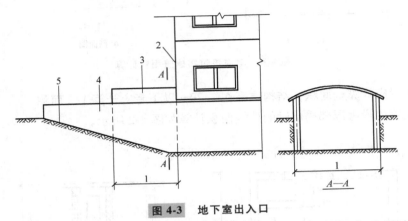

图 4-3　地下室出入口

1—计算 1/2 面积部位　2—主体建筑　3—出入口顶盖　4—封闭出入口侧墙　5—出入口坡道

3）建筑物架空层及坡地建筑物吊脚架空层，应按其顶板水平投影计算建筑面积。结构层高在 2.20m 及以上的应计算全面积；结构层高在 2.20m 以下的应计算 1/2 面积。建筑物吊脚架空层如图 4-4 所示。

4）建筑物的门厅、大厅按一层计算建筑面积。门厅、大厅内设置的走廊应按走廊结构底板水平投影面积计算建筑面积。结构层高在 2.20m 及以上的应计算全面积；结构层高在 2.20m 以下的应计算 1/2 面积。

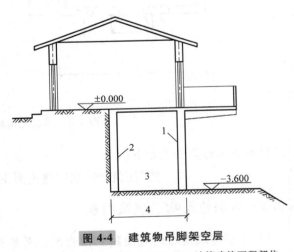

图 4-4　建筑物吊脚架空层

1—柱　2—墙　3—吊脚架空层　4—计算建筑面积部位

5）建筑物间的架空走廊，有顶盖和围护结构的，应按其围护结构外围水平面积计算全面积；无围护结构、有围护设施的，应按其结构底板水平投影面积的 1/2 计算。无围护结构的架空走廊如图 4-5 所示，有围护结构的架空走廊如图 4-6 所示。

6）立体书库、立体仓库、立体车库，有围护结构的，应按其围护结构外围水平面积计算建筑面积；无围护结构、有围护设施的，应按其结构底板水平投影面积计算建筑面积。无结构层的应按一层计算，有结构层的应按其结构层面积分别计算。结构层高在 2.20m 及以

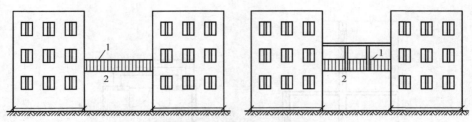

图 4-5　无围护结构的架空走廊

1—栏杆　2—架空走廊

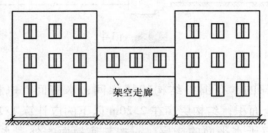

图 4-6　有围护结构的架空走廊

上的应计算全面积；结构层高在 2.20m 以下的应计算 1/2 面积。

7）有围护结构的舞台灯光控制室，应按其围护结构外围水平面积计算。结构层高在 2.20m 及以上者应计算全面积，结构层高在 2.20m 以下者应计算 1/2 面积。

8）附属在建筑物外墙的落地橱窗，应按其围护结构外围水平面积计算。结构层高在 2.20m 及以上的应计算全面积；结构层高在 2.20m 以下的应计算 1/2 面积。

9）窗台与室内楼地面高差在 0.45m 以下且结构净高在 2.10m 及以上的凸（飘）窗，应按其围护结构外围水平面积计算 1/2 面积。

10）有围护设施的室外走廊（挑廊），应按其结构底板水平投影面积计算 1/2 面积；有围护设施（或柱）的檐廊，应按其围护设施（或柱）外围水平面积计算 1/2 面积。檐廊如图 4-7 所示。

11）门斗应按其围护结构外围水平面积计算建筑面积，且结构层高在 2.20m 及以上的应计算全面积；结构层高在 2.20m 以下的应计算 1/2 面积。门斗如图 4-8 所示。

12）门廊应按其顶板的水平投影面积的

图 4-7　檐廊

1—檐廊　2—室内　3—不计算建筑面积部位
4—计算 1/2 建筑面积部位

1/2 计算建筑面积；有柱雨篷应按其结构板水平投影面积的 1/2 计算建筑面积；无柱雨篷的结构外边线至外墙结构外边线的宽度在 2.10m 及以上的，应按雨篷结构板的水平投影面积的 1/2 计算建筑面积。

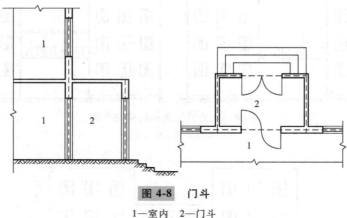

图 4-8 门斗

1—室内 2—门斗

13) 设在建筑物顶部的、有围护结构的楼梯间、水箱间、电梯机房等，结构层高在 2.20m 及以上的应计算全面积；结构层高在 2.20m 以下的应计算 1/2 面积。

14) 围护结构不垂直于水平面的楼层，应按其底板面的外围水平面积计算。结构净高在 2.10m 及以上的部位应计算全面积；结构净高在 1.20m 及以上至 2.10m 以下的部位应计算 1/2 面积；结构净高在 1.20m 以下的部位不应计算建筑面积。

15) 建筑物的室内楼梯、电梯井、提物井、管道井、通风排气竖井、烟道应并入建筑物的自然层计算建筑面积。有顶盖的采光井应按一层计算面积，且结构净高在 2.10m 及以上的应计算全面积；结构净高在 2.10m 以下的应计算 1/2 面积。

16) 室外楼梯应并入所依附建筑物自然层，按其水平投影面积的 1/2 计算建筑面积。

17) 在主体结构内的阳台，应按其结构外围水平面积计算全面积；在主体结构外的阳台，应按其结构底板水平投影面积计算 1/2 面积。

18) 有顶盖无围护结构的车棚、货棚、站台、加油站、收费站等，应按其顶盖水平投影面积的 1/2 计算建筑面积。

19) 以幕墙作为围护结构的建筑物，应按幕墙外边线计算建筑面积。

20) 建筑物的外墙外保温层，应按其保温材料的水平截面积计算，并计入自然层建筑面积。不包含抹灰层、防潮层、保护层（墙）的厚度。建筑外墙外保温如图 4-9 所示。

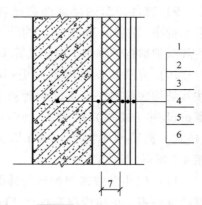

图 4-9 建筑外墙外保温

1—墙体 2—黏结胶浆 3—保温材料
4—标准网 5—加强网 6—抹面胶浆
7—计算建筑面积部位

21) 与室内相通的变形缝，应按其自然层合并在建筑物建筑面积内计算。对于高低联跨的建筑物，当高低跨内部连通时，其变形缝应计算在低跨面积内。

22) 对于建筑物内的设备层、管道层、避难层等有结构层的楼层，结构层高在 2.20m 及以上的应计算全面积；结构层高在 2.20m 以下的应计算 1/2 面积。

4.2.4　不应计算建筑面积的情况

1）与建筑物内不相连通的建筑部件。不相连通是指没有正常的出入口，即通过窗或栏杆等翻越出去的视为不连通。

2）骑楼、过街楼底层的开放公共空间和建筑物通道。建筑通道是指为穿过建筑物而设置的空间。

3）舞台及后台悬挂幕布和布景的天桥、挑台等，是指影剧院的舞台及为舞台服务而搭设的天桥和挑台等构件设施。

4）露台、露天游泳池、花架、屋顶的水箱及装饰性结构构件。露台是指设置在屋面、首层地面或雨篷上的供人室外活动的有围护设施的平台。

5）建筑物内的操作平台、上料平台、安装箱和罐体的平台。其主要作用是为室内构筑物或设备服务的独立上人设施。

6）勒脚、附墙柱、垛、台阶、墙面抹灰、装饰面、镶贴块料面层、装饰性幕墙、主体结构外的空调室外机搁板（箱）、构件、配件，挑出宽度在 2.10m 以下的无柱雨篷和顶盖高度达到或超过两个楼层的无柱雨篷。

7）窗台与室内地面高差在 0.45m 以下且结构净高在 2.10m 以下的凸（飘）窗，窗台与室内地面高差在 0.45m 及以上的凸（飘）窗；室外爬梯、室外专用消防钢楼梯。

8）无围护结构的观光电梯。无围护结构的观光电梯是指电梯轿厢外侧无井壁，如果观光电梯在电梯井内运行时，观光电梯井按自然层计算建筑面积。

9）建筑物以外的地下人防通道，独立的烟囱、烟道、地沟、油（水）罐、气柜、水塔、储油（水）池、储仓、栈桥等构筑物。

习　题

一、单项选择题

1. 根据《建筑工程建筑面积计算规范》（GB/T 50353—2013，下同），建筑面积有围护结构的以围护结构外围计算，其围护结构包括围合建筑空间的（　　）。

A. 栏杆　　　　　B. 栏板　　　　　C. 门窗　　　　　D. 勒脚

2. 根据《建筑工程建筑面积计算规范》，建筑物出入口坡道外侧设计有外挑宽度为 2.2m 的钢筋混凝土顶盖，坡道两侧外墙外边线间距为 4.4m，则该部位建筑面积（　　）。

A. 为 4.84m²　　B. 为 9.24m²　　C. 为 9.68m²　　D. 不予计算

3. 根据《建筑工程建筑面积计算规范》，建筑物雨篷部位建筑面积计算正确的为（　　）。

A. 有柱雨篷按柱外围面积计算

B. 无柱雨篷不计算

C. 有柱雨篷按结构板水平投影面积计算

D. 外挑宽度为 1.8m 的无柱雨篷不计算

4. 根据《建筑工程建筑面积计算规范》，围护结构不垂直于水平面的楼层，其建筑面积计算正确的为（　　）。

A. 按其围护底板面积的 1/2 计算

B. 结构净高≥2.10m 的部位计算全面积

C. 结构净高≥1.20m 的部位计算 1/2 面积

D. 结构净高<2.10m 的部位不计算面积

5. 根据《建筑工程建筑面积计算规范》，建筑物室外楼梯建筑面积计算正确的为（   ）。

A. 并入建筑物自然层，按其水平投影面积计算

B. 无顶盖的不计算

C. 结构净高<2.10m 的不计算

D. 下部建筑空间加以利用的不重复计算

6. 根据《建筑工程建筑面积计算规范》，按照相应计算规则计算 1/2 面积的是（   ）。

A. 建筑物间有围护结构、有顶盖的架空走廊

B. 无围护结构、有围护设施，但无结构层的立体车库

C. 有围护设施，顶高 5.2m 的室外走廊

D. 结构层高 3.10m 的门斗

7. 根据《建筑工程建筑面积计算规范》，带幕墙建筑物的建筑面积计算正确的是（   ）。

A. 以幕墙立面投影面积计算

B. 以主体结构外边线面积计算

C. 作为外墙的幕墙按围护外边线计算

D. 起装饰作用的幕墙按幕墙横断面的 1/2 计算

8. 根据《建筑工程建筑面积计算规范》，外挑宽度为 1.8m 的有柱雨篷建筑面积应（   ）。

A. 按柱外边线构成的水平投影面积计算

B. 不计算

C. 按结构板水平投影面积计算

D. 按结构板水平投影面积的 1/2 计算

9. 根据《建筑工程建筑面积计算规范》，室外楼梯建筑面积计算正确的是（   ）。

A. 无顶盖、有围护结构的按其水平投影面积的 1/2 计算

B. 有顶盖、有围护结构的按其水平投影面积计算

C. 层数按建筑物的自然层计算

D. 无论有无顶盖和围护结构，均不计算

10. 根据《建筑工程建筑面积计算规范》，主体结构内的阳台，其建筑面积应（   ）。

A. 按其结构外围水平面积的 1/2 计算

B. 按其结构外围水平面积计算

C. 按其结构底板水平面积的 1/2 计算

D. 按其结构底板水平面积计算

二、多项选择题（每题至少有两个正确选项）

1. 根据《建筑工程建筑面积计算规范》，不计算建筑面积的为（   ）。

A. 厚度为 200mm 的石材勒脚

B. 规格为 400mm×400mm 的附墙装饰柱

C. 挑出宽度为 2.19m 的雨篷

D. 顶盖高度超过两个楼层的无柱雨篷

E. 凸出外墙 200mm 的装饰性幕墙

2. 根据《建筑工程建筑面积计算规范》（GB/T 50353—2013），不计算建筑面积的有 （   ）。

A. 结构层高 2.0m 的管道层

B. 层高为 3.3m 的建筑物通道

C. 有顶盖但无围护结构的车棚

D. 建筑物顶部有围护结构，层高 2.0m 的水箱间

E. 有围护结构的专用消防钢楼梯

3. 根据《建筑工程建筑面积计算规范》，以下不计算建筑面积的有 （   ）。

A. 结构层高为 2.10m 的门斗

B. 建筑物内的大型上料平台

C. 无围护结构的观光电梯

D. 有围护结构的舞台灯光控制室

E. 过街楼底层的开放公共空间

4. 根据《建筑工程建筑面积计算规范》，应计算 1/2 建筑面积的有 （   ）。

A. 高度不足 2.20m 的单层建筑物

B. 净高不足 1.20m 的坡屋顶部分

C. 层高不足 2.20m 的地下室

D. 有永久顶盖、无围护结构建筑物檐廊

E. 外挑高度不足 2.10m 的雨篷

5. 根据《建筑工程建筑面积计算规范》规定，下列关于建筑面积计算正确的有 （   ）。

A. 建筑物顶部有围护结构的电梯机房不单独计算

B. 建筑物顶部层高为 2.10m 的有围护结构的水箱间不计算

C. 围护结构不垂直于水平面的楼层，应按其底板面外墙外围水平面积计算

D. 建筑物室内提物井不计算

E. 建筑物室内楼梯按自然层计算

三、计算题

如图 4-10～图 4-12 所示，计算该建筑物各层建筑面积及该建筑物总建筑面积。

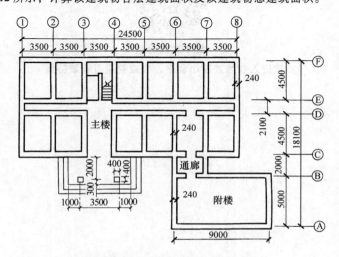

图 4-10 室外台阶雨篷部分

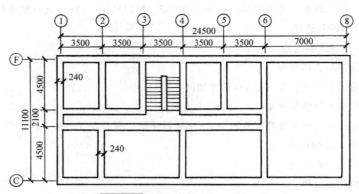

图 4-11　二、三层平面示意图

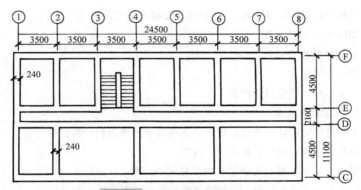

图 4-12　四、五层平面示意图

第 4 章练习题

扫码进入在线答题小程序，完成答题可获取答案

第5章

土石方工程

5.1 概述

土石方工程主要包括平整场地、挖土方（基础土方）、石方爆破开挖、土方回填、土方运输等项目，按施工方法可分为人工土石方和机械土石方两类。

土石方工程概述

在编制土石方工程造价之前，应确定下列资料：

1）土壤及岩石类别的确定。

2）地下水位标高及排（降）水方法。

3）土方、沟槽、基坑挖（填）起止标高、施工方法及运距。

4）岩石开凿方法、石渣清运方法及运距。

5）其他有关资料。

5.1.1 土壤及岩石的分类

因各个建筑物、构筑物所处的地理位置不同，其土壤的强度、密实性、透水性等物理性质和力学性质也有很大差别，这就直接影响到土石方工程的施工方法。因此，单位工程土石方所消耗的人工数量和机械台班就有很大差别，综合反映的施工费用也不相同。所以，正确区分土石方的类别对于能否准确进行造价编制影响很大。

《房屋建筑与装饰工程工程量计算规范》（GB 50854—2013，以下简称《工程量计算规范》）中土壤和岩石的分类，是按照《岩土工程勘察规范》（GB 50021—2001）（2009 年版）来划分土壤及岩石类别的，详见表 5-1。在编制造价时，要依据设计资料中提供的地质勘察报告、施工现场的实际情况，并且对照表 5-1 中开挖方法划分土壤、岩石的类别，准确套用单价，正确编制工程造价。

表 5-1　土壤及岩石分类表

土壤分类	土壤名称	开挖方法
一、二类土	粉土、砂土（粉砂、细砂、中砂、粗砂、砾砂）、粉质黏土、弱中盐渍土、软土（淤泥质土、泥炭、泥炭质土）、软塑红黏土、冲填土	用锹，少许用镐、条锄开挖。机械能全部直接铲挖满载者

（续）

土壤分类	土壤名称	开挖方法
三类土	黏土、碎石土（圆砾、角砾）混合土、可塑红黏土、硬塑红黏土、强盐渍土、素填土、压实填土	主要用镐、条锄，少许用锹开挖。机械需部分刨松方能铲挖满载者或可直接铲挖但不能满载者
四类土	碎石土（卵石、碎石、漂石、块石）、坚硬红黏土、超盐渍土、杂填土	全部用镐、条锄挖掘，少许用撬棍挖掘。机械须普遍刨松方能铲挖满载者

岩石分类		代表性岩石	开挖方法
极软岩		1. 全风化的各种岩石 2. 各种半成岩	部分用手凿工具、部分用爆破法开挖
软质岩	软岩	1. 强风化的坚硬岩或较硬岩 2. 中等风化—强风化的较软岩 3. 未风化—微风化的页岩、泥岩、泥质砂岩等	用风镐和爆破法开挖
	较软岩	1. 中等风化—强风化的坚硬岩或较硬岩 2. 未风化—微风化的凝灰岩、千枚岩、泥灰岩、砂质泥岩等	用爆破法开挖
硬质岩	较硬岩	1. 微风化的坚硬岩 2. 未风化—微风化的大理岩、板岩、石灰岩、白云岩、钙质砂岩等	用爆破法开挖
	坚硬岩	未风化—微风化的花岗岩、闪长岩、辉绿岩、玄武岩、安山岩、片麻岩、石英岩、石英砂岩、硅质砾岩、硅质石灰岩等	用爆破法开挖

5.1.2 干土、湿土、淤泥、冻土的划分

土方工程由于基础埋置深度和地下水位不同，并且受到季节施工的影响，因此要注意土质的划分。

干、湿土的划分，应根据地质勘察资料中地下常水位为划分标准。地下常水位以上为干土，以下为湿土。地表水排出后，土壤含水率≥25%时为湿土。

含水率超过液限，土和水的混合物呈现流动状态时为淤泥。温度在0℃及以下，并夹有冰的土壤为冻土。本章中的冻土指短时冻土或季节冻土。

5.1.3 沟槽、基坑、一般土石方划分条件

为了满足实际施工中各类不同基础的土石方工程开挖需要，准确地反映实际工程造价，《工程量计算规范》中将挖土石方划分为挖一般土方，挖一般石方，挖沟槽土方，挖沟槽石方，挖基坑土方，挖基坑石方，冻土开挖，挖淤泥、流砂等项目。冻土开挖和挖淤泥、流砂项目较好确定，沟槽、基坑、一般土石方划分条件见表5-2。

表 5-2　沟槽、基坑、一般土石方划分条件

项目	特征
沟槽	底宽≤7m 且底长>3 倍底宽
基坑	底长≤3 倍底宽且底面积≤150m²
一般土石方	超出沟槽、基坑范围的为一般土石方；厚度>±300mm 的竖向布置挖土或山坡切土为挖一般土方，厚度>±300mm 的竖向布置挖石或山坡凿石为挖一般石方

5.1.4　放坡及放坡系数

1. 放坡

不管是用人工或是机械开挖土方，在施工时为了防止土壁坍塌都要采取一定的施工措施，如放坡、支挡板或打护坡桩。放坡是施工中较常用的一种措施。

当土方开挖深度超过一定限度时，将上口开挖宽度增大，将土壁做成具有一定坡度的边坡，防止土壁坍塌，在土方工程中称为放坡。

2. 放坡起点

实践经验表明：土壁稳定与土壤类别、含水率和挖土深度有关。放坡起点是指某类别土壤边壁直立不加支撑开挖的最大深度，一般是指设计室外地坪标高至基础底标高的深度。放坡起点应根据土质情况确定。

3. 放坡系数

将土壁做成一定坡度的边坡时，土方边坡的坡度以其高度 H 与边坡宽度 B 之比来表示（图 5-1）：

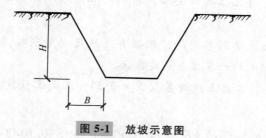

图 5-1　放坡示意图

$$土方坡度 = \frac{H}{B} = \frac{1}{\left(\dfrac{B}{H}\right)} = 1 : \frac{B}{H}$$

设 $K = \dfrac{B}{H}$，得：

$$土方坡度 = 1 : K$$

故称 K 为放坡系数。

放坡系数的大小通常由施工组织设计确定，如果施工组织设计无规定时也可按照《工程量计算规范》给出的土壤放坡系数确定。表 5-3 为计算规范规定的挖土方、地槽、基坑的放坡起点及放坡系数表。

表 5-3　放坡起点及放坡系数表

土壤类别	放坡起点深度/m	人工挖土	机械挖土		
			在坑内作业	在坑上作业	顺沟槽在坑上作业
一、二类土	1.20	1:0.5	1:0.33	1:0.75	1:0.5
三类土	1.50	1:0.33	1:0.25	1:0.67	1:0.33
四类土	2.00	1:0.25	1:0.10	1:0.33	1:0.25

注：1. 在同一沟槽、基坑中土壤类别不同时，分别按其放坡起点、放坡系数，依不同土壤类别厚度加权平均计算。

2. 计算放坡时，交接处的重复工程量不予扣除，原槽、坑作基础垫层时，放坡自垫层上表面开始计算。

例 5-1　已知开挖深度 $H=2.2m$，槽底宽度 $A=2.0m$，土质为三类土，采用人工开挖。试确定上口开挖宽度。

解： 查表 5-3 可知，三类土放坡起点深度 $h=1.5m$，人工挖土的放坡系数 $K=0.33$。由于开挖深度 H 大于放坡起点深度 h，故采取放坡开挖。

1）每边边坡宽度 B：

$$B=KH=0.33\times2.2m=0.73m$$

2）上口开挖宽度 A'：

$$A'=A+2B=2.0m+2\times0.73m=3.46m$$

例 5-2　已知某基坑开挖深度 $H=10m$。其中表层土为一、二类土，厚 $h_1=2m$；中层土为三类土，厚 $h_2=5m$；下层土为四类土，厚 $h_3=3m$。采用正铲挖土机在坑底开挖。试确定其放坡系数。

解： 在同一基坑土壤类别不同时，根据有关规定应分别按其放坡起点、放坡系数，按照不同土壤厚度加权平均计算综合放坡系数。

查表 5-3 可知，一、二类土放坡系数 $K_1=0.33$；三类土放坡系数 $K_2=0.25$；四类土坡度系数 $K_3=0.10$。

$$综合放坡系数\ K=\frac{K_1h_1+K_1h_2+K_2h_3}{H}=\frac{0.33\times2+0.25\times5+0.10\times3}{10}=0.221$$

5.1.5　工作面

根据基础施工的需要，挖土时按基础垫层的双向尺寸向周边放出一定范围的操作面积，作为工人施工时的操作空间，这个单边放出的宽度就称为工作面。

按照《房屋建筑与装饰工程消耗量定额》（TY01-31—2015）中的规定，基础工程施工时所需要增设的工作面，应根据已批准的施工组织设计确定；施工组织设计无规定时，按下列规定计算：

1）当组成基础的材料不同或施工方式不同时，基础施工的工作面宽度按表 5-4 所列相关数据计算。

表 5-4　基础施工单面工作面宽度

基础材料	每面增加工作面宽度/mm
砖基础	200
毛石、方整石基础	250
混凝土基础（支模板）	400
混凝土基础垫层（支模板）	150
基础垂直面做砂浆防潮层	400（自防潮层）
基础垂直面做防水层或防腐层	1000（自防水层或防腐层面）
支挡土板	100（另加）

2）基础施工需要搭设脚手架时，基础施工的工作面宽度，条形基础按 1.50m 计算（只计算一面）；独立基础按 0.45m 计算（四面均计算）。

3）基坑土方大开挖需做边坡支护时，基础施工的工作面宽度按 2.00m 计算。

4）基坑内施工各种桩时，基础施工的工作面宽度按 2.00m 计算。

5）管道施工的工作面宽度，按表 5-5 所列相关数据计算。

表 5-5　管道施工单面工作面宽度

管道材质	管道基础外沿宽度（无基础时管道外径）/mm			
	≤500	≤1000	≤2500	>2500
混凝土管、水泥管	400	500	600	700
其他管道	300	400	500	600

5.1.6　其他需要注意事项

1）当开挖深度超过放坡起点深度时，可以采用放坡开挖，也可以采用支挡土板开挖或采取其他的支护措施。编制造价时应根据已批准的施工组织设计规定选定，如果施工组织设计无规定，则均应按放坡开挖编制造价。

2）定额内所列的放坡起点、放坡系数、工作面，仅作为编制造价时计算土方工程量使用。实际施工中，应根据具体的土质情况和挖土深度，按照安全操作规程和施工组织设计的要求放坡和设置工作面，以保证施工安全和操作要求。

3）当造价内计算了放坡工程量后，实际施工中由于边坡坡度不足所造成的边坡塌方，其经济损失应由承包商承担，工程合同工期也不得顺延；发生的边坡小面积支护，其费用由承包商承担。

4）已批准的施工组织设计采用护坡桩或其他方法支护时，不得再按放坡开挖编制造价。但打护坡桩或其他支护应另列项目计算。

5.2　土方工程

《工程量计算规范》中土方工程设置了平整场地（项目编码：010101001）、挖一般土方（项目编码：010101002）、挖沟槽土方（项目编码：010101003）、挖基坑土方（项目编码：

010101004)、冻土开挖（项目编码：010101005)、挖淤泥、流砂（项目编码：010101006)和管沟土方（项目编码：010101007)的项目；回填设置了回填方（项目编码：010103001)和余方弃置（项目编码：010103002)的项目。土方和回填工程量清单项目设置、项目特征描述的内容、计量单位和工程量计算规则应参照《工程量计算规范》的规定。

工程量清单组价过程中，受施工方法、土质类别等的影响，最终反映的造价价值不同。如某地区挖土方定额中，按照施工方法的不同，将土方工程划分为人工土方工程和机械土方工程，并相应编制了定额子目。

编制工程造价时，应选择经济合理的施工方法，并且要根据已批准的施工组织设计规定的施工方法进行编制。

5.2.1　人工土方工程

1. 人工平整场地

（1）人工平整场地　人工平整场地是指为便于进行建筑物的定位放线，在基础土方开挖之前，对施工现场高低不平的部位进行平整的工作。工作内容包括厚度在±30cm以内的就地挖、填、运、找平。

（2）工程量计算方法　《工程量计算规范》中平整场地的工程量按设计图示尺寸，以建筑物首层建筑面积计算。管道支架、下水道、化粪池、窨井等零星工程不计算平整场地工程量。场地竖向布置挖填土方时，不再计算平整场地的工程量。

人工平整场地预算定额是按各类土壤所占的不同比例综合取定的，在编制造价时不分土壤类别，均按预算定额综合子目执行，如产生运土，需按运土项目另计运土费用。

2. 原土打夯

（1）原土打夯　原土打夯是根据设计要求，在建筑物或构筑物工程施工时，对原状土进行夯实的工作。原土打夯主要适用于槽底、坑底和地面垫层下要求打夯的项目。

（2）执行预算定额有关规定　具体如下：

1）原土打夯子目不分土质和施工方法综合取定为一个子目。回填土、垫层的分层夯实已包括在相应预算定额子目内，不得按原土打夯重复计算。

2）应注意：散水、坡道、台阶、平台、底层地面等部位，垫层底的底部夯实均未包括在相应的定额子目内，应列项计算，与坑槽底打夯工程量合并，套用原土打夯子目。

（3）工程量计算　按施工组织设计规定的尺寸，以"m²"计算。

3. 基底钎探

按垫层（基底）底面积计算其工程量，套用相应定额子目，计算其分部分项工程费。

4. 挖基础土方

《工程量计算规范》中根据坑槽特征，把基础土方划分为三个项目：挖一般土方（项目编码：010101002)工程量按设计图示尺寸以体积计算；挖沟槽土方（项目编码：010101003)、挖基坑土方（项目编码：010101004)工程量按设计图示尺寸以基础垫层底面积乘以挖土深度计算。因工作面和放坡增加的工程量根据建设主管部门的规定并入土方工程量内计算，在计算工程量之前首先要确定土壤类别、挖土深度、弃土运距。招标投标中，施工企业投标时报的综合单价是工程实物量单价，确定单价时需要考虑其他一些因素，如原土打夯、开挖方式、外运土、放坡、工作面、干湿土等。

一般情况下，预算定额将人工土方工程开挖划分为人工挖基坑、人工挖沟槽、人工挖一般土方、人工挖冻土和人工挖淤泥、流砂等项目。在编制造价前，首先判断土壤类别，以及是否为湿土、冻土或者是淤泥、流砂等，根据项目实际情况套用相应的子目或进行相应的换算。

（1）人工土方部分相关规定

1）干、湿土的换算在实际工程项目造价中较为常见。具体规定如下：

① 定额中土方项目是按照干土编制。人工挖、运湿土时，执行相应项目人工乘以系数1.18；采取降水措施后，人工挖、运土相应项目人工乘以系数1.09。

② 当同一坑槽内有干、湿土时，应分别列项计算各自的挖土工程量，但在套用定额时，仍按槽、坑的全深条件套用相应子目。

例 5-3　某基槽挖深2.8m，其中，干土1.8m，湿土1.0m。二类土，采用放坡开挖施工，集水坑降水。经计算，其干土工程量为400m³，湿土工程量为200m³。试套用定额计算人工挖沟槽的基价合计。

解：（1）干土基价合计。

已知干土层厚1.8m，但基槽全深为2.8m，根据预算定额规定，应取2.8m深为条件套用定额子目。

土质为二类土，因此套用某地区人工挖沟槽预算定额子目1-10（表5-6），基价为447.92元/10m³。

表 5-6　某地区人工挖沟槽预算定额

工作内容：挖土，弃土于槽边5m以内或装土，修整边底。　　　　　　　　（单位：10m³）

定额编号			1-9	1-10
项目			人工挖沟槽土方（槽深）	
			一、二类土	
			≤2m	>2m，≤6m
基价（元）			403.32	447.92
其中	人工费（元）		260.34	289.17
	材料费（元）		—	—
	机械费（元）		—	—
	其他措施费（元）		15.55	17.26
	安文费（元）		33.79	37.52
	管理费（元）		28.30	31.42
	利润（元）		23.44	26.02
	规费（元）		41.90	46.53
名称	单位	单价（元）	数量	
综合工日	工日		(2.99)	(3.32)

干土基价合计＝447.92元/10m³×400m³＝17916.8元

（2）湿土基价合计。

湿土基价以相应干土定额子目为基础，按湿土换算规定换算后计算。分析可知应套用人工挖沟槽定额子目 1-10。另外，根据定额规定，采取降水措施后人工应乘以系数 1.09。

换算后基价＝原基价＋人工费×（换算系数－1）

　　　　　＝447.92 元/10m³＋289.17 元/10m³×（1.09－1）

　　　　　＝473.95 元/10m³

湿土基价合计＝473.95 元/10m³×200m³＝9479 元

（3）干、湿土基价合计。

　　干、湿土基价合计＝17916.8 元＋9479 元＝27395.8 元

2）超深的换算规定详见《房屋建筑与装饰工程消耗量定额》（TY01-31—2015）。具体规定如下：

人工挖一般土方、沟槽、基坑深度超过 6m 时，6m＜深度≤7m，按深度≤6m 相应项目人工乘以系数 1.25；7m＜深度≤8m，按深度≤6m 相应项目人工乘以系数 1.25^2；依此类推。

例 5-4 试确定下列各条件下的人工挖基坑定额基价。

（1）开挖深度 7.50m，三类土，干土，放坡开挖。

（2）开挖深度 7.50m，三类土，湿土，放坡开挖。

解： 人工挖基坑的定额子目是按照 6m 以内编制的，已知挖深 7.50m，则应根据相关规定进行子目单价换算。某地区人工挖基坑三类土的预算定额相关子目见表 5-7。

表 5-7　某地区人工挖基坑预算定额

工作内容：挖土，弃土于槽边 5m 以内或装土，修整边底。　　　　　　　　（单位：10m³）

定额编号			1-19	1-20	1-21
项目			人工挖基坑土方		
			三类土		
			≤2m	≤4m	≤6m
基价（元）			720.72	831.27	960.87
其中	人工费（元）		465.38	536.71	620.41
	材料费（元）		—	—	—
	机械费（元）		—	—	—
	其他措施费（元）		27.77	32.03	37.02
	安文费（元）		60.35	69.62	80.47
	管理费（元）		50.54	58.30	67.38
	利润（元）		41.85	48.28	55.81
	规费（元）		74.83	86.33	99.78
名称	单位	单价（元）	数量		
综合工日	工日	—	(5.34)	(6.16)	(7.12)

（1）根据干土、三类土、人工挖基坑的条件，查得挖深 6m 以内的定额基价为 960.87 元/10m³，依据超深换算规定进行超深换算，按挖深 6m 以内相应项目人工乘以系数 1.25^2。

换算后基价 = 原基价 + 人工费 × （换算系数 - 1）

$= 960.87$ 元/10m³ $+ 620.41$ 元/10m³ $× (1.25^2 - 1)$

$= 1309.85$ 元/10m³

（2）根据湿土、三类土、人工挖基坑的条件，依据干、湿土换算和超深换算的规定，应根据规定进行超深（人工乘以系数 1.25^2）换算和湿土换算（人工乘以系数 1.18）。

换算后基价 = 原基价 + 人工费 ×（超深换算系数 - 1）+ 人工费 × 超深换算系数 ×（湿土换算系数 - 1）

$= 960.87$ 元/10m³ $+ 620.41$ 元/10m³ $× (1.25^2 - 1) + 620.41$ 元/10m³ $× 1.25^2 ×$

$(1.18 - 1)$

$= 1484.34$ 元/10m³

（2）人工挖土工程量计算

1）人工挖土的工程量计算的一般规定。

① 人工挖土工程量均以挖掘前的天然密实体积为准计算。不同状态的土石方体积折算系数见表 5-8。

挖沟槽土方、挖基坑土方

表 5-8　土石方体积折算系数表

虚方体积	松填体积	天然密实体积	夯实体积
1.00	0.83	0.77	0.67
1.20	1.00	0.92	0.80
1.30	1.08	1.00	0.87
1.50	1.25	1.15	1.00

注：天然密实体积是指自然形成未经扰动过的土壤体积；虚方体积是指挖土后未经碾压、堆积时间 ≤ 1 年的土壤体积；夯实体积是指经分层碾压、夯实的土壤体积；松填体积是指自然堆放未经夯实填在坑、槽中的土壤体积。

② 挖土一律以设计室外地坪标高为准计算。

③ 建筑物、构筑物工程挖土方、沟槽、基坑应从设计基础底标高（有垫层时以基础垫层底标高）至设计室外地坪标高的高度计算。管道挖土方、沟槽从设计管道基础底标高至设计室外地坪标高的高度计算，沿管线设计管道基础底、设计室外地坪有若干个不同标高时，沿管线长度加权平均计算。

④ 设计室外地坪标高与实际标高在 ±300mm 以内的挖、填土方，按平整场地项目计算。若超过 ±300mm 的挖、填和运土，按挖一般土方、夯填（松填）项目及运土方项目计算。

⑤ 放坡、基础施工加宽工作面等增加的土方量，并入相应工程量内计算。

⑥ 计算放坡时，交接处的重复工程量不予扣除。原槽、坑作基础垫层时，放坡自垫层上表面开始计算。单位工程中，若内墙过多、过密、交接处重复计算量过大，已超出大开口所挖土方量时，应按大开口规定计算土方工程量。

⑦ 沟槽土方，按设计图示沟槽长度乘以沟槽断面面积，以体积计算。

挖沟槽长度，外墙按图示中心线长度计算；内墙按基础垫层底面净长线长度计算。内、外墙凸出墙面的墙垛，按凸出部分的体积并入沟槽土方工程量内计算。沟槽的断面面积包括工作面宽度和放坡宽度的面积。

⑧ 管道沟槽长度，按设计规定计算；设计无规定时，以设计图示管道中心线长度（不扣除下口直径或边长≤1.5m的井池）计算。下口直径或边长>1.5m的井池的土石方，另按基坑的相应规定计算。管道沟底宽度设计有规定时，按设计规定尺寸计算；若设计无规定时，可参考表5-5中数据计算。

2）人工挖基坑工程量计算。按设计图示基础（含垫层）尺寸，另加工作面宽度、土方放坡宽度乘以开挖深度，以体积计算。实际计算过程中，基坑一般为方形、长方形、圆形三种。

① 不放坡时基坑工程量计算公式。

长方形（方形）：

$$V = ABH$$

圆形：

$$V = \pi R^2 H$$

② 放坡时基坑工程量计算公式。

长方形（方形）（图5-2）：

$$V = (A+KH)(B+KH)H + \frac{1}{3}K^2H^3$$

a) 平面图　　　　　　　　　　b) 断面图

图 5-2　四边放坡长（方）基坑

圆形（图5-3）：

$$V = \pi H(R_1^2 + R_2^2 + R_1 R_2)/3$$

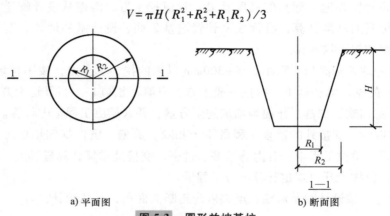

a) 平面图　　　　　　　　　　b) 断面图

图 5-3　圆形放坡基坑

式中　　A、B——基础或垫层（包括加宽工作面在内）的双向尺寸；

$\quad\quad\quad K$——放坡系数；

$\quad\quad\quad H$——地坑开挖深度；

$\quad\quad\quad R_1$——坑底半径（包括加宽工作面在内）；

$\quad\quad\quad R_2$——坑上口半径。

例 5-5　某基坑筏形基础双向尺寸为 3.40m×3.80m，垫层双向尺寸为 3.60m×4.00m，设计室外地坪标高为 -0.45m，垫层底标高为 -3.55m，地下水的常年水位和最高水位均低于基础底面标高，施工场地因地质影响，需进行基底钎探，土壤类别为三类土，混凝土基础采用支模浇筑。根据施工组织设计要求，采用人工放坡开挖，挖出土方按基础边堆放考虑，人工费、机械费和管理费指数调差暂不考虑。

试计算人工挖土的清单综合单价和合计。

解： 垫层底面积 = 3.60m×4.00m = 14.4m² < 150m²，因此套用清单项目挖基坑土方。根据挖基坑土方的清单工作内容，需要利用人工挖基坑和基底钎探的定额子目组价，计算挖基坑土方清单项目综合单价。

（1）计算人工挖土的清单工程量。

三类土，开挖深度 H = 3.10m，大于一般土放坡起点深度 1.50m，查表 5-3 可知人工挖土三类土的放坡系数 K = 0.33。因为混凝土基础采用支模浇筑，所以各边应增加支模工作面 40cm。按放坡开挖计算的清单工程量：

挖基坑土方清单工程量

$$V = (A+KH)(B+KH)H + \frac{1}{3}K^2H^3$$

$$= \left[(3.80+2\times0.4+0.33\times3.10)\times(3.40+2\times0.4+0.3\times3.10)\times3.10 + \frac{1}{3}\times0.33^2\times3.10^3 \right] m^3$$

$$= 90.50 m^3$$

（2）计算人工挖基坑和基底钎探的定额工程量。

人工挖基坑定额工程量 V = 挖基坑土方清单工程量 = 90.50m³

基底钎探工程量 S = 3.60m×4.00m = 14.4m²

（3）计算人工挖土的清单综合单价。

三类土，开挖深度 3.10m。查某地区预算定额，人工挖基坑套用定额子目 1-20（表 5-7）。基底钎探套用定额子目 1-125，查某地区预算定额，定额子目 1-125 中人工费为 310.95 元/10m³、材料费为 56.88 元/10m³、机械费为 48 元/10m³、管理费为 33.79 元/10m³、利润为 27.98/10m³、其他措施费为 18.56 元/10m³、安文费为 40.35 元/10m³、规费为 50.03 元/10m³。其中，综合单价取人工费、材料费、机械费、管理费和利润之和。（不考虑风险因素）

人工挖基坑定额综合单价 = (536.71+58.30+48.28) 元/10m³ = 643.29 元/10m³

基底钎探定额综合单价 = (310.95+56.88+48+33.79+27.98) 元/10m³ = 477.6 元/10m³

挖基坑土方清单综合单价 = Σ（各分项定额综合单价×分项定额工程量）/清单工程量

= (人工挖基坑定额综合单价×基坑定额工程量+基底钎探定额综合

单价×基底钎探定额工程量)/挖基坑土方清单工程量

= (643.29 元/10m³×90.50m³+477.6 元/100m²×14.4m²)/90.50m³

= 65.09 元/m³

挖基坑土方清单综合单价合计 = 65.09 元/m³×90.50m³ = 5890.65 元

挖基坑土方分部分项工程项目清单与计价表见表 5-9。

表 5-9 挖基坑土方分部分项工程项目清单与计价表

序号	项目编码	项目名称	项目特征	计量单位	工程量	综合单价（元）	合价（元）
1	010101004001	挖基坑土方	1. 土壤类别：三类土 2. 挖土深度：3.10m 3. 弃土运距：基坑边堆 5m 以内	m³	90.50	65.09	5890.65

3）人工挖沟槽工程量计算。

① 人工挖沟槽工程量计算公式：

$$V = \sum_{i=1}^{n} (F_i L_i)$$

式中　V——单位工程沟槽工程量；

　　　F_i——第 i 个沟槽（包括工作面）的断面面积；

　　　L_i——第 i 个沟槽的长度。外墙按中心线长度计算，内墙按垫层底面净长线计算，凸出部分的体积应并入沟槽土方工程量内计算。

② 在利用公式计算挖土工程量时，应注意沟槽断面面积，包括工作面宽度、放坡宽度增加的面积。另外，还应注意，若沟槽中有几种断面情况时，应分段分别计算，然后汇总。

③ 几种常断面的计算公式，如图 5-4 所示。

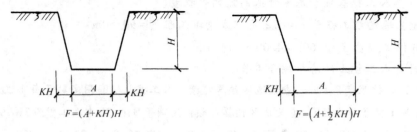

$$F = (A+KH)H \qquad F = \left(A+\frac{1}{2}KH\right)H$$

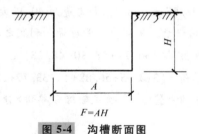

$$F = AH$$

图 5-4　沟槽断面图

4）人工挖一般土方工程量计算。按设计图示基础（含垫层）尺寸，另加工作面宽度、土方放坡宽度乘以开挖深度，以体积计算。机械施工坡道的土方工程量并入相应工程量内计算。

（3）土方运输　土方运输包括：基础坑槽挖土全部外运至指定地点，待基础工程完成以后，将回填土部分从相应堆土地点运回来；挖土全部在坑槽边堆放，待回填完后有余土时，余土外运；其他需运进或运出的土方运输等。

《工程量计算规范》中设置了余方弃置（项目编码：010103002）项目，工程量按照挖方清单项目工程量减去利用的回填方体积，计算结果为正数表示需要列余方弃置的清单项目，计算结果为负数需要取土内运。在计算清单计价时，运土发生的费用可包含在相应挖土项目综合单价中，可包含在回填方项目综合单价中，也可按余方弃置清单项目列项计算。

1）定额中按照运输距离设置了人工运土方和人力车运土方子目。按照运距的不同，人工运土方子目列出了运距20m以内的子目，以及运距200m以内每增运20m的辅助子目；人力车运土方子目列出了运距50m以内的子目，以及运距500m以内每增运50m的辅助子目。表5-10为某地区人力运土方和人力车运土方的预算定额。

表 5-10　某地区人力运土方和人力车运土方预算定额

工作内容：

1. 装土，清理车下余土。

2. 装土，运土，弃土。

（单位：10m³）

定额编号			1-28	1-29	1-30	1-31
项目			人工运土方		人力车运土方	
			运距≤20m	≤200m 每增运20m	运距≤50m	≤500m 每增运50m
综合单价（元）			241.86	50.84	174.40	41.99
其中	人工费（元）		156.26	32.66	112.71	27.18
	材料费（元）		—	—	—	—
	机械费（元）		—	—	—	—
	其他措施费（元）		9.31	1.98	6.71	1.61
	安文费（元）		20.23	4.29	14.58	3.50
	管理费（元）		16.94	3.60	12.21	2.93
	利润（元）		14.03	2.98	10.11	2.43
	规费（元）		25.09	5.33	18.08	4.34
名称	单位	单价（元）	数量			
综合工日	工日	—	(1.79)	(0.38)	(1.29)	(0.31)

2）运土是按照天然密实体积计算的。人工挖土的运输工程量等于其挖土工程量；回填土的运输工程量等于回填土工程量乘以工程量系数，当回填土为松填时，工程量系数为0.92；夯填时，工程量系数为1.15，见表5-8。假设挖土全部在坑槽边堆放，待回填完后有余土时，余土外运，计算运土工程量时，应对回填土工程量进行相应折算。

3）在编制造价时应注意以下问题：

① 人工挖土方，施工组织设计规定直接将土堆放在基坑、基槽边时，若抛土距离超过定额规定的距离，应另列项目计算运土方的费用。

② 当土方运输距离超过一定距离时，应注意装土方式和运输机械的选择要符合有关规定。

③ 在运距确定时，按其距离全入不舍。

（4）土（石）方回填　《工程量计算规范》中设置了回填方的清单项目（项目编码：010103001）。在清单计价时，按照施工组织设计的要求组织土方运输，使用松填土或者是夯填土的定额子目进行组价。回填土的工程量包括基础回填土、室内回填土、管道沟槽回填土和场地回填等。

土方回填

1）执行定额的注意事项：

① 回填土定额根据施工方法和质量要求不同，分为松填土和夯填土的定额子目。在编制造价时应根据设计质量要求和已批准的施工组织设计的规定选定相应子目，回填前要确定土质、密实度要求、粒径要求等。

② 基础回填土和室内回填土、管道沟槽回填土，均套用回填土相应定额。

③ 回填土如属于买土者，土的费用另计，列入材料差价。回填土要求筛土者，需要列筛土项目。

2）基础回填土工程量计算。基础回填土是指当基础施工完后，将基础周围用土回填至设计室外地坪的土。其工程量按挖方工程量减去设计室外地坪以下埋设的建筑物、基础（含垫层）的体积，以"m³"计算。计算公式如下：

基础回填土 = 挖方体积 − 设计室外地坪以下埋设的建筑物、基础（含垫层）的体积

3）室内回填土工程量计算。室内回填土是指设计室外地坪标高至室内地面垫层底标高之间的土。其工程量按主墙之间的净面积（扣除连续底面积 2m² 以上的设备基础等面积）乘以回填土厚度，以"m³"计算。室内回填土厚度按设计室外地坪标高至室内地面垫层底标高之间的厚度计算。

4）管道沟槽回填土工程量计算。计算公式如下：

$$V_{回填} = V_{管挖} - V_{管}$$

式中　　$V_{回填}$——管道沟槽回填土（m³）；

　　　　$V_{管挖}$——管道沟槽挖方体积（m³）；

　　　　$V_{管}$——管道所占体积。管径在 500mm 以下的不扣除管道所占体积，管径在 500mm 以上时，每米管长按表 5-11 所给体积扣除。

表 5-11　管道扣除土方体积表　　　　　　　　　　（单位：m³/m）

管道名称	管道直径/mm					
	500	600	800	1000	1200	1500
混凝土管及钢筋混凝土管	—	0.33	0.60	0.92	1.15	1.45
其他材质管道	—	0.22	0.46	0.74	—	—

5.2.2　机械土方工程

机械土方工程根据坑槽的特征，分列挖一般土方、挖沟槽土方和挖基坑土方的清单项目。招标投标中施工企业机械挖土的综合单价确定时，需要考虑原土打夯、外运土、放坡、工作面、干湿土等因素的影响。

1. 某地区预算定额机械土方部分相关规定

1）挖掘机（含小型挖掘机）挖土方项目，已综合了挖掘机挖土方和挖掘机挖土后，基底和边坡 ≤0.3m 的人工清理和修整。使用时不得调整，人工基底清理和边坡修整不另行计算。

2）机械挖、运湿土时，相应项目人工、机械乘以系数 1.15，采取降水措施后，机械挖、运土不再乘以系数。

3）桩间挖土不扣除桩体和空孔所占体积，相应项目人工、机械乘以系数 1.50。

4）当推土机推土土层平均厚度小于 300mm 时，相应项目人工、机械乘以系数 1.25。

5）挖掘机在垫板上作业时，相应项目人工、机械乘以系数 1.25。挖掘机下铺设垫板、汽车运输道路上铺设材料时，其费用另行计算。

6）小型挖掘机，指斗容量 ≤0.30m³ 的挖掘机，适用于基础（含垫层）底宽 ≤1.20m 的沟槽土方工程或底面积 ≤8m² 的基坑土方工程。

7）场区（含地下室顶板以上）回填，相应项目人工、机械乘以系数 0.90。

2. 机械土方工程量的计算

1）机械挖、运土方的工程量，均以开挖前的天然密实体积，以"m³"计算。

2）在工程量计算时，应注意以下问题：

① 当开挖深度超过放坡起点深度时，可按施工组织设计中的方案，用放坡或支护开挖。

② 在挖土工程量计算时，应根据基础施工情况考虑所需工作面的增加量。

③ 机械施工坡道的土方工程量，并入相应土方工程量内计算。

3. 机械土方部分执行定额注意事项

（1）推土机推运一般土方

① 推土机推运一般土方定额中是按照运距 100m 以内设置的，按照土的类别设置了四个定额子目，还设置了一个运距每增运 20m 的辅助定额子目。

② 在套用定额时，应根据前述定额的换算条件进行相关内容的换算。利用辅助定额子目进行 20m 以外的运距修正。

（2）挖掘机挖土

① 挖掘机挖土定额中，按照坑槽形式和施工组织设计的不同，设置了挖掘机挖一般土方、挖掘机挖装一般土方、挖掘机挖槽坑土方、挖掘机挖装槽坑土方的项目，每个项目又按照土壤类别分别设置了一、二类土，三类土和四类土三个定额子目。

② 在套用定额时，应根据前述定额的换算条件进行相关内容的换算。

③ 在机械挖土定额中，已经综合考虑推土机的辅助配合施工。

④ 若施工组织设计中采用挖掘机挖土，装载机装运土方或机动翻斗车运土方至堆土地

点，按包括机械挖土定额子目，另列项目计算装载机装运土方或机动翻斗车运土方。装载机装运一般土方定额中是按照运距200m以内设置的，设置了运距20m以内的基础子目和运距每增运20m的辅助定额子目。机动翻斗车运土方按运距不同分别设置了运距100m以内定额子目和运距500m以内每增运100m的辅助定额子目。

例5-6 某工程大型基坑采用挖掘机挖土、机动翻斗车运土方。已知：三类土，开挖深度为5.5m，土方总量为5400m³，运土距离为120m。试确定其土方工程定额基价合计。

解： 某地区机械挖土、机动翻斗车运土的预算定额见表5-12。

表5-12 某地区机械挖土、机动翻斗车运土预算定额

工作内容：挖土，装土，清理机下余土；人工清理修边。 （单位：10m³）

定额编号			1-53	1-63	1-64
项目			挖掘机挖装槽坑土方	机动翻斗车运土方	
			三类土	运距≤100m	≤500m 每增运100m
基价（元）			164.47	149.02	16.16
其中	人工费（元）		72.03	—	—
	材料费（元）		—	—	—
	机械费（元）		48.45	121.27	13.29
	其他措施费（元）		4.78	3.02	0.31
	安文费（元）		10.40	6.56	0.68
	管理费（元）		8.71	5.49	0.57
	利润（元）		7.21	4.55	0.47
	规费（元）		12.89	8.13	0.84
名称	单位	单价（元）	数量		
综合工日	工日	—	(0.92)	(0.58)	(0.06)
履带式推土机功率（kW）75	台班	857.00	0.023	—	—
履带式单斗液压挖掘机斗容量（m³）1	台班	1149.61	0.025	—	—
机动翻斗车装载质量（t）1	台班	207.66	—	0.584	0.064

（1）挖掘机挖土执行挖掘机挖装槽坑土方的定额子目，综合单价为164.47元/10m³，挖土工程量为5400m³。

（2）机动翻斗车运土运距120m，执行机动翻斗车运距≤100m，加上每增运100m的基价。

1）工程量＝土方总量＝5400m³

2）查相应的定额子目：

机动翻斗车运土方，运距100m以内定额基价＝149.02元/10m³

机动翻斗车运土方，每增运100m定额基价＝16.16元/10m³

（3）土方工程定额基价合计采用列表计算，见表 5-13。

该工程定额基价合计为 178011 元。

表 5-13 定额基价合计表

序号	定额子目	项目名称	定额工程量	定额基价（元）	合计（元）
1	1-53	挖掘机挖装槽坑土方，三类土	540	164.47	88813.8
2	1-63	机动翻斗车运土方，运距≤100m	540	149.02	80470.8
3	1-64	机动翻斗车运土方，≤500m 每增运 100m	540	16.16	8726.4
		合计			178011

（3）自卸汽车运土

① 自卸汽车运土定额中，设置了运距 1km 之内的基础子目和自卸汽车运土每增运 1km 的辅助定额子目。

② 在定额中，综合考虑了运土过程中维护行驶道路的费用。

③ 在套用定额时，应根据前述定额的换算条件进行相关内容的换算，利用辅助定额进行运距的修正。

例 5-7 某工程大型基坑采用反铲挖掘机挖土，自卸汽车运土。已知：三类土，基础混凝土垫层（厚 100mm、支模浇筑）双向尺寸为 15m×40m，钢筋混凝土筏形基础双向尺寸为 14.8m×39.8m，垫层底标高为 -4.800m，室外地坪标高为 -0.600m，采用坑上挖土，放坡开挖，土方运距 5500m，采用装载机装土，自卸汽车运土。

试计算清单综合单价及合计，人工费、机械费、管理费指数调差暂不考虑。

解：垫层底面积 =15m×40m=600m^2>150m^2，因此套用挖一般土方的清单项目。根据挖一般土方的清单工作内容以及施工组织设计的要求，需要组挖掘机挖一般土方、装载机装车和自卸汽车运土的定额子目。

（1）挖掘机挖一般土方清单工程量计算。挖一般土方的清单项目编码为 010101002001。因为开挖深度为 (4.8-0.6)m=4.2m，大于放坡起点深度 1.5m，所以需放坡开挖。查三类土、坑上作业的放坡系数为 0.67。放坡应自垫层底开始计算。

查表 5-4 可知，混凝土基础支模板工作面为 40cm。所以，基底开挖双向尺寸应为 15.6m×40.6m。

$$土方总量 = (A+KH)(B+KH)H + \frac{1}{3}K^2H^3$$

$$= [(15.6+0.67×4.2)×(40.6+0.67×4.2)×4.2+1/3×0.67^2×4.2^3] m^3$$

$$= 3368.67m^3$$

（2）计算机械挖一般土方、装载机装车、自卸汽车运土的定额工程量。挖掘机挖一般土方、装载机装车、自卸汽车运土的工程量等于土方总量 3368.67m^3。

（3）计算机械挖一般土方的清单综合单价。挖掘机挖一般土方三类土执行某地区相应的预算定额 1-44，装载机装车执行某地区相应的预算定额子目 1-61，自卸汽车运土执行某地区相应的定额子目 1-65 和辅助定额子目 1-66，见表 5-14。

表 5-14　某地区机械挖一般土方、装载机装车、自卸汽车运土预算定额

工作内容：挖土，装土，清理机下余土；人工清理修边。　　　　　　　　　（单位：10m³）

定额编号		1-44	1-61	1-65	1-66
项目		挖掘机挖一般土方	装载机装车	自卸汽车运土方	
		三类土	土方	运距≤1km	每增运 1km
基价（元）		61.54	22.74	65.03	14.98
其中	人工费（元）	23.17	4.44	2.26	—
	材料费（元）	—	—	—	—
	机械费（元）	23.56	14.96	56.08	13.54
	其他措施费（元）	1.61	0.36	0.73	0.16
	安文费（元）	3.50	0.79	1.58	0.34
	管理费（元）	2.93	0.66	1.32	0.28
	利润（元）	2.43	0.55	1.10	0.24
	规费（元）	4.34	0.98	1.96	0.42

查某地区预算定额，清单综合单价取定额人工费、材料费、机械费、管理费和利润之和（不考虑风险因素）。

挖掘机挖一般土方三类土定额综合单价 = （23.17 + 23.56 + 2.93 + 2.43）元/10m³ = 52.09 元/10m³

装载机装车土方定额综合单价 = （4.44 + 14.96 + 0.66 + 0.55）元/10m³ = 20.61 元/10m³

自卸汽车运土（1km 以内）定额综合单价 = （2.26 + 56.08 + 1.32 + 1.10）元/10m³ = 60.76 元/10m³

自卸汽车运土（超运距部分）定额综合单价 = （13.54 + 0.28 + 0.24）元/10m³×5 = 70.3 元/10m³

各分项工程量为土方总量 3368.67m³。

挖一般土方清单综合单价 = ∑（各分项定额综合单价×分项定额工程量）/清单工程量

= （52.09 元/10m³×3368.67m³ + 20.61 元/10m³×3368.67m³ + 60.76 元/10m³×3368.67m³ + 70.3 元/10m³×3368.67m³）/ 3368.67m³

= 20.38 元/m³

（4）清单综合单价合计采用列表计算，见表 5-15。

挖一般土方清单综合单价合计 = 20.38 元/m³×3368.67m³ = 68653.49 元

表 5-15　挖一般土方分部分项工程项目清单与计价表

序号	项目编码	项目名称	项目特征	计量单位	工程量	综合单价（元）	合价（元）
1	010101002001	挖一般土方	1. 土壤类别：三类土 2. 挖土深度：4.2m 3. 弃土运距：5.5km	m³	3368.67	20.38	68653.48

5.3 石方工程

《工程量计算规范》中石方工程划分为挖一般石方（项目编码：010102001）按设计图示尺寸以体积计算、挖沟槽石方（项目编码：010102002）按设计图示尺寸沟槽底面积乘以挖石深度以体积计算、挖基坑石方（项目编码：010102003）按设计图示尺寸基坑底面积乘以挖石深度以体积计算、挖管沟石方（项目编码：010102004）以"m"或者"m³"计算。在《爆破工程工程量计算规范》（GB 50862—2013）石方爆破工程中项目有一般石方爆破（项目编码：090101001）、基坑石方爆破（项目编码：090101002）、沟槽石方爆破（项目编码：090101003），均按设计图示尺寸以体积计算。

招标投标中施工企业编制投标报价时，石方工程根据施工方法不同可分为人工石方和机械石方。其中，人工石方分为人工凿一般石方、人工凿基坑石方、人工清理爆破基底、人工清石渣、人工装车（石渣）、人力车运石渣子目，机械石方分为液压锤破碎石方、风镐破碎石方、推土机推运石渣、挖掘机挖（挖桩）石渣、装载机装车（石渣）、挖掘机装车（石渣）、机动翻斗车运石渣、自卸汽车运石渣等子目。在编制造价时，应根据设计施工图及施工组织设计的规定，区别不同情况，分别列项计算。

5.3.1 石方工程量计算

石方的开挖和运输均是按天然密实体积计算的。不同状态的石方体积按表 5-16 换算。

表 5-16 石方体积折算系数表

名称	虚方体积	松填体积	天然密实体积	夯实体积
石方	1.00	0.85	0.65	—
	1.18	1.00	0.76	—
	1.54	1.31	1.00	—
块石	1.75	1.43	1.00	（码方）1.67
砂夹石	1.07	0.94	1.00	

爆破岩石的允许超挖量分别为：极软岩、软岩 0.20m，较软岩、较硬岩、坚硬岩 0.15m。

石方工程量，区分沟槽、基坑和一般石方，按设计图示尺寸以"m³"计算。

沟槽石方，沟槽长度计算规则和沟槽土方相同。沟槽的断面面积包括工作面宽度和石方允许超挖量的面积。

基坑土方，按设计图示基础（含垫层）尺寸，另加工作面宽度、石方允许超挖量乘以开挖深度，以体积计算。实际计算过程中，基坑一般为方形、长方形、圆形三种。

一般石方，按设计图示基础（含垫层）尺寸，另加工作面宽度、石方允许超挖量乘以开挖深度，以体积计算。机械施工坡道的石方工程量并入相应工程量内计算。

岩石爆破后人工清理基底和修整边坡，按岩石爆破的规定尺寸（含工作面宽度和允许超挖量）以面积计算。

5.3.2 人工石方工程

人工凿岩石是指用人工开凿石方、打碎及修边检底。

1）定额中，人工凿岩石分为人工凿一般石方、人工凿沟槽石方、人工凿基坑石方三个分项，每个分项又分别设置了极软岩、软岩、较软岩、较硬岩、坚硬岩五个子目。

2）人工凿岩石施工时，定额子目中已包含修边和检底，但石渣运输需另计。

3）岩石爆破后人工清理基底，分为人工清理爆破基底一般石方、人工清理爆破基底槽坑石方两个项目，每个分项又分别设置了极软岩、软岩、较软岩、较硬岩、坚硬岩五个子目。

4）岩石爆破后，人工修整爆破边坡按极软岩、软岩、较软岩、较硬岩、坚硬岩设置了五个子目。

5）人工清石渣包括了挖渣和弃渣5m之内或者是装渣。

6）人工运石渣定额列出了运距20m以内的子目，以及运距200m以内每增运20m的辅助子目；人力车运石渣列出了运距50m以内的子目，以及运距500m以内每增运50m的辅助子目。

5.3.3 机械石方工程

机械石方按照施工方法的不同分为液压锤破碎石方和风镐破碎石方两个项目。其中，液压锤破碎石方又按照极软岩、软岩、较软岩、较硬岩、坚硬岩分为五个子目，风镐破碎石方子目主要应用于孤石。

机械破碎石渣后石渣的清理，定额中设置了推土机推运石渣和挖掘机挖石渣（挖装石渣）的项目，推土机推运石渣定额列出了运距20m以内的子目，以及运距100m以内每增运20m的辅助子目。

石渣的装运，定额设置了装载机装车和挖掘机装车的子目；运输定额设置了机动翻斗车运石渣和自卸汽车运石渣，其中，机动翻斗车运石渣定额列出了运距500m以内的子目，以及运距500m以内每增运100m的辅助子目；自卸汽车运石渣定额列出了运距1km以内的子目，以及每增运1km的辅助子目。

5.4 工程量清单计价示例

某多层框架住宅土方工程，土壤类别为二类土，基础为混凝土带形基础，基础总长度为1590.60m，垫层宽度为920mm，基础底宽为720mm，挖土深度为1.8m，弃土运距为4km。本例在计算过程中使用的人工、材料、机械台班单价及含量，包括计算综合单价的各项计价比例，均是依据某地区预算定额查得。教学和实际工程中可根据当地情况换用。

5.4.1 经业主根据基础设计施工图计算清单工程量

1. 挖基础沟槽清单工程量 V

挖沟槽清单工程量 $V = (0.92 \times 1590.60 \times 1.8)\,\mathrm{m}^3 = 2634.03\,\mathrm{m}^3$

2. 挖基础沟槽定额工程量计算 V

（1）基础断面面积 F

$$F = (1.52 + KH) \times 1.8 = [(1.52 + 0.5 \times 1.8) \times 1.8] m^2 = 4.36 m^2$$

说明：混凝土基础采用支模浇筑工作面各边加 0.4m，一般土人工开挖放坡系数为 0.33。基础底宽 = (0.72 + 0.4 + 0.4) m = 1.52m。

（2）土方挖方总量 V

人工挖沟槽定额工程量 V = 基础总长度 × F

$$= 1590.60 m \times 4.36 m^2 = 6935.02 m^3$$

表 5-17 为分部分项工程和单价措施项目清单与计价表。

表 5-17　分部分项工程和单价措施项目清单与计价表

工程名称：××住宅工程

序号	项目编码	项目名称	项目特征描述	计量单位	工程量	金额（元）		
						综合单价	合价	其中：暂估价
1	010101003001	挖沟槽土方	二类土 挖土深度为 1.8m 弃土运距为 4km	m³	2634.03			
本页小计								
合计								

5.4.2　经投标人根据地质资料和施工方案计算

1. 施工组织方案

采用人工挖沟槽，混凝土垫层采用支模浇筑，基础垫层底采用机械夯实两遍。槽边可堆土 2000m³，现场可堆土 2100m³，运距为 60m，采用人工运输；发生的弃土可用装载机装，自卸汽车运土，运距为 4km。

2. 挖基础沟槽工程量

人工挖沟槽定额工程量 = 清单工程量 = 6935.02m³

3. 综合单价计算

（1）人工挖沟槽

综合单价合计 = 693.50 × 10m³ × (260.34 + 28.30 + 23.44) 元/10m³

$$= 216427.48 \text{ 元}$$

其中：

人工费：693.50 × 10m³ × 260.34 元/10m³ = 180545.79 元

管理费：693.50 × 10m³ × 28.30 元/10m³ = 19626.05 元

利润：693.50 × 10m³ × 23.44 元/10m³ = 16255.64 元

综合工日：693.50 × 10m³ × 2.99 工日/10m³ = 2073.57 工日

（2）槽底原土夯实

工程量 = 0.92m×1590.60m = 1463.35m²

综合单价合计 = 14.63×100m²×（55.57+18.23+6.06+5.02）元/100m²

$$= 1241.79 \text{ 元}$$

其中：

人工费：14.63×100m²×55.57 元/100m² = 812.99 元

机械费：14.63×100m²×18.23 元/100m² = 266.70 元

管理费：14.63×100m²×6.06 元/100m² = 88.66 元

利润：14.63×100m²×5.02 元/100m² = 73.44 元

综合工日：14.63×100m²×0.64 工日/100m² = 9.36 工日

（3）人工运土

综合单价合计 = 210.0×10m³×[156.26+16.94+14.03+（32.66+3.6+2.98）×2]元/10m³ = 55799.1 元

其中：

人工费：210.0×10m³×（156.26+32.66×2）元/10m³ = 46531.8 元

管理费：210.0×10m³×（16.94+3.6×2）元/10m³ = 5069.4 元

利润：210.0×10m³×（14.03+2.98×2）元/10m³ = 4197.9 元

综合工日：210.0×10m³×（1.79+0.38×2）工日/10m³ = 535.5 工日

（4）装载机装土

工程量 = （6935.02−2000−2100）m³ = 2835.02m³

综合单价合计 = 283.50×10m³×（4.44+14.96+0.66+0.55）元/10m³ = 5842.94 元

其中：

人工费：283.50×10m³×4.44 元/10m³ = 1258.74 元

机械费：283.50×10m³×14.96 元/10m³ = 4241.16 元

管理费：283.50×10m³×0.66 元/10m³ = 187.11 元

利润：283.50×10m³×0.55 元/10m³ = 155.93 元

综合工日：283.50×10m³×0.07 工日/10m³ = 19.85 工日

（5）自卸汽车运土 4km

工程量 = 装载机装土工程量 = 2835.02m³

综合单价合计 = 283.50×10m³×[2.26+56.08+1.32+1.1+（13.54+0.28+0.24）×3]元/10m³

$$= 29183.49 \text{ 元}$$

其中：

人工费：283.50×10m³×2.26 元/10m³ = 640.71 元

机械费：283.50×10m³×（56.08+13.54×3）元/10m³ = 27414.45 元

管理费：283.50×10m³×（1.32+0.28×3）元/10m³ = 612.36 元

利润：283.50×10m³×（1.1+0.24×3）元/10m³ = 515.97 元

综合工日：283.50×10m³×（0.14+0.03×3）工日/10m³ = 65.21 工日

（6）工程量清单综合单价分析表

工程量清单综合单价分析表、分部分项工程量清单与计价表见表 5-18、表 5-19。

表 5-18　工程量清单综合单价分析表

| 项目编码 | 010101003001 | 项目名称 | 挖沟槽土方 | | | 计量单位 | | m³ | | | | | |

清单综合单价组成明细

定额编号	定额名称	定额单位	数量	单价（元）					合价（元）				
				人工费	材料费	机械费	管理费	利润	人工费	材料费	机械费	管理费	利润
1-9	人工挖沟槽土方二类土	10m³	693.50	260.34	—	—	28.30	23.44	180545.79	—	—	19626.05	16255.64
1-129	机械原土夯实二遍	100m²	14.63	55.57	—	18.23	6.06	5.02	812.99	—	266.70	88.66	73.44
1-28+1-29×2	人工运土方 60m	10m³	210.0	221.58	—	—	24.14	19.99	46531.8	319.20	—	5069.4	4197.9
1-61	装载机装车	10m³	283.50	4.44	—	14.96	0.66	0.55	1258.74	—	4241.16	187.11	155.93
1-65+1-66×3	自卸汽车运土 4km	10m³	283.50	2.26	34.83	96.7	2.16	1.82	640.71	—	27414.45	612.36	515.97
人工单价				小计					229790.03	319.20	31922.31	25583.58	21198.88
高级技工 201 元/工日；普工 87.1 元/工日；一般技工 134 元/工日				未计价材料费					—				
清单项目综合单价									308814 元/2634.03m³ = 117.24 元/m³				
材料费明细	主要材料名称、规格、型号						单位	数量	单价	合价	暂估单价	暂估合价	

表 5-19 分部分项工程量清单与计价表

序号	项目编码	项目名称	项目特征描述	计量单位	工程量	金额（元）		
						综合单价	合价	其中：暂估价
1	010101003001	挖沟槽土方	二类土 挖土深度为 1.8m 弃土运距 4km	m³	2634.03	117.24	308814	—
本页小计								
合计							308814	

习 题

一、单项选择题

1. 平整场地，按设计图示尺寸，以（ ）计算。

A. 建筑物首层面积
B. 建筑首层建筑面积
C. 建筑物首层建筑面积，加上落地阳台面积
D. 建筑红线内的面积

2. 土石方开挖、运输按（ ）。土方回填，按回填后的（ ）计算。

A. 开挖后的虚方体积，夯实体积
B. 开挖前的天然密实体积，松填体积
C. 开挖前的天然密实体积，夯实体积
D. 开挖后的虚方体积，松填体积

3. 定额中土方项目是按照干土编制的。人工挖、运湿土时，（ ）。

A. 执行相应项目人工乘以系数 1.18
B. 执行相应项目乘以系数 1.18
C. 执行相应项目人工乘以系数 1.09
D. 执行相应项目乘以系数 1.09

二、简答题

1. 基坑、沟槽和一般土石方如何区分？

2. 在同一槽、坑内如有不同类别土壤时，其放坡系数怎样确定？

3. 什么是工作面？工作面宽度怎样取定？

4. 基础回填土、室内回填土工程量计算时需注意哪些问题？

三、计算题

某工程基础图如图 5-5 所示，土壤为二类土，余土外运距离为 500m。

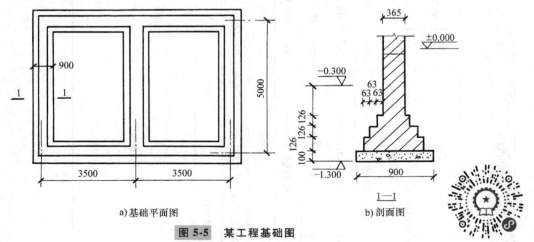

a)基础平面图　　b)剖面图

图 5-5 某工程基础图

（1）计算清单工程量。

（2）结合地区定额计算清单综合单价。

第 5 章练习题
扫码进入在线答题小程序，
完成答题可获取答案

第**6**章
桩与地基基础工程

6.1 概述

房屋建造在较厚的软弱土层上、上部荷载较大时，由于进行人工地基处理很不经济，往往采用桩基来提高地基的承载力。采用这种方法，可以大大减少土方开挖和回填量，从而可以节省资金和提高工效。

桩基一般由设置土中的桩和承接上部结构的承台组成，桩顶埋入承台中。随着承台与地面的相对位置的不同，有低承台桩基（图 6-1）和高承台桩基之分。前者的承台底面位于地面以下；而后者则高出地面以上，

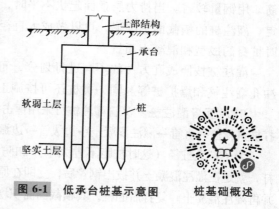

图 6-1 低承台桩基示意图　　桩基础概述

且常处于水下。在工业与民用建筑中，几乎都使用低承台桩基，而且大量采用的是竖直桩，很少采用斜桩。

6.1.1 桩的分类

桩按施工方法的不同，分为预制桩和灌注桩两大类。

1. 预制桩

预制桩按所用材料的不同，可分为混凝土预制桩、钢桩和木桩；沉桩的方式主要有锤击或振动打入、静力压入和旋入等。

（1）混凝土预制桩　混凝土预制桩的截面形状、尺寸和长度可在一定范围内按需要选择，其横截面有方形、圆形等各种形状。普通实心方桩的截面边长一般为 300~500mm，现场预制桩的长度一般在 25~30m 以内，工厂预制桩的分节长度一般不超过 12m，沉桩时在现场通过接桩连接到所需长度。

预应力混凝土管桩采用先张法预应力和离心成型法制作。经高压蒸汽养护生产的高强预应力混凝土管桩（PHC），其桩身混凝土强度等级为 C80 或高于 C80；未经高压蒸汽养护生产的预应力混凝土管桩（PC）和预应力混凝土薄壁管桩（PTC），其桩身混凝土强度等级为 C60~

C80。建筑工程中常用的 PHC、PC、PTC 管桩的外径一般为 300~600mm，分节长度为 5~13m。

（2）钢桩 常用的钢桩有下端开口或闭口的钢管桩，以及 H 型钢桩等。一般钢管桩的直径为 250~1200mm。H 型钢桩的穿透能力强，自重小，锤击沉桩的效果好，承载能力高，无论起吊、运输或是沉桩、接桩都很方便。其缺点是耗钢量大，成本高，因而只在少数重要工程中使用。

（3）木桩 木桩常用松木、杉木做成。其桩径（小头直径）一般为 160~260mm，桩长为 4~6m。木桩自重小，具有一定的弹性和韧性，便于加工、运输和施工。木桩在淡水环境下是耐久的，但在干湿交替的环境中极易腐烂，因此应打入最低地下水位以下 0.5m。由于木桩的承载能力很低，加上木材的供应问题，现在只在木材产地和某些应急工程中使用。

2. 灌注桩

灌注桩是直接在所设计桩位处成孔，然后在孔内加入钢筋笼（也有省去钢筋的），再浇灌混凝土而成。与混凝土预制桩比较，灌注桩一般只根据使用期间可能出现的内力配置钢筋，用钢量较省。当持力层顶面起伏不平时，桩长可在施工过程中根据要求在某一范围内取定。灌注桩的横截面呈圆形，可以做成大直径和扩底桩。保证灌注桩承载力的关键在于施工时桩身的成型和混凝土质量。

灌注桩按照成孔方法的不同进行划分，可分为沉管灌注桩、钻孔灌注桩、挖孔灌注桩、冲孔灌注桩和爆扩桩等。同一类桩还可按施工机械、施工方法及直径的不同予以细分。

（1）沉管灌注桩 沉管灌注桩可采用锤击振动、振动冲击等方法沉管成孔，其施工程序为：打桩机就位→沉管→灌注混凝土→边拔管→边振动→安放钢筋笼→继续灌注混凝土→成型。

为了扩大桩径（这时桩距不宜太小）和防止缩颈，可对沉管灌注桩加以"复打"。所谓复打，就是在灌注混凝土并拔出钢管后，立即在原位放置预制桩尖（或闭合管端活瓣）再次沉管，并再灌注混凝土。复打后的桩，其横截面面积增大，承载力提高，但其造价也相应增加。

（2）泥浆护壁成孔灌注桩 泥浆护壁成孔灌注桩的施工程序为：测量放线定位→埋设护筒→桩机就位→成孔→一次清孔→安装钢筋笼→安装导管→二次清孔→灌注水下混凝土→起拔导管、护筒→混凝土养护、成型。

泥浆护壁成孔灌注桩按成孔工艺和成孔机械的不同分为：正循环钻孔灌注桩、反循环钻孔灌注桩、钻孔扩底灌注桩和冲击成孔灌注桩。其适用范围见表 6-1。

表 6-1 泥浆护壁成孔灌注桩的适用范围

按照成孔工艺、施工机械的不同	适用范围
正循环钻孔灌注桩	黏性土、砂土及强风化、中等~微风化岩石。可用于桩径小于 1.5m、孔深一般小于或等于 50m 的场地
反循环钻孔灌注桩	黏性土、砂土、细粒碎石土及强风化、中等~微风化岩石。可用于桩径小于 2m，孔深一般小于或等于 60m 的场地
钻孔扩底灌注桩	黏性土、砂土、细粒碎石土及全风化、强风化、中等风化岩石。孔深一般小于或等于 40m
冲击成孔灌注桩	黏性土、砂土、碎石土和各种岩层。对厚砂层软塑~流塑状态的淤泥及淤泥质土应慎重使用

（3）干作业成孔灌注桩　干作业成孔灌注桩是指地下水位以上可采用机械或人工成孔并灌注混凝土的成桩工艺，干作业成孔灌注桩不用泥浆或套管护壁。目前干作业成孔的灌注桩常用的机械成孔桩有螺旋钻孔灌注桩、螺旋钻孔扩孔灌注桩。螺旋钻孔灌注桩的施工机械形式有长螺旋钻孔机和短螺旋钻孔机。施工工艺除长螺旋钻孔机为一次成孔，短螺旋钻孔机为分段多次成孔外，其他特点相同。

干作业成孔灌注桩的施工程序为：钻孔机就位→钻进→停止→钻孔机移位→验孔→安装钢筋笼→浇注混凝土→混凝土养护、成型。

（4）人工挖孔桩　挖孔可采用人工或机械挖掘成孔。人工挖孔桩施工时应人工降低地下水位，每挖深 0.9~1.0m，就浇灌或喷射一圈混凝土护壁（上下圈之间用插筋连接），达到所需深度时，再进行扩孔，最后在护壁内安装钢筋笼和浇灌混凝土。挖孔桩的优点是，可直接观察地层情况，孔底易清除干净，设备简单，施工噪声小，场区各桩同时施工，桩径大，适应性强，且比较经济。

（5）钻孔压浆桩　钻孔压浆桩是利用长螺旋钻孔机钻孔至设计深度，在提升钻杆的同时通过钻头上的喷嘴向孔内高压灌注制备好的以水泥浆为主剂的浆液，浆液达到没有塌孔危险的位置或地下水位以上 0.5~1.0m；起钻后安放钢筋笼，并放入至少 1 根直通孔底的高压注浆管，然后投放粗骨料至孔口设计标高以上 0.3m；最后通过高压注浆管，在水泥浆终凝之前多次重复地向孔内补浆，直至孔口冒浆。

钻孔压浆桩的施工程序为：钻机就位→钻进→至预定标高停钻、注浆→安放钢筋笼→投放骨料→多次补浆成桩。

（6）灌注桩后压浆　灌注桩后压浆是指钻孔灌注桩成桩后，由预埋的注浆通道用高压注浆泵将一定压力的水泥浆压入端土层和桩侧土层，通过浆液对桩端沉渣、桩端持力层和桩周泥皮起到渗透、填充、压密等作用增强桩侧土和端土的强度，从而达到提高桩基极限承载力，减少群桩沉降量的技术措施。钻孔灌注桩后压浆施工技术主要有桩底后压浆、桩侧后压浆和桩底、桩侧同时后压浆三类。

6.1.2　其他有关规定

1. 某地区桩基础定额的适用范围

桩基础定额适用于陆地上的桩基工程，所列打桩机械的规格、型号是按照常规施工工艺和方法综合取定的，施工场地的土质级别也是综合取定的。

2. 其他使用规定

1）定额以平地（坡度≤15°）打桩为准。如在斜坡上（坡度>15°）打桩时，按相应项目人工、机械乘以系数 1.15。如在基坑内（基坑深度>1.5m，基坑面积≤500m²）打桩或在地坪上坑槽内（坑、槽深度>1m）打桩时，按相应项目人工、机械乘以系数 1.11。

2）探桩位已经综合考虑在各类桩基定额中，不再另行计算。

3）每个单位工程的打（灌）桩工程量在表 6-2 规定以内的为小型工程。小型工程按相应打（灌）桩项目人工和机械乘以系数 1.25。

表 6-2 小型工程划分标准表

项目	单位工程工程量	项目	单位工程工程量
预制钢筋混凝土方桩	200m³	钻孔、旋挖成孔灌注桩	150m³
预应力钢筋混凝土管桩	1000m³	沉管、冲孔成孔灌注桩	100m³
预制钢筋混凝土板桩	100m³	钢管桩	50t

4）定额中各种灌注桩的材料用量，均已包括充盈系数和材料损耗率（表 6-3）。人工挖孔桩定额已综合考虑护壁和桩芯的混凝土，并包括了材料损耗。

表 6-3 充盈系数和材料损耗率

项目名称	充盈系数	损耗率（%）
冲孔桩基成孔灌注混凝土桩	1.30	1
旋挖、冲击钻机成孔灌注混凝土桩	1.25	1
回旋、螺旋钻机钻孔灌注混凝土桩	1.20	1
沉管桩机成孔灌注混凝土桩	1.15	1

5）打试验桩、锚桩，按相应定额子目的人工、机械乘以系数 1.5。

在没有打桩的地方打试验桩是非常有必要的，不可省略。这是因为通过打试验桩来校核设计的桩并改进设计方案，以保证打桩的质量要求和技术要求。试验桩只是用于检验作用，而不同于实际工作桩，最后还要拔出，因而打试验桩的人工、机械的企业定额都要乘以系数 1.50，而材料没有变化。

6）在桩间补桩或强夯后的地基打桩时，按相应项目的人工、机械乘以系数 1.15 计算。

7）打桩工程是按照陆地打垂直桩编制的。设计要求打斜桩时，斜度不大于 1∶6 时，按相应项目人工、机械乘以系数 1.25；斜度大于 1∶6 时，按相应项目人工、机械乘以系数 1.43。

8）定额已综合考虑不同的土质情况，除山区外，无论何种土质，均执行定额相应子目。

9）现场灌注混凝土桩的混凝土搅拌费用。定额中混凝土是按照预拌混凝土考虑的，如果采用现场搅拌混凝土，应列项计算现场搅拌混凝土调整费。

10）各类预制桩均按商品桩考虑，定额中其施工损耗率均是按 1%考虑的，该损耗均已计入相应的子目内，在计算工程量时不考虑。

11）混凝土灌注桩的钢筋笼、地下连续墙的钢筋网和喷射混凝土中的钢筋制作、桩顶或桩内预埋铁件，应按混凝土及钢筋混凝土工程规定列项计算。

6.2 预制钢筋混凝土桩基础工程

《房屋建筑与装饰工程工程量计算规范》（GB 50854—2013，下同，以下简称《工程量计算规范》）的桩基工程（打桩）中设有预制钢筋混凝土方桩（项目编码：010301001）、预制钢筋混凝土管桩（项目编码：010301002）、钢管桩（项目编码：010301003）、截（凿）桩头（项目编码：010301004）四个项目。

预制钢筋混凝土桩基础工程在编制工程量清单时，按照设计图示尺寸，以桩长（包括桩尖）或根数或以体积（按设计图示截面面积乘以含桩尖长度在内的桩长）计算，施工企业在编制工程投标报价时，应分别列项计算打桩、送桩、接桩等内容，套用相应定额子目。

6.2.1　预制钢筋混凝土方桩

预制钢筋混凝土方桩施工过程

预制钢筋混凝土方桩

预制钢筋混凝土方桩，清单工程量计算时应根据《工程量计算规范》中工程量计算规则按照桩长（或根数或体积）计算。计算之前，应确定地层情况、送桩深度及桩长、桩截面、桩倾斜度、沉桩方法、接桩方式、混凝土强度等级等。

1. 预制钢筋混凝土方桩打桩

（1）打、压桩工程量计算及定额应用

打、压预制钢筋混凝土方桩工程量按设计桩长（包括桩尖长度）乘以桩截面面积计算。如图 6-2 所示，如按体积计算工程量，则

工程量 = 桩长（L）× 设计图示桩截面面积（$B \times B$）

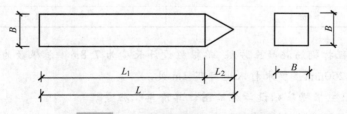

图 6-2　预制钢筋混凝土方桩示意图

（2）使用打桩项目定额的注意事项

预制钢筋混凝土方桩，定额中按照施工机械的不同分为锤击沉桩和静力压桩。

打预制钢筋混凝土方桩按照桩长分别设置了打桩桩长 12m 以内、25m 以内、45m 以内以及 45m 以上的定额子目，工作内容包括：准备打桩机具，探桩位，行走打桩机，吊装定位，安卸桩垫、桩帽，校正，打桩，但未包括接桩和送桩，如需接桩和送桩，应另计接桩和送桩费用。

静力压预制钢筋混凝土方桩按照桩长分别设置了打桩桩长 12m 以内、25m 以内、45m 以内以及 45m 以上的定额子目，工作内容包括：准备压桩机具，探桩位，行走压桩机，吊装定位，安卸桩垫、桩帽，校正，压桩。

如果实际工程为打预制板桩，套用预制钢筋混凝土板桩子目。定额中设置了单桩体积 1m³ 以内、1.5m³ 以内、2.5m³ 以内和 2.5m³ 以上的定额子目。工作内容包括：准备打桩工

具，移动打桩机及其轨道，吊装定位，安卸桩帽，测量，校正，打桩。

2. 预制钢筋混凝土方桩送桩

打桩过程中有时要求将桩顶面打到低于桩架操作平台或自然地面以下，这时桩锤就不能直接触及桩头，因而需要送桩筒接到桩顶，以传递桩锤的力量，使桩打到要求的位置，最后再去掉送桩筒，这个过程即为送桩（图6-3）。送桩是针对预制混凝土桩而言的。

（1）送桩工程量计算 在计算清单工程量时，送桩已包含在打桩的工作内容中，但组价时需要单独计算送桩工程量。预算定额中送桩工程量，按送桩长度乘以设计桩截面面积，以"m³"计算。送桩长度可按桩顶面至打桩架底的高度计算，也可按桩顶面至自然地坪面另加0.5m的高度计算。

（2）定额设置 打桩工程，如遇送桩，可按相应打桩项目人工、机械乘以系数（表6-4）。

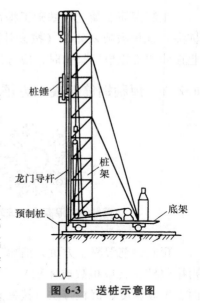

图6-3 送桩示意图

（桩锤、桩架、龙门导杆、预制桩、底架）

表6-4 送桩深度系数表

送桩深度	系数
≤2m	1.25
≤4m	1.43
>4m	1.67

例6-1 某工程打钢筋混凝土方桩。单根桩设计长度为7.8m；总根数为200根；桩截面尺寸为250mm×250mm；要求打入地坪下1m处。

解：（1）业主根据基础设计施工图计算清单工程量。

1）预制钢筋混凝土方桩总长：

$$200 \times 7.8m = 1560m$$

2）预制钢筋混凝土方桩（项目编号：010301001）的工程量，根据项目特征（地层情况、单桩长度、根数、桩截面、桩倾斜度、混凝土强度等级），以"m/根/m³"为计量单位，按图示尺寸以桩长（包括桩尖）或根数或"m³"计算。其中，工程内容包括：购置桩成品、运输；打桩、送桩；清理。

（2）施工企业报价（工程量清单）。

在报价之前，施工企业应确定人工市场单价、各种材料市场单价、施工方法、工艺流程、采用机型及桩的运距。大型机械的进出场费和安拆费列入措施项目清单报价。清单报价要考虑以下报价因素：

1）打桩：预制钢筋混凝土方桩的打桩体积，按设计桩长（包括桩尖，不扣除桩尖虚体积）乘以桩截面面积计算。

$$V_{打桩} = S_{桩截} L_{设计} n$$

式中 $V_{打桩}$——预制钢筋混凝土方桩的打桩体积（m³）；

$S_{桩截}$——预制钢筋混凝土方桩截面面积（m²）；

$L_{设计}$——预制钢筋混凝土方桩长度（m）；

n——预制钢筋混凝土方桩根数。

2）送桩：按桩截面面积乘以送桩长度（即打桩架底至桩顶面高度或自桩顶面至自然地坪面另加0.5m）计算。

（3）投标人根据人工、材料市场单价和施工方案计算。

柴油打桩机打预制钢筋混凝土方桩工程量：

7.8m×0.25m×0.25m×200＝97.5m³

97.5m³＜200m³，属于小型桩基础工程，需要对打桩子目的人工、机械乘以系数1.25。

1）人工费：

601.27元/10m³×97.5m³×1.25＝7327.98元

2）材料费：

预制钢筋混凝土方桩：

1200元/10m³×10.10×97.5m³＝118170元

其他材料费：

61.56元/10m³×97.5m³＝600.21元

小计：（118170+600.21）元＝118770.21元

3）机械费：

1015.02元/10m³×97.5m³×1.25＝12370.56元

4）管理费：

261.72元/10m³×97.5m³＝2551.77元

5）利润：

170.77元/10m³×97.5m³＝1665.01元

6）合计：

（7327.98+118770.21+12370.56+2551.77+1665.01）元＝142685.53元

（4）送桩深度为1.5m，套用打桩子目，人工、机械乘以系数1.25。

预制钢筋混凝土方桩送桩工程量：

1.5m×0.25m×0.25m×200＝18.75m³

1）人工费：

601.27元/10m³×1.25×18.75m³×1.25＝1761.53元

2）材料费（只计其他材料费）：

61.56元/10m³×18.75m³＝115.43元

3）机械费：

1015.02 元/10m³×1.25×18.75m³×1.25 = 2973.69 元

4）管理费：

261.72 元/10m³×18.75m³ = 490.73 元

5）利润：

170.77 元/10m³×18.75m³ = 320.19 元

6）合计：

(1761.53+115.43+2973.69+490.73+320.19)元 = 5661.57 元

（5）总计。

总计 = (142685.53+5661.57)元 = 148347.1 元

（6）综合单价。

综合单价 = 总计/总桩长 = 148347.1 元/1560m = 95.09 元/m

分部分项工程工程量和单价措施项目清单与计价表见表 6-5。

表 6-5　分部分项工程工程量和单价措施项目清单与计价表

工程名称：×××工程

序号	项目编码	项目名称	项目特征描述	计量单位	工程量	金额（元）		
						综合单价	合价	其中：暂估价
1	010301001001	预制钢筋混凝土方桩	土壤类别：二类土 单根桩设计长度：7.8m 桩根数：200 根 桩截面：250mm×250mm 送桩深度：1.5m 桩运距：5km 以内	m	1560	95.09	148347.1	

3. 预制钢筋混凝土方桩接桩

一般情况下混凝土预制桩的长度不宜超过 30m，因为过长的桩给起吊和运输等工作都会带来很多不便，所以当基础需要很长的桩时一般都是分段预制，打桩时先把第一段打到地面附近，然后采取技术措施把第一段和第二段连接牢固后继续向下打入土中，这种连接的过程称为接桩。如需接桩，除按桩的总长度套用打桩定额子目外，另按设计要求套用相应接桩定额子目计算。

（1）执行接桩定额注意事项　预制钢筋混凝土方桩接桩定额设置了包角钢、包钢板两个子目，工作内容包括：准备接桩工具，对接桩；放置接桩，筒铁，钢板焊制，焊接；安放、拆卸夹箍等。

（2）接桩工程量计算　在计算清单工程量时，接桩已包含在打桩的工作内容中，但组价时需单独计算工程量，定额中预制混凝土方桩接桩工程量按设计要求的接头数量，以"根"为单位计算。

6.2.2　预制钢筋混凝土管桩

预制钢筋混凝土管桩，清单工程量按照桩长（或根数或体积）计算。计算之前，应确定地层情况、送桩深度及桩长、桩外径、壁厚、桩倾斜度、沉桩方法、桩尖类型、混凝土强度等级、填充材料种类、防护材料种类。

预制钢筋混凝土管桩在编制造价时，应分别列项计算打（压）桩、送桩、接桩、管桩桩尖、桩头灌芯等内容，套用相应定额子目。如果设计要求桩芯加注填充材料时，还需要列项计算管桩桩芯换填的内容。

1. 预制钢筋混凝土管桩打桩

1）打、压管桩工程量计算及定额应用：

预制钢筋混凝土管桩按设计尺寸以桩长计算。

2）使用打桩项目定额的注意事项：

① 预制钢筋混凝土管桩，定额中按照施工机械的不同分为锤击沉桩和静力压桩。

② 打预制钢筋混凝土管桩定额中按管径分别设置了桩径 400mm 以内、500mm 以内、600mm 以内、600mm 以上的定额子目。工作内容包括：准备打桩工具，探桩位，行走打桩机，吊装定位，安卸桩垫、桩帽，校正，打桩。

③ 静力压预制钢筋混凝土管桩按管径分别设置了桩径 400mm 以内、500mm 以内、600mm 以内、600mm 以上的定额子目。工作内容包括：准备压桩工具，探桩位，行走打桩机，吊装定位，安卸桩垫、桩帽，校正，打桩。

2. 预制钢筋混凝土管桩送桩

预制钢筋混凝土管桩送桩工程量计算和定额子目套用同预制钢筋混凝土方桩的相关规定。

3. 预制钢筋混凝土管桩接桩

预制钢筋混凝土管桩接桩工程量计算和定额子目套用同预制钢筋混凝土方桩的相关规定。

4. 预制钢筋混凝土管桩钢桩尖

预制钢筋混凝土管桩钢桩尖制作安装项目，如果实际发生，按混凝土及钢筋混凝土工程中的预埋件项目执行。桩尖的工程量按设计图示尺寸，以质量计算。

5. 预制钢筋混凝土管桩桩头灌芯

预制钢筋混凝土管桩桩头灌芯部分，执行人工挖孔桩灌桩芯的相应项目。桩头灌芯按设计尺寸，以灌注体积进行计算。

6. 预制钢筋混凝土管桩桩芯换填

预制钢筋混凝土管桩，如果设计要求加注填充材料时，填充部分执行钢管桩填芯的相应项目，工程量按设计桩长（不包括桩尖）乘以填芯截面面积，以体积计算。

6.2.3　钢管桩

钢管桩，清单工程量按照质量或者根数计算。计算之前，应确定地层情况、送桩深度及桩长、材质、管径及壁厚、桩倾斜度、沉桩方法、填充材料种类、防护材料种类。

在编制钢管桩造价时，应分别列项计算打桩、送桩、接桩、钢管桩内切割、精割盖帽等内容，套用相应定额子目。如果设计要求钢管桩取土、填芯时，需要列项计算取土和填芯的内容，并套用相应定额子目。

1. 打钢管桩

打钢管桩的工程量按设计要求的桩体质量计算。

定额中打钢管桩按照桩径的不同分别设置了桩径 450mm 以内、桩径 650mm 以内和桩径 1000mm 以内的项目。对应不同的桩径，又设置了桩长 30m 以内和桩长 30m 以上的定额子目。工作内容包括：准备打桩机具，移动打桩机，吊装定位，安卸桩帽，校正，打桩。

2. 钢管桩送桩

钢管桩送桩工程量计算和定额子目套用同预制钢筋混凝土方桩的相关规定。

3. 钢管桩接桩

钢管桩接桩定额中是按照焊接考虑的，按照桩径的不同分别设置了桩径 450mm 以内、桩径 650mm 以内和桩径 1000mm 以内的项目。工作内容包括：准备工具，磨焊接头，上、下节桩对接，焊接。

在计算清单工程量时，接桩已包含在打桩的工作内容中，但组价时需单独计算工程量，定额中钢管桩工程量，按设计要求的接头数量，以"个"为单位计算。

4. 钢管桩内切割

超过设计长度的钢管桩打入后，需要切割，套用钢管桩内切割的定额子目，定额中区分桩径分别设置了 450mm 以内、桩径 650mm 以内和桩径 1000mm 以内的子目。

钢管桩内切割工程量按照设计要求的数量进行计算。

5. 钢管桩精割盖帽

桩帽的作用是加固桩顶，避免在打桩过程中桩顶被打裂，此外，桩顶还要垫一些柔性材料，减少桩锤对桩顶的冲击量。钢管桩精割盖帽是指通过精确的手段利用切割机切割桩帽。

钢管桩精割盖帽的工程量按照设计要求的数量进行计算。

6. 钢管桩内取土、填芯

钢管桩管内取土、填芯，按设计桩长（包括桩尖）乘以填芯截面面积，以体积计算。

钢管桩管内取土，套用钢管内取土、填芯管内钻孔取土的定额子目；管内换填材料按照材质的不同，定额设置了管内填混凝土、填黄砂和填碎石的定额子目，计算时按照实际项目特征套用子目。

6.2.4 截（凿）桩头

截（凿）桩头工程量按照设计桩截面面积乘以桩头长度以体积或者根数计算。计算之前，应确定桩类型、桩头截面和高度、混凝土强度等级、有无钢筋。

在编制造价时，应根据实际情况分别列项计算截桩头、凿桩头、桩头钢筋整理的内容，套用相应定额子目。

1. 截桩头

根据实际情况，预制混凝土桩如果发生截桩，执行预制钢筋混凝土桩截桩（方桩）的子目，工程量按设计要求截桩的数量计算。截桩长度≤1m 时，不扣减相应桩的打桩工程量；截桩长度>1m 时，超过部分按实扣减打桩工程量，但桩体的价格不扣除。

2. 凿桩头

预制混凝土桩凿桩头工程量，按设计图示桩截面面积乘以凿桩头长度，以体积计算。凿桩头长度设计无规定时，桩头长度按桩体高 40d（d 为桩体主筋直径，主筋直径不同时取大者）计算。灌注混凝土桩凿桩头按设计超灌高度（设计有规定的按设计要求，设计无规定的按 0.5m 计）乘以桩身设计截面面积，以体积计算。

3. 桩头钢筋整理

桩头钢筋整理，按整理的桩的数量以根数计算。

6.3　现场灌注混凝土桩基础工程

现场灌注混凝土桩，是先在地基下成孔，放置钢筋笼，然后灌注混凝土。《工程量计算规范》中，灌注桩分为泥浆护壁成孔灌注桩（项目编码：010302001）、沉管灌注桩（项目编码：010302002）、干作业成孔灌注桩（项目编码：010302003）、挖孔桩土（石）方（项目编码：010302004）、人工挖孔灌注桩（项目编码：010302005）、钻孔压浆桩（项目编码：010302006）、灌注桩后压浆（项目编码：010302007）。

6.3.1　泥浆护壁成孔灌注桩

泥浆护壁成孔灌注桩，是用钻（冲）孔机在地基下钻孔，在钻孔的同时，向孔内注入一定密度的泥浆，利用泥浆将孔内渣土带出，并保持孔内有一定的水压以稳定孔壁（简称泥浆护壁），成孔后清孔（即孔内泥浆密度降低到 1.1 左右），然后将钢筋笼放置于孔中，用导管法灌注水下混凝土的一种施工方法。

计算清单工程量时，应依据《工程量计算规范》中的工程量计算规则。其中，泥浆护壁成孔灌注桩按设计图示尺寸以桩长（包括桩尖）计算或按不同截面在桩上范围内以体积计算或按设计图示数量以根计算。

在编制泥浆护壁成孔灌注桩桩基础工程造价时，考虑施工机械和施工工艺的不同，分别列项计算相应的成孔、入岩增加、灌注桩、钢筋笼制作、泥浆运输的费用等内容，套用相应定额子目。

1. 成孔工程量及定额使用

根据施工机械和施工工艺的不同，湿作业成孔方式定额列出了回旋钻机成孔、旋挖钻机成孔、冲击成孔机成孔、冲击桩机成孔。

钻孔桩、旋挖桩成孔工程量按打桩前自然地坪标高至设计桩底标高的成孔长度乘以设计桩径截面面积，以体积计算。入岩增加项目工程量按实际入岩深度乘以设计桩径截面面积，以体积计算。

冲孔桩基冲击（抓）锤冲孔工程量分别按进入土层、岩石层的成孔长度乘以设计桩径截面面积，以体积计算。

按照桩径的不同，定额中回旋钻机钻桩孔设置了桩径 800mm 以内、1200mm 以内、1500mm 以内及对应桩径入岩增加的子目；旋挖钻机钻桩孔设置了桩径 1000mm 以内、1500mm 以内、2000mm 以内和 2000mm 以上及对应桩径入岩增加的子目；冲击成孔机成孔设置了桩径 1000mm 以内和 1500mm 以内及对应桩径入岩增加的子目。

冲孔桩基冲击（抓）锤冲孔在定额中是按照桩长划分的，冲孔桩基冲抓锤设置了桩长 15m 以内、30m 以内和 30m 以上的子目；冲孔桩基冲击锤冲孔设置了桩长 15m 以内、30m 以内和 30m 以上及对应桩长入岩增加的子目。

2. 入岩增加费

钻孔、冲孔、旋挖成孔等灌注桩设计要求进入岩石层时执行入岩子目，入岩指钻入中风化的坚硬岩。坚硬岩石风化程度划分见表 6-6。

表 6-6 坚硬岩石风化程度划分表

岩石类别	风化程度	特征
硬质岩石	未风化	岩质新鲜，未见风化痕迹
	微风化	组织结构基本未变，仅节理面有铁锰质渲染或矿物略有变色，有少量风化裂隙
	中等风化	组织结构部分破坏，矿物成分基本未变化，仅沿节理面出现次生矿物。风化裂隙发育，岩体被切割成 20~50cm 的岩块，锤击声脆，且不易击碎；不能用镐挖掘，岩芯钻可钻进
	强风化	组织结构已大部分破坏，矿物成分已显著变化；长石、云母已风化成次生矿物；裂隙很发育，岩体破碎；岩体被切割成 2~20cm 的岩块，可用手折断；用镐可挖掘，干钻不易钻进
	全风化	组织结构已基本破坏，但尚可辨认，且有微弱的残余结构强度，可用镐挖，干钻可钻进

（1）入岩增加费工程量计算　钻孔桩、旋挖桩成孔入岩增加项目工程量按实际入岩深度乘以桩径截面面积，以体积计算。

冲孔桩基冲击锤冲孔工程量分别按进入岩石层的部分需要单独列项计算，按成孔长度乘以设计桩径截面面积，以体积计算。

（2）入岩增加费注意事项　钻孔桩、旋挖桩和冲孔桩基冲击（抓）锤冲孔入岩增加定额子目的划分及其工作内容与成孔定额子目划分相同。

3. 灌注桩工程量及定额使用

钻孔桩、旋挖桩、冲孔桩按设计桩径截面面积乘以设计桩长（包括桩尖）另加加灌长度，以体积计算。加灌长度设计有规定时，按设计要求计算；无规定时，按 0.5m 计算。

工程量 =（设计桩长 +0.5m）×设计桩截面面积

在工程量计算时，应根据桩径的大小及换算条件，分别列项计算，套用相应定额子目。

钻（冲）灌注桩，设计要求扩底时，其扩底工程量按设计尺寸，以体积计算，并入相应工程量内。

定额中泥浆护壁湿作业灌注混凝土桩按照成孔机械的不同设置了回旋钻孔、旋挖钻孔、冲击钻孔、冲孔钻孔四个子目，实际混凝土强度等级与定额不同时可以换算。

4. 钢筋笼制作

钢筋笼制作工程量按下式计算：

$$钢筋笼制作工程量 = 图示钢筋净重$$

钢筋笼制作套用定额混凝土及钢筋混凝土工程中混凝土灌注桩钢筋笼子目，定额子目中已包含钢筋的加工损耗，计算时不应再另加损耗。

5. 泥浆运输

泥浆运输按成孔工程量，以体积计算：

$$工程量 = 设计桩孔深度×设计桩截面面积$$

泥浆外运的费用，定额中未包括。在编制造价时，应另外列项计算。泥浆场外运输，实际发生时执行土石方工程中泥浆罐车运淤泥、流砂的相应项目，定额中设置了运距 1km 以内的子目及运距每增减 1km 的辅助定额子目。

6. 其他注意事项

泥浆池的制作，实际发生时按砌筑工程的相应项目执行。

旋挖成孔、冲孔桩机带冲抓锤成孔灌注桩项目定额中是按照湿作业成孔考虑的，如果采用干作业成孔工艺时，则扣除定额中的黏土、水和机械中的泥浆泵；干作业成孔桩的土石方场内、场外运输，执行定额土石方工程相应的装车、运输项目。

6.3.2　沉管灌注混凝土桩

沉管灌注混凝土桩

沉管灌注混凝土桩是先将钢管打入土中，然后在钢管内放置钢筋笼，浇灌混凝土，逐步拔出钢管，边浇、边拔、边振实的一种施工方法，多用于土质松软、地下水位高、泥浆护壁效果较差的土层。

沉管灌注桩清单工程量，按设计图示尺寸以桩长（包括桩尖）计算，或按不同截面在桩上范围内以体积计算，或按设计图示数量以"根"计算。

在编制沉管灌注混凝土桩基础工程造价时，应分别列项计算沉管桩成孔、沉管成孔灌注混凝土、混凝土预制桩尖制作、钢筋笼制作等内容，套用相应定额子目。

1. 沉管桩成孔工程量及定额使用

沉管成孔工程量按打桩前自然地坪标高至设计桩底标高（不包括预制桩尖）的成孔长度乘以钢管外径截面面积，以体积计算。

定额中沉管桩成孔按照施工方法的不同，设置了振动式、锤击式和夯扩式三个项目，其中，沉管桩成孔振动式又按照桩长设置了桩长 12m 以内、25m 以内和 25m 以上的定额项目。工作内容包括：准备打桩机具，移动打桩机，桩位校测，打钢管成孔，拔钢管。

2. 沉管成孔灌注混凝土工程量及定额使用

沉管成孔灌注混凝土工程量，按钢管外径截面面积乘以设计桩长（不包括预制桩尖）另加加灌长度，以体积计算。加灌长度设计有规定时，按设计要求计算，无规定时，按 0.5m 计算：

工程量 =（设计桩长 + 0.5m）× 设计桩截面面积

定额中设置了沉管成孔灌注混凝土的子目，实际混凝土强度等级与定额不同时可以换算。

3. 混凝土预制桩尖制作

为防止钢管在沉管过程中进土，需在钢管下端用桩尖将口封堵。施工时常用混凝土预制桩尖，混凝土桩尖不能重复利用，要求一桩一个。

（1）沉管灌注混凝土桩采用预制混凝土桩尖的施工方法　先将预制混凝土桩尖放置在桩位上，然后将钢管套在桩尖上（图6-4），沉管成孔，浇灌混凝土，拔管振捣（靠混凝土自重冲开桩尖）成桩。

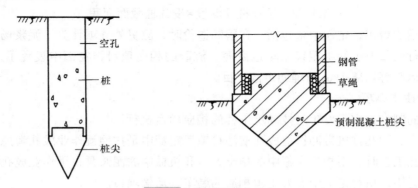

图 6-4　预制混凝土桩尖

（2）预制桩尖工程量　预制桩尖工程量按图示混凝土体积以"m³"计算。

（3）定额子目套用　编制造价时，应根据定额中混凝土及钢筋混凝土工程中的小型构件项目执行。

4. 钢筋笼制作

具体制作及钢筋的计算，同泥浆护壁成孔灌注桩的钢筋笼内容。

6.3.3　干作业成孔灌注桩

目前干作业成孔的灌注桩常用的机械成孔桩是螺旋钻孔灌注桩。螺旋钻孔灌注混凝土桩是指当桩底位于地下水位以上且土质较好时，直接用带螺旋钻杆的钻孔机在地基下钻孔后，将钢筋笼放置于孔中，再灌注混凝土的一种施工方法。在编制工程量清单时，应根据《工程量计算规范》中的工程量计算规则，按设计图示尺寸以桩长（包括桩尖）以"m"计算，或以不同截面在桩上范围内以体积计算，或按设计图示数量以"根"计算。

在编制螺旋钻孔灌注混凝土桩基础工程造价时，应分别列项计算螺旋钻机钻桩孔、螺旋钻孔灌注桩、钢筋笼制作、土石方场内、外运输等内容，套用相应定额子目。

1. 螺旋钻机钻桩孔工程量及定额应用

螺旋钻机钻桩孔工程量按打桩前自然地坪标高至设计桩底标高的成孔长度乘以设计桩径截面面积，以体积计算。

定额中螺旋钻机钻桩孔按照桩长设置了桩长12m以内、12m以上的定额项目。工作内容包括：准备打桩机具，移动打桩机，钻孔，测量，校正，清理钻孔泥土，就地弃土 5m 以内。

2. 螺旋钻孔灌注桩工程量及定额应用

1）工程量计算可根据定额中相应项目的计量单位计算，如按体积计算，其工程量按设计桩径截面面积乘以设计桩长（包括桩尖）另加加灌长度，以体积计算。加灌长度设计有规定时，按设计要求计算；无规定时，按 0.5m 计算。扩底灌注桩的桩底增量并入工程量内计算。计算公式如下：

$$工程量 =（设计桩长 + 0.5m）× 设计桩径截面面积 + 扩底增量$$

2）定额中设置了螺旋钻孔灌注混凝土的子目，实际混凝土强度等级与定额不同时可以换算。

3）在工程量计算时，应根据桩长不同分别列项计算，套用相应定额子目。

3. 钢筋笼制作

具体规定及工程量计算，同泥浆护壁成孔灌注桩的钢筋笼内容。

4. 土石方场内、外运输

螺旋钻机成孔定额的工作内容包括就地弃土 5m 以内，土石方的场内、外运输，执行土石方工程土石方装车、运输的项目。

其工程量按设计桩截面面积乘以桩底至打桩时地面的高度，以"m³"计算。

例如，现场人工运土方距离为 200m，按定额应计取超运距增加费用。土方如果外运，则另外套用施工组织设计规定的装土机械、运土机械定额子目。

6.3.4　人工挖孔灌注混凝土桩

现浇混凝土灌注桩，除用机械成孔外，根据设计要求也可以采用人工挖土成孔，将钢筋笼放于孔中，浇灌混凝土的方法来施工，这种混凝土灌注桩的施工方法称为人工挖孔灌注混凝土桩。根据成孔时人所处的位置，可将其分为地上（洛阳铲）开挖和地下开挖两种施工工艺。《工程量计算规范》中设置了挖孔桩土（石）方和人工挖孔灌注桩的项目。

在编制工程量清单时，应根据《工程量计算规范》中的工程量计算规则，人工挖孔灌注桩按桩芯混凝土体积以"m³"计算或按设计图示数量以"根"计算；挖孔桩土（石）方按设计图示尺寸（含护壁）截面面积乘以挖孔深度以立方米计算。

在编制人工挖孔灌注混凝土桩基础工程造价时，应分别列项计算人工挖孔灌注混凝土桩桩壁模板、人工挖孔灌注混凝土桩桩壁、人工挖孔灌注混凝土桩桩芯、钢筋笼等内容，套用相应定额子目。

在编制挖孔桩土（石）方造价时，应分别列项计算人工挖孔桩土方、人工挖孔桩入岩、人工清桩孔石渣、土方运输等内容。

1. 人工挖孔灌注混凝土桩

人工挖孔灌注混凝土桩工程量及定额使用：

1）人工挖孔灌注混凝土桩护壁、桩芯工程量计算。工程量分别按设计图示截面面积乘以设计桩长另加加灌长度，以体积计算。加灌长度设计有规定的，按设计要求计算，无规定时，按 0.25m 计算。扩底桩的扩底增加部分的体积，并入相应工程量内计算。其计算公式如下：

$$工程量 = (设计桩长 + 0.25m) \times 设计图示截面面积 + 扩底增量$$

人工挖孔灌注混凝土桩定额中设置了桩壁和桩芯的项目，其中桩壁按混凝土的不同设置了现浇混凝土和预制混凝土两个子目；桩芯按照填芯材料的不同设置了混凝土和毛石混凝土两个子目。

在工程量计算时，应根据桩径大小和换算条件，分别列项计算。

2）人工挖孔灌注混凝土桩模板工程量按现浇混凝土护壁与模板的实际接触面积计算。

3）钢筋笼制作具体规定及工程量的计算，同泥浆护壁成孔灌注桩的钢筋笼内容。

2. 挖孔桩土（石）方

（1）人工挖孔桩土（石）方工程量及定额应用　人工挖孔桩桩孔工程量分别按进入土层、岩石层的成孔长度乘以设计护壁外围截面面积，以体积计算。定额中，分别套用人工挖孔桩土方和人工挖孔桩入岩的子目。

人工挖孔土石方子目中，已综合考虑孔内照明、通风。人工挖孔桩，桩内垂直运输方式按人工考虑，深度超过 16m 时，按相应定额乘以系数 1.2 计算；深度超过 20m 时，按相应定额乘以系数 1.5 计算。

（2）人工清桩孔石渣　定额中人工清桩孔石渣子目，适用于岩石被松动后的挖除和清理，工程量按照人工挖孔桩入岩部分的工程量进行计算。

（3）土方运输　定额中人工挖孔土（石）方包括了土（石）方的垂直运输，包括弃土或渣与孔边 5m 以内，土（石）方如需场内、场外运输，另需按照施工组织设计要求列项计算土（石）方装车、运输的内容，套用相应定额子目。

6.3.5　其他灌注桩

1. 钻孔压浆桩

1）钻孔压浆桩清单工程量按设计图示尺寸以桩长计算，或按设计图示数量以"根"计算。在编制钻孔压浆桩造价时，列项计算钻孔压浆桩的内容，并套用相应定额子目。

2）钻孔压浆桩工程量计算及定额应用。钻孔压浆桩按设计桩长，以长度计算。定额中按照注浆管的主杆直径分别设置了 300mm 以内、400mm 以内和 600mm 以内的子目。

2. 灌注桩后压浆

灌注桩后压浆清单工程量按设计图示以注浆孔数计算。在编制灌注桩后压浆造价时，列项计算声测管埋设、注浆管埋设和桩底（侧）后压浆的内容，套用相应定额子目。

（1）注浆管、声测管埋设工程量及定额应用　注浆管、声测管埋设工程量按打桩前的自然地坪标高至设计桩底标高另加 0.5m，以长度计算。

声测管埋设按材质定额中设置了钢管、钢质波纹管和塑料管的子目。注浆管埋设不区分材质，定额中是按照无缝钢管考虑的。

灌注桩后压浆注浆管、声测管埋设，注浆管、声测管如果实际使用材质、规格与定额不同时，可以换算。

注浆管埋设定额中是按照桩底注浆来考虑的，如果设计要求侧向注浆，人工、机械乘以系数 1.2。

（2）桩底（侧）后压浆 桩底（侧）后压浆工程量按设计注入水泥用量，以质量计算。如果水泥用量差别较大，允许换算。

6.4 地基处理与基坑支护工程

6.4.1 地基处理工程

《工程量计算规范》中，将地基处理总体分为：换填加固、预压、强夯、振冲、地基处理桩、注浆地基和褥垫层几类。

1. 换填加固

换填加固在《工程量计算规范》中设置了换填垫层（项目编码：010201001）、铺设土工合成材料（项目编码：010201002）的项目。换填垫层指的是将基底以下一定范围内的软弱土层挖去，然后回填强度高，压缩性较低，并且没有侵蚀性的材料，再分层夯实后作为地基的持力层。铺设土工合成材料是在软弱地基中或边坡上埋设土工织物作为加筋，使其共同作用形成弹性复合土体，达到排水、反滤、隔离、加固和补强等方面的目的，以提高土体承载力，减少沉降和增加地基的稳定。

按照《工程量计算规范》中的规定，换填垫层工程量按设计图示尺寸以体积计算，铺设土工合成材料按设计图示尺寸以面积计算。

在编制换填垫层项目造价时，应按材质和施工方法的不同列项计算定额中填料加固对应的子目。

填料加固适用于软弱地基挖土后的换填材料加固工程，定额中设置了夯填灰土、人工填砂石机械振动（机械碾压）、推土机填砂石机械碾压（挤淤碾压）、填铺砂（石屑、碎石）、填筑毛石混凝土的子目，工程量按设计图示尺寸以体积计算。

填料加固夯填灰土就地取土的，要扣除灰土配合比中的黏土。就地取土现场如需筛土的，执行土石方工程的相应项目。

2. 预压、强夯、振冲基底

《工程量计算规范》中，预压地基（项目编码：010201003）、强夯地基（项目编码：010201004）、振冲密实（不填料）（项目编码：010201005）工程量按设计图示处理范围以面积计算。

预压地基又称为排水固结法地基，是在建筑物建造前，直接在天然地基或在设置有袋状砂井、塑料排水带等竖向排水体的地基上先行加载预压，使土体中孔隙水排出，提前完成土体固结沉降，逐步增加地基强度的一种软土地基加固方法。

振冲密实（不填料）又称为振动水冲法，具体操作是以起重机吊起振冲器，启动潜水电动机带动偏心块使振动器产生高频振动；同时，启动水泵通过喷嘴喷射高压水流，在边振边冲的共同作用下，将振动器沉到土中的预定深度，使地基在振动作用下被挤压密实，形成一个大直径的密实桩体与原地基构成复合地基。

强夯地基是用起重机将大吨位夯锤（8~30t）起吊到高处（6~30m）自由落下，对土体进行强力夯实，以提高地基强度、降低地基的压缩性的施工方法。其作用机理主要是利用很大的冲击能（一般为50～300t·m）使土中出现冲击波和很大的应力，迫使土中的孔隙压缩，土体局部液化，夯击点周围产生间隙形成良好的排水通道，土体迅速固结，快速提高地基承载力。

（1）强夯工程量计算及应注意事项　某地区强夯工程预算定额，根据夯击能大小（1000kN·m以内、2000kN·m以内、4000kN·m以内、6000kN·m以内）、每单位面积夯点数（7夯点、4夯点以内、低锤满拍）、每点夯击的遍数多少（夯击4遍以内、每增加1遍），分别列出了相应定额子目。在工程量计算时，应根据设计要求的夯击能、单位面积夯点数和每点夯击遍数，分别列项计算，套用相应定额子目。强夯地基工程量应按设计图示强夯面积，以"m²"计算。如设计无明确规定时，以建筑物基础外边线外延4m，以"m²"计算。

（2）编制造价注意事项

1）强夯地基单位面积夯点数，设计文件中的数量与定额不同时，采用内插法计算消耗量。

2）强夯地基应区分不同夯击能量和夯点密度，按设计图示夯击范围及夯击遍数分别计算。

3. 地基处理桩

《工程量计算规范》中，填料桩设置了振冲桩（填料）（项目编码：010201006）、砂石桩（项目编码：010201007）、水泥粉煤灰碎石桩（项目编码：010201008）、夯实水泥土桩（项目编码：010201011）、石灰桩（项目编码：010201013）、灰土（土）挤密桩（项目编码：010201014）、柱锤冲扩桩（项目编码：010201015）的项目；搅拌桩设置了深层搅拌桩（项目编码：010201009）、粉喷桩（项目编码：010201010）的项目；注浆桩设置了高压喷射注浆桩（项目编码：010201012）的项目。

（1）地基处理桩清单工程量计算及应注意事项　《工程量计算规范》中，振冲桩（填料）工程量，按设计图示尺寸以桩长计算或按设计桩截面面积乘以桩长以体积计算；砂石桩工程量按设计图示尺寸以桩长计算或按设计桩截面面积乘以桩长（包括桩尖）以体积计算；水泥粉煤灰碎石桩、夯实水泥土桩、石灰桩、灰土（土）挤密桩工程量按设计图示尺寸以桩长（包括桩尖）计算；柱锤冲扩桩工程量按设计图示尺寸以桩长计算；深层搅拌桩、粉喷桩工程量按设计图示尺寸以桩长计算；高压喷射注浆桩工程量按设计图示尺寸以桩长计算。

（2）地基处理桩定额工程量计算及定额应用

1）工程量计算。某地区预算定额，灰土桩、砂石桩、水泥粉煤灰碎石桩均按设计桩长（包括桩尖）乘以设计桩外径截面面积，以体积计算。

深层搅拌桩、三轴水泥搅拌桩工程量按设计桩长加50cm乘以设计桩外径截面面积，以体积计算。其计算公式如下：

$$工程量 = (设计桩长 + 0.5m) × 设计桩外径截面面积$$

深层搅拌桩、三轴水泥搅拌桩桩顶面以上部分施工时，钻机工作但是不喷射水泥浆，属于空搅部分。

$$空搅部分的工程量 = (图示空搅长度 - 0.5m) × 设计桩外径截面面积$$

三轴水泥搅拌桩在基坑支护时，需与其他桩的施工工艺结合，在桩体内插型钢，起到止水和挡土墙的作用。内插的型钢可以反复使用，定额中设置了三轴水泥搅拌桩插、拔型钢桩的子目，三轴水泥搅拌桩中的插、拔型钢工程量，按设计图示型钢以质量计算。

注浆桩中，高压旋喷水泥桩工程量按设计桩长加 50cm 乘以设计桩外径截面面积，以体积计算；高压喷射水泥桩成孔按设计图示尺寸以桩长计算。

凿桩头的工程量按凿桩长度乘以桩截面面积以体积计算。

2）定额应用。在编制碎石桩、砂石桩、灰土挤密桩造价时，按照施工工艺的不同列项计算各种桩的工程量，套用相应的定额子目。

定额中，碎石桩和砂石桩的充盈系数为 1.3，损耗率为 2%，实际的砂石配合比及充盈系数与定额不同时可以调整。其中，灌注砂石桩除上述充盈系数和损耗率外，还包括级配密实系数 1.334。

单位工程的碎石桩、砂石桩的工程量 ≤ 60m³ 时，按相应项目的人工、机械乘以系数 1.25。

搅拌桩按照施工工艺的不同设置了深层水泥搅拌桩和三轴水泥搅拌桩。

在编制深层水泥搅拌桩造价时，需要列项计算深层水泥搅拌桩、深层水泥搅拌桩空搅部分、凿桩头的工程量，套用深层水泥搅拌桩和凿桩头的定额子目。如水泥掺量与定额不同，还需列水泥掺量每增减 1% 的定额子目。

深层水泥搅拌桩定额中是按照 1 喷 2 搅施工进行编制的，实际施工为 2 喷 4 搅时，相应项目人工、机械乘以系数 1.43；实际施工为 2 喷 2 搅、4 喷 4 搅时，分别按 1 喷 2 搅、2 喷 4 搅计算。

深层水泥搅拌桩空搅部分应按相应项目的人工和搅拌桩机台班乘以系数 0.5 计算。

定额中水泥搅拌桩的水泥掺入量是按照加固土密度（1800kg/m³）的 13% 考虑，实际与定额不同时，按每增减 1% 的项目计算。

在编制三轴水泥搅拌桩造价时，需要列项计算三轴水泥搅拌桩、三轴水泥搅拌桩空搅部分、凿桩头及插、拔型钢桩的工程量，套用三轴水泥搅拌桩、凿桩头及插、拔型钢桩的定额子目。如水泥掺量与定额不同，需列深层水泥搅拌桩水泥掺量每增减 1% 的定额子目。

三轴水泥搅拌桩项目水泥掺入量是按加固土密度（1800kg/m³）的 18% 考虑，实际与定额不同时，按深层水泥搅拌桩每增减 1% 计算；定额中三轴水泥搅拌桩按 2 搅 2 喷施工工艺考虑，设计不同时，每增（减）1 搅 1 喷按相应项目人工和机械增（减）40% 计算。

三轴水泥搅拌桩的空搅部分，按相应项目的人工及搅拌桩机台班乘以系数 0.5 计算。

三轴水泥搅拌桩设计要求全断面套打时，相应项目的人工及机械乘以系数 1.5，其余不变。

在编制高压喷射注浆桩造价时，需要列项计算高压旋喷（摆喷）水泥桩成孔、高压旋喷（摆喷）水泥桩及凿桩头的工程量，套用预钻孔道高压旋喷（摆喷）水泥桩成孔、预钻孔道高压旋喷（摆喷）水泥桩和凿桩头的定额子目。

高压喷射注浆根据工程需要和土质的要求，定额中设置了单管法、二重管法、三重管法。高压旋喷桩项目已综合接头处的复喷工料，高压喷射注浆桩的水泥设计用量与定额不同时，可以换算。

4. 注浆地基

《工程量计算规范》中，注浆地基（项目编码：010201016）工程量按设计图示尺寸以钻孔深度计算或按设计图示尺寸以加固体积计算。

在编制注浆地基造价时，需要列项计算钻孔、注浆的工程量，套用钻孔和注浆的定额子目。

定额中按照施工方法的不同，设置了分层注浆和压密注浆两个项目，对应不同的项目设置了钻孔和注浆的定额子目。

分层注浆钻孔数量按设计图示以钻孔深度计算。注浆的工程量按设计图注明加固土体的体积计算。

压密注浆钻孔数量也是按设计图示以钻孔深度计算。注浆工程量的计算分为以下情况：

1）设计图明确加固土体体积的，按设计图注明的体积计算。

2）设计图以布点形式加固土体的，按两孔间距的一半作为扩散半径，以布点边线各加扩散半径，形成计算平面，计算注浆体积。

3）如果设计图注浆点在钻孔灌注桩之间，按两注浆孔的一半作为每孔的扩散半径，以圆柱体积计算注浆体积。

注浆地基所用的浆体材料和定额不同时，可以换算。注浆项目中注浆管的消耗量为摊销量，如果一次性使用，可以进行调整。废浆处理及外运套用土石方工程定额的相应项目。

5. 褥垫层

《工程量计算规范》中，褥垫层（项目编码：010201017）工程量按设计图示尺寸以铺设面积计算或按设计图示尺寸以体积计算。

褥垫层是保证桩和桩间土共同承担荷载，形成复合地基的重要条件。褥垫层材料宜用中砂、粗砂、级配砂石和碎石，最大粒径不宜大于 30mm。不宜采用卵石，由于卵石咬合力差，施工时扰动较大，褥垫厚度不容易保证均匀。褥垫层的位置位于 CFG 桩（碎石桩、管桩）和建筑物基础之间，厚度可取 200~300mm。

6. 其他有关规定

地基处理工程中，打桩工程是按陆地打垂直桩编制的。设计要求打斜桩时，与桩基础工程规定相同。

桩间补桩或基槽（坑）中及强夯后的地基上打桩，与桩基础工程规定相同。

单独打试桩、锚桩，与桩基础工程规定相同。

6.4.2 基坑支护工程

1. 深基坑支护的类型

当基坑开挖深度较大时，使用挡土板支护的方法已无法保证土壁的稳定和施工安全，必须采用深基坑支护方法。常用的深基坑支护方法较多，如钢板桩、预制钢筋混凝土板桩、钻孔灌注钢筋混凝土排桩、地下连续墙、喷锚支护等。

深基坑支护类型的选择，应由设计单位根据实际情况确定，并进行相应计算和设计。

钢板桩、预制钢筋混凝土板桩、钻孔灌注钢筋混凝土排桩、地下连续墙等深基坑支护的造价编制方法，可按相应分部的定额执行。本节仅介绍土钉与喷锚联合支护的方法及其造价编制方法。

2. 土钉与喷锚联合支护的构造

土钉与喷锚联合支护由普通土钉墙、预应力锚杆、钢筋网、喷射混凝土四部分构成，对边坡提供柔性支挡。

（1）普通土钉墙 地下水位以上或有一定自稳能力的地层中，钢筋土钉和钢管土钉均可采用；地下水位以下，软弱土层、砂质土层等，由于成孔困难，应采用钢管土钉。基坑挖土分层厚度应与土钉竖向间距协调同步，逐层开挖并进行土钉的施工，禁止超挖。土钉墙施工需遵循"超前支护，分层分段，逐层施作，限时封闭，严禁超挖"的原则要求。

（2）预应力锚杆 锚杆（又称为土层锚杆）是在天然土层边壁中钻孔、放入受拉杆件、灌浆锚固形成的。受拉杆按使用材料不同，可分为粗钢筋、高强钢丝束、钢绞线等。边壁上锚杆的截面面积、层数、间距、长度等经过计算确定。

钻孔直径应由设计确定。孔内灌浆常用的有水泥砂浆和混凝土两种，应由设计选定，确定其配合比或强度等级，一般多采用水泥砂浆灌浆。钻孔应向下倾斜 15°~35°，具体由设计确定。孔内灌浆可满灌，也可仅灌孔底的一定锚固的长度，具体由设计确定，灌浆时应按设计要求的压力采用压力灌浆。

设计为多层锚杆时，待挖到第一层锚杆标高时，即进行锚杆施工，等第一层锚杆施工完毕后，再继续向下开挖土方，直至全部完成。

预应力锚杆复合土钉墙宜采用钢绞线锚杆，锚杆应设置自由端，长度应超过土钉墙坡体的潜在滑动面，应采用槽钢或混凝土设置腰梁。

（3）钢筋网 钢筋网宜在喷射一层混凝土后铺设，应配置钢筋网和通长的加强钢筋，宜采用 HPB300 级钢筋，钢筋网用直径 6~10mm、间距 150~250mm，加强钢筋用直径 14~20mm。土钉与加强钢筋宜采用焊接连接。

当设计采用双层钢筋网时，第二层钢筋网应在第一层钢筋网被埋没后铺设。钢筋网的保护层厚度不应小于 20mm。

（4）喷射混凝土 在第一层或一个阶段钢筋网铺设完毕后，就可以开始喷射混凝土护坡面层。混凝土护坡面层厚度和强度等级具体由设计确定，混凝土面层厚度为 80~100mm，混凝土强度等级不应低于 C20，常用混凝土强度等级为 C20。

当设计采用双层钢筋网时，先喷射第一层混凝土将第一层钢筋网埋没后，再铺设第二层钢筋网。第二层钢筋网也要与土钉有可靠连接。第二层钢筋网铺设完毕后，将混凝土喷射至设计厚度。

混凝土的喷射施工有干式和湿式两种。

1）干式喷射，是指用混凝土喷射机压送干拌合料，在喷嘴处加水混合后喷出。其优点是：设备简单，费用低，能进行远距离压送，易加入速凝剂，喷嘴脉冲现象少；缺点是：粉尘多，回弹多，工作条件不好，施工质量取决于操作人员的熟练程度。

2）湿式喷射，是指用泵式喷射机将已加水拌和好的混凝土拌合物压送到喷嘴处，然后在喷嘴处加入速凝剂，在压缩空气助推下喷出。其优点是：粉尘少，回弹小，混凝土质量易保证；缺点是：施工设备较复杂，不宜远距离压送，不易加入速凝剂，有脉冲现象。

3. 喷锚支护的费用计算

喷锚支护定额中，分别编制了砂浆土钉（钻孔灌浆）、土层锚杆机械钻孔、锚杆机入岩增加、土层锚杆锚孔注浆、钢筋/钢管锚杆（土钉）制作安装、围檩安装拆除、喷射混凝土护坡和锚头制作、安装、张拉、锁定的分项定额。

砂浆土钉、砂浆锚杆的钻孔、灌浆，按设计文件或施工组织设计规定的钻孔深度，以长度计算。

喷射混凝土护坡区分土层与岩层，按设计文件规定尺寸，以面积计算。

钢筋、钢管锚杆的制作、安装，按设计图示以质量计算。

锚头制作、安装、张拉、锁定，按设计图示以"套"计算。

习 题

一、简答题

1. 桩基础如何划分？

2. 桩基础定额中对各种灌注桩的充盈是怎样考虑的？

3. 小型打桩工程怎样套用定额？

4. 打预制钢筋混凝土桩的工程量怎样计算？

5. 什么是接桩？其工程量怎样计算？

6. 什么是送桩？其工程量怎样计算？

7. 预制钢筋混凝土方桩如何组价？

8. 打孔灌注混凝土桩的工程量怎样计算？

9. 钢筋笼工程量怎样计算？

10. 深基坑支护的类型有哪些？

二、计算题

1. 某单位工程现场灌注钢筋混凝土桩，如图 6-5 所示，总数为 100 根，柴油打桩机沉管灌注混凝土，混凝土强度等级为 C20，碎石的最大粒径为 20mm，采用预制混凝土桩尖，设计空桩长度为 1.0m，每根桩钢筋笼图示质量为 15kg。试计算桩基础清单综合单价及合计。

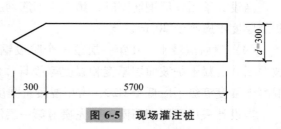

图 6-5 现场灌注桩

2. 某单位工程设计采用预制钢筋混凝土方桩，如图 6-6 所示。已知：混凝土强度等级为 C20，碎石的最大粒径为 20mm，方桩总数为 113 根，柴油打桩机打桩，桩加工厂距现场堆放点最短运输距离为 8km，桩顶设计标高为-1.500m，平地打直桩。试计算桩基础定额基价合计。

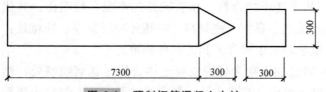

图 6-6 预制钢筋混凝土方桩

第 6 章练习题
扫码进入在线答题小程序，
完成答题可获取答案

第**7**章

砌 筑 工 程

砌筑工程是建筑工程的一个重要分部工程，包括砌砖和砌石两部分，从统一性的角度考虑，基础与垫层也作为本章内容进行论述。

目前常用的砌体材料有标准砖、多孔砖、各类砌块、毛石、料石等，目前我国正在大力生产、推广使用空心砖、空心砌块，以及利用工业废料生产砖和砌块。由于政策原因，墙体材料的改革也将是今后建筑业改革的主要内容，因此在编制工程造价时需要注意砌体材料的种类和规格，对其中的价格按市场行情进行调整，但注意用量保持不变。

7.1 基础与垫层

基础是指建筑物的墙或柱埋在地下的扩大的部分。基础的作用是承受上部结构的全部荷载，并将其传给地基。基础是建筑物的重要组成部分。地基是指基础底面以下，受到荷载影响范围内的部分岩、土体。地基不是建筑物的组成部分。

基础的类型很多。按基础的构造形式，可分为带形基础（也称为条形基础）、独立基础、筏形基础、箱形基础和桩基础等；按基础的材料，可分为毛石基础、砖基础、毛石混凝土基础、混凝土基础、钢筋混凝土基础等；按基础的受力特点，可分为刚性基础和柔性基础。

为避免基础直接与土壤层接触，并使基础底面有良好的接触面，能把基础承受的上部荷载均匀地传给地基，一般情况下在基础底面设基础垫层。

基础工程由基础和基础垫层组成。

7.1.1 基础垫层

《房屋建筑与装饰工程工程量计算规范》（GB 50854—2013，以下简称《工程量计算规范》）中规定，除混凝土垫层以外的其他基础垫层执行砌筑工程中 010404001 垫层的项目，混凝土基础垫层按混凝土及钢筋混凝土工程 010501001 垫层的项目执行。垫层工程量按设计图示尺寸以"m^3"计算，如果为混凝土垫层，不扣除伸入承台基础的桩头所占的体积。

1. 基础垫层的种类

基础垫层分为砂垫层、毛石垫层、碎石垫层、灰土垫层、素土垫层、碎砖三合土垫层、混凝土垫层等。在工程中，经常采用的有灰土垫层和混凝土垫层。

灰土垫层是用熟石灰粉和素土按照一定的比例拌和均匀，再经夯实而成，常用的配合比（石灰∶黏土）有 3∶7 和 2∶8 两种。灰土垫层施工方便，节约水泥，造价较低，但不适用于地下水位较高的工程。

混凝土垫层是施工中常见的做法，混凝土强度等级一般低于 C20。混凝土垫层分为无筋混凝土垫层（即素混凝土垫层）和有筋混凝土垫层（即钢筋混凝土垫层）。混凝土垫层施工时可采用原坑槽浇筑（即不支模）和支模浇筑两种方法，具体采用哪种方法由施工组织设计确定。混凝土垫层施工方便、坚固、耐久，但消耗水泥较多，造价较高。

2. 基础垫层工程量计算及定额应用

基础垫层工程量，按实铺体积以"m³"计算。

带形基础垫层工程量，计算公式如下：

$$带形基础垫层工程量 = 垫层长度 × 垫层断面面积$$

式中，垫层长度的取定方法：外墙基础下垫层长度取外墙中心线（偏轴线时，应把轴线移至中心线位置）长度；内墙基础下垫层长度取内墙基础垫层的净长线长度。凸出部分的体积，并入垫层工程量内计算。

满堂基础垫层工程量，计算公式如下：

$$满堂基础垫层工程量 = 垫层的实铺面积 × 垫层厚度$$

独立基础垫层工程量计算公式同满堂基础垫层工程量。

在建筑工程中，由于基础因土质等因素需局部加深时，基础下垫层的底标高不在同一标高处，必然出现垫层搭接。如果遇到这类情况，应将由于搭接增加的工程量并入垫层工程量内计算。

在计算工程量时，不分基础的类型，按垫层的种类、等级、配合比不同，分别列项计算，套用相应定额子目。

定额中砌筑工程垫层子目适用于除混凝土以外的其他垫层，混凝土基础垫层套用混凝土及钢筋混凝土工程垫层的相应子目。

3. 基础垫层定额使用注意事项

工程量清单中基础垫层有独立的项目，施工企业在投标报价时应注意垫层的处理。

使用定额时应注意：a. 基础垫层设计的强度等级或配合比与定额中不同时，允许换算；b. 素土、灰土基础垫层定额中的黏土，是按买土考虑的。如果不发生买土，而由基础坑槽土方中平衡，则应在材料差价中扣除土的费用。

7.1.2　刚性基础

刚性基础包括砖基础、毛石基础、毛石混凝土基础、混凝土基础等。本章主要介绍砖基础和石基础。

1. 砖基础

由于砖取材容易、价格低廉，所以砖基础仍被广泛应用，但由于它的强度、耐久性和抗冻性较差，故多用于地基土质好，地下水位在基础底面

砖基础

以下的情况。

砖基础一般采用台阶形式向下逐级放大，形成阶梯形，砖基础由基础墙和大放脚组成。基础大放脚一般采用每两皮挑出 1/4 砖（等高式大放脚）或二皮与一皮间隔挑出 1/4 砖（不等高式大放脚）两种形式（图 7-1）。

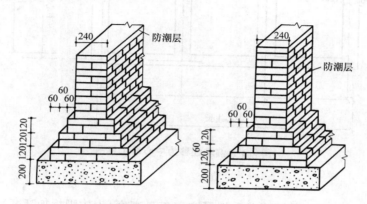

图 7-1 等高、不等高式砖基础

《工程量计算规范》中设置了砖基础（项目编码：010401001）的项目。在编制砖基础造价时，应分别列项计算砖基础和防潮层的工程量，套用相应定额子目。

（1）砖基础与墙（柱）身界线划分

1）砖基础与墙（柱）身使用同一种材料时，以设计室内地面为界（有地下室者，以地下室室内设计地面为界），地面以下为基础，以上为墙（柱）身。

2）砖基础与墙（柱）身使用不同材料时，位于设计室内地面（或地下室室内地面）±300mm 以内时，以不同材料为分界线；超过±300mm 时，以设计室内地面（或地下室室内地面）为分界线。

3）砖砌地沟不分墙基和墙身，按不同材质合并工程量套用相应项目。

4）围墙，以设计室外地坪为分界线，以下为基础，以上为墙身。

（2）砖基础工程量计算

1）砖基础工程量包括的范围主要有：

① 条形砖基础工程量为基础墙体积与大放脚体积之和，如图 7-1 所示。

② 砖柱独立砖基础工程量为基础部分柱身体积与大放脚体积之和，如图 7-2 所示。

2）工程量计算方法。砖基础工程量计算公式如下：

砖基础工程量＝砖基础长度×砖基础断面面积

① 砖基础长度的确定。外墙砖基础按外墙中心线长度；内墙砖基础按内墙净长线计算。遇有偏轴线时，应将轴线移为中心线计算，如图 7-3 所示。

② 砖基础断面面积确定。计算公式如下：

砖基础断面面积＝基础墙厚度×基础高度+大放脚折算断面面积

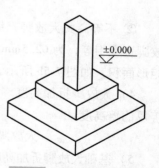

图 7-2 砖柱独立砖基础

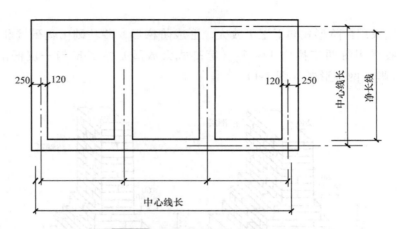

图 7-3 偏轴线移为中心线示意图

或

$$砖基础断面面积=基础墙厚度×(基础高度+大放脚折加高度)$$

3）大放脚折算断面面积。砖基础大放脚分为等高式和不等高式两种。

① 等高式大放脚，每步放脚层数相等，高度为 126mm（两皮砖+两灰缝）；每步放脚宽度相等，为 62.5mm（一砖长+一灰缝的1/4），如图 7-4a 所示。其大放脚折算断面面积为 A、B 两部分叠加的矩形面积，如图 7-4b 所示。

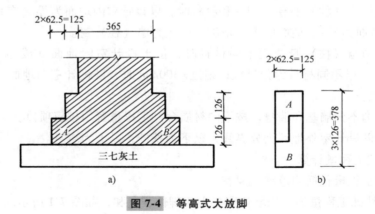

图 7-4 等高式大放脚

② 不等高式大放脚，每步放脚高度不等，为 63mm 与 126mm 互相交替间隔放脚；每步放脚宽度相等，为 62.5mm，如图 7-5a 所示；其大放脚折算断面面积为 A、B 两部分叠加的矩形面积，如图 7-5b 所示。

4）大放脚折加高度。大放脚折加高度是指砖基础大放脚部分断面面积折算为与基础墙等厚的墙高度：

$$大放脚折加高度=大放脚折算断面面积/基础墙厚度$$

5）基础大放脚折加高度及断面面积，可按表 7-1、表 7-2 选取。它们是以标准砖 240mm×115mm×53mm 为准编制的。

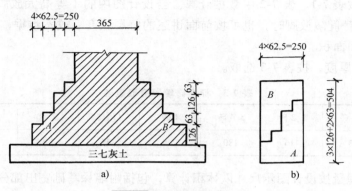

图 7-5 不等高式大放脚

表 7-1 等高式砖基础大放脚折为高度和断面面积表

大放脚（层数）	折算为高度/m						折算为断面面积/m²
	1/2 砖（0.115）	1 砖（0.240）	1½砖（0.365）	2 砖（0.490）	2½砖（0.615）	3 砖（0.740）	
一	0.137	0.066	0.043	0.032	0.026	0.021	0.01575
二	0.411	0.197	0.129	0.096	0.077	0.064	0.04725
三	0.822	0.394	0.259	0.193	0.154	0.128	0.09450
四	1.369	0.656	0.432	0.321	0.256	0.213	0.15750
五	2.054	0.984	0.647	0.432	0.384	0.319	0.23630
六	2.876	1.378	0.906	0.675	0.538	0.447	0.33080
七	3.835	1.838	1.206	0.900	0.717	0.596	0.44100
八	4.930	2.363	1.553	1.157	0.922	0.766	0.56700
九	6.163	2.953	1.942	1.447	1.153	0.958	0.70880
十	7.553	3.610	2.372	1.768	1.409	1.171	0.86630

表 7-2 不等高式砖基础大放脚折为高度和断面面积表

大放脚（层数）	折算为高度/m						折算为断面面积/m²
	1/2 砖（0.115）	1 砖（0.240）	1½砖（0.365）	2 砖（0.490）	2½砖（0.615）	3 砖（0.740）	
一（一低）	0.069	0.033	0.022	0.016	0.013	0.011	0.00788
二（一高一低）	0.342	0.164	0.108	0.080	0.064	0.053	0.03938
三（二高一低）	0.685	0.328	0.216	0.161	0.128	0.106	0.07875
四（二高二低）	1.096	0.525	0.345	0.257	0.205	0.170	0.1260
五（三高二低）	1.643	0.788	0.518	0.386	0.307	0.255	0.1890
六（三高三低）	2.260	1.083	0.712	0.530	0.423	0.351	0.2599

在计算时应注意，设计图中以 60mm 或 120mm 标注大放脚的放出高度及放出宽度，工

程量计算时，均按表7-1、表7-2中数据计算。当设计图中的不等高大放脚为非标准63mm与126mm互相交替间隔放脚时，也可按前面讲述的每层放高、放宽数据，根据设计图的规定计算大放脚断面面积。

6) 标准砖墙厚度，按表7-3选取。

表7-3 标准砖墙厚度取定表

砖数（厚度）	1/4 砖	1/2 砖	3/4 砖	1 砖	1½砖	2 砖	2½砖	3 砖
计算厚度/mm	53	115	180	240	365	490	615	740

砖基础的工程量按设计图示尺寸以体积计算，包括附墙垛基础宽出部分的体积，扣除地梁（圈梁）、构造柱所占体积，不扣除基础大放脚T形接头处的重叠部分及嵌入基础的钢筋、铁件、管道、基础砂浆防潮层和单个面积≤0.3m²的孔洞所占体积，靠墙暖气沟的挑檐不增加。

例7-1 标准砖四层不等高式大放脚，如图7-6a所示，计算大放脚折算断面面积及折加高度。

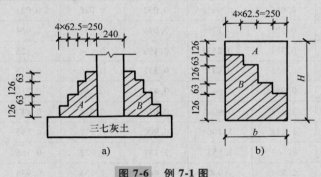

图7-6 例7-1图

解：四层不等高式大放脚断面 A、B 两部分叠加为矩形，如图7-6b所示。由前面可知，每步放脚高度为一皮砖时，其高度为63mm；每步放脚高度为二皮砖时，其高度为126mm；每步放脚宽度均为62.5mm。所以，叠加矩形的高、宽计算如下：

$$b = 0.0625\text{m} \times 4 = 0.25\text{m}$$

$$H = (0.126 \times 3 + 0.063 \times 2)\text{m} = 0.504\text{m}$$

$$大放脚折算断面面积 = S_A + S_B = bH = (0.25 \times 0.504)\text{m}^2 = 0.126\text{m}^2$$

$$大放脚折加高度 = \frac{大放脚折算断面面积}{基础墙厚度} = \frac{0.126}{0.240}\text{m} = 0.525\text{m}$$

计算结果与表7-2中的折算断面面积0.1260m²和按折加高度0.525m计算的断面面积相同即0.525m×0.24m=0.126m²。换句话讲，表7-1、表7-2中的折算断面面积和折加高度，就是按这种方法计算出来的。所以，在计算基础工程量时可直接用表7-1、表7-2内相应的折算断面面积和折加高度。

（3）砖柱砖基础

1）矩形砖柱砖基础计算公式如下：

$$V_{矩} = ABH + V_{放}$$

式中 $V_{矩}$——矩形砖柱砖基础工程量（m³）；

    A、B——矩形砖柱截面的长、宽尺寸（m）；

    H——矩形砖柱砖基础高度，自矩形砖柱砖基础大放脚底面至砖基础顶面（即分界面）的高度（m）；

    $V_{放}$——矩形砖柱砖基础大放脚折算体积（m³），查表 7-4 或表 7-5 得到。

2）圆砖柱砖基础计算公式如下：

$$V_{圆} = \frac{1}{4}\pi D^2 H_1 + D^2 H_2 + V_{放}$$

式中 $V_{圆}$——圆砖柱砖基础工程量（m³）；

    D——圆砖柱直径（m）；

    H_1——圆砖柱自大放脚上面至基础顶面（即分界面）的高度（m）；

    H_2——大放脚的总高度（m），按各阶高度的标准值计算；

    $V_{放}$——矩形砖柱砖基础大放脚折算体积，查表 7-4 或表 7-5 得到。

表 7-4 等高式矩形砖柱大放脚折算体积表 　（单位：m³）

矩形砖柱两边之和（砖数）	大放脚层数				
	二	三	四	五	六
3	0.0443	0.0965	0.1740	0.2807	0.4206
3.5	0.0502	0.1084	0.1937	0.3103	0.4619
4	0.0562	0.1203	0.2134	0.3398	0.5033
4.5	0.0621	0.1320	0.2331	0.3693	0.5446
5	0.0681	0.1438	0.2528	0.3989	0.5860
5.5	0.0739	0.1556	0.2725	0.4284	0.6273
6	0.0798	0.1674	0.2922	0.4579	0.6687
6.5	0.0856	0.1792	0.3119	0.4875	0.7150
7	0.0916	0.1911	0.3315	0.5170	0.7513
7.5	0.0975	0.2029	0.3512	0.5465	0.7927
8	0.1034	0.2147	0.3709	0.5761	0.8340

表 7-5 不等高式矩形砖柱大放脚折算体积表 　（单位：m³）

矩形砖柱两边之和（砖数）	大放脚层数				
	二（一高一低）	三（二高一低）	四（二高二低）	五（三高二低）	六（三高三低）
3	0.0376	0.0811	0.1412	0.2266	0.3345
3.5	0.0446	0.0909	0.1569	0.2502	0.3669
4	0.0475	0.1008	0.1727	0.2738	0.3994

（续）

矩形砖柱两边之和（砖数）	大放脚层数				
	二 （一高一低）	三 （二高一低）	四 （二高二低）	五 （三高二低）	六 （三高三低）
4.5	0.0524	0.1107	0.1885	0.2975	0.4319
5	0.0573	0.1205	0.2042	0.3210	0.4644
5.5	0.0622	0.1303	0.2199	0.3450	0.4968
6	0.0671	0.1402	0.2357	0.3683	0.5293
6.5	0.0721	0.1500	0.2515	0.3919	0.5619
7	0.0770	0.1599	0.2672	0.4123	0.5943
7.5	0.0820	0.1697	0.2829	0.4392	0.6267
8	0.0868	0.1795	0.2987	0.4628	0.6592

（4）砖基础定额应用　砖基础定额工程量计算规则同《工程量计算规范》中的计算规则。

定额中，砖基础不分内外墙及墙厚、大放脚类型、层数等因素，设置了砖基础定额子目。地下混凝土构件所用砖胎模及砖砌挡土墙套用砖基础项目。

砖墙基础、砖柱基础（包括方柱、圆柱基础）、围墙基础等，均套用砖基础定额子目。当设计砂浆种类、强度等级与定额不同时，可以换算。如果是圆弧形砖基础，则应按砖基础定额子目人工用量乘以系数1.1，砖、砌块及石砌体、砂浆（黏结剂）用量乘以系数1.03。

2. 墙基防潮层

墙基防潮层是指在基础墙的顶部铺设的防潮层。设置墙基防潮层的目的是防止土壤中的水分沿基础上升，影响墙身，以提高建筑物的耐久性、巩固性和保持室内干燥。防潮层应设置在室外地坪标高之上，室内地坪标高之下，通常设置在 -0.05m 处的墙基上。如果室外地坪高于室内地坪时，应分别在两个地坪以下一皮砖处设置防潮层，并在靠土的墙面上做一毡二油或涂刷两次热沥青，以防潮气和水分渗入室内。防潮层的做法很多，通常用 1∶2 水泥砂浆掺 5% 的防水剂抹 20mm 防水砂浆，或先抹 1∶3 水泥砂浆找平层，然后再干铺一层油毡或做一毡二油防潮层。

墙基防潮层工程量按设计图示的墙基长度乘以墙基宽度，以"m²"计算，执行屋面及防水工程的相应子目。在编制造价时，可以先计算出墙基防潮层工程量，并以此作为计算砖墙基础的基础数据，从而减少重复计算。

3. 石基础

《工程量计算规范》中设置了石基础（项目编码：010403001）的项目。在编制石基础造价时，应分别列项计算石基础和防潮层的工程量，套用相应定额子目。

石基础工程量按设计图示尺寸以体积计算，包括附墙垛基础宽出部分的体积，不扣除基础砂浆防潮层及单个体积 ≤0.3m² 的孔洞所占体积，靠墙暖气沟的挑檐不增加。基础长度，外墙按中心线、内墙按净长线计算。

（1）石基础工程量及定额应用　石基础工程量，按照基础的形式分独立基础、条形基础按设计图示尺寸以体积计算。

定额中石基础，按料石种类的不同分为毛料石基础和粗料石基础。毛料石一般是外形大致方正，一般不加工或仅稍加修整，高度不应小于 200mm，叠砌面凹入深度不应大于 25mm；粗料石是指截面的宽度、高度不宜小于 200mm，且不宜小于长度的 1/4，但叠砌面凹入深度不应大于 20mm。

1）石基础、石勒脚、石墙的划分。基础与勒脚以设计室外地坪为界，勒脚与墙身以设计室内地面为界。

2）石围墙内、外地坪标高不同时，应以较低地坪标高为界，以下为基础。

3）定额的套用，有以下几点规则：

① 石基础定额中是按照直形砌筑编制的，如为圆弧形砌筑的，同砖基础圆弧形砌筑的换算规定。

② 石基础实际设计要求的砂浆类别、等级与定额不同时，允许换算，但材料含量不变。

（2）墙基防潮层工程量及定额应用　墙基防潮层的工程量计算和定额套用同砖基础墙基防潮层。

7.2　墙体工程

7.2.1　概述

墙体工程

墙体工程计算示例

砌体主要由块材和砂浆组成，其中砂浆作为胶结材料将块材结合成整体，以满足正常使用要求及承受结构的各种荷载。

1）块材分为砖、石及砌块三大类。

砌筑用砖又分为实心砖、多孔砖和空心砖三种。根据使用材料和制作方法的不同，实心砖又分为烧结普通砖、蒸压灰砂砖、粉煤灰砖和炉渣砖等。实心砖的规格（长×宽×高）为 240mm×115mm×53mm。多孔砖的规格（长×宽×高）为 240mm×115mm×90mm。空心砖的规格（长×宽×高）为 190mm×190mm×90mm、240mm×115mm×90mm、240mm×180mm×115mm 等几种。

砌筑用石分为毛石和料石两类。毛石是指形状不规则但有两个平面大致平行的石块。料石是指经过加工形状较规则的六面体石块。

砌块按使用材料分为普通混凝土砌块、粉煤灰砌块、煤矸石粉煤灰砌块、加气混凝土砌块、陶粒混凝土空心砌块、烧结页岩空心砌块、炉渣混凝土空心砌块和火山灰混凝土砌块等；按大小分为小型砌块和中型砌块。目前常用的小型砌块主要规格（长×宽×高）为

190mm×190mm×390mm。

2）砂浆按照用途的不同分为砌筑砂浆和抹灰砂浆，按照施工方法的不同分为预拌和现场搅拌。

根据砂浆的生产方式，预拌砂浆可分为湿拌砂浆和干混砂浆两大类。将加水拌和而成的湿拌拌合物称为湿拌砂浆，将干材料混合而成的固态混合物称为干混砂浆。

砌筑砂浆用代号 M 表示，抹灰砂浆用代号 P 表示。常用的干混砌筑砂浆用代号 DM 表示，干混抹灰砂浆用代号 DP 表示，干拌地面找平砂浆用代号 DS 表示。

7.2.2　实心砖墙

1. 砖墙体分类

建筑物的墙体既起围护、分隔作用，又起承重构件的作用。按墙体所处的平面位置不同，可分为外墙和内墙；按受力情况不同，可分为承重墙和非承重墙（隔墙）；按装修做法不同，可分为清水墙和混水墙；按组砌方法不同，可分为实砌墙、空斗墙、空花墙、填充墙等。

实砌实心砖墙根据墙面装饰情况分为单面清水砖墙、双面清水砖墙、混水砖墙三种。

单面清水砖墙是指一个墙面待装饰工程施工时抹灰，另一个墙面不需抹灰而只需勾缝的砖墙体。

双面清水砖墙是指两个墙面均不需抹灰而只需勾缝的砖墙体。

混水砖墙是指两个墙面均待装饰工程施工时抹灰的砖墙体。

《工程量计算规范》砖砌体工程中，设置了实心砖墙（项目编码：010401003）的项目。

在编制实心砖墙工程造价时，应区分不同砖的品种、规格、强度等级、墙厚、砂浆类别、砂浆强度等级分别列项计算工程量，套用相应墙厚单面清水砖墙或者混水砖墙的定额子目。

2. 砖基础与砖墙的划分

砖基础与砖墙（身）划分以设计室内地坪为界（有地下室的按地下室室内设计地坪为界），以下为基础，以上为墙（柱）身。基础与墙身使用不同材料，位于设计室内地坪±300mm 以内时，以不同材料为界；超出±300mm 时，应以设计室内地坪为界。

砖围墙以设计室外地坪为界，以下为基础，以上为墙身，如图 7-7 所示。

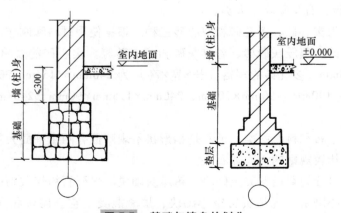

图 7-7　基础与墙身的划分

3. 实砌砖墙工程量计算

实砌砖墙的工程量，应根据项目特征的不同（砖的品种、规格、强度等级、墙厚、砂浆类别、砂浆强度等级不同）分别列项并按图示尺寸以体积计算。即

$$V = 墙长×墙高×墙厚−应扣除部分体积+应增加部分体积$$

1）砖墙长度的确定分内、外墙两种。

① 外墙长度按中心线长度计算。应注意定位轴线若为偏轴线时，要移为中心线。按中心线计算时，图中外角的阴影部分未计算，而内角的阴影部分计算了两次。由于是中心线，这两部分是相等的，用内角来弥补外角正好余缺平衡。若为偏轴线时还这样计算，显然余缺是不平衡的，如图7-8所示。

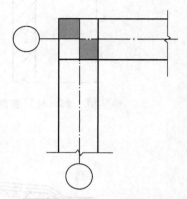

② 内墙长度按净长线长度计算。内墙与外墙丁字相交时，如图7-9a所示，内墙长度要算至外墙的里边线，这就避免了阴影部分重复计算；内墙与内墙 L 形相交时，两面内墙的长度均算至中心线，如图7-9b所示；内墙与内墙十字相交时，按较厚墙体的内墙长度计算，较薄墙体的内墙长度算至较厚墙体的外边线处，如图7-9c所示。

图 7-8 外墙中心线示意图

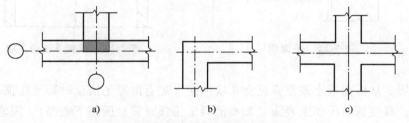

a)   b)   c)

图 7-9 内墙净长线示意图

2）砖墙高度的确定。砖墙高度的起点均从墙身与墙基的分界面开始计算。砖墙高度的顶点按下列规定计算：

① 外墙。斜（坡）屋面无檐口天棚者，高度算至屋面板底，即高度算至外墙中心线与屋面板底面相交点的高度，如图7-10所示；有屋架，且室内外均有天棚时，高度应算至屋架下弦底面另加200mm，如图7-11所示；无天棚者，算至屋架下弦底加300mm，出檐宽度超过600mm时，按实砌高度计算；有钢筋混凝土楼板隔层者算至板顶。平屋顶算至钢筋混凝土板底，如图7-12所示。

② 内墙。位于屋架下弦者，其高度算至屋架下弦底，如图7-13所示；无屋架者，算至天棚底再加100mm，如图7-14所示。

有钢筋混凝土楼板隔层者，算至钢筋混凝土楼板顶；若同一墙上板高不同时，可按平均高度计算。

有框架梁时，算至梁底。

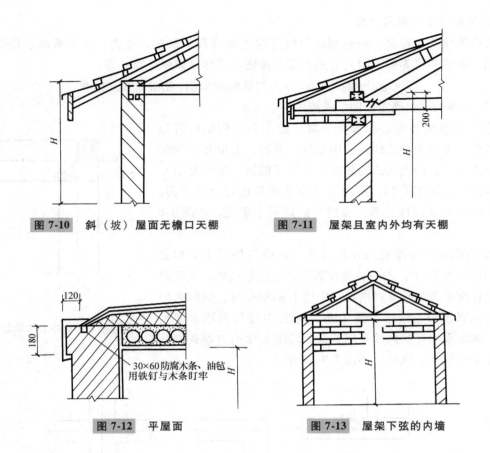

图 7-10　斜（坡）屋面无檐口天棚　　　图 7-11　屋架且室内外均有天棚

图 7-12　平屋面　　　图 7-13　屋架下弦的内墙

③ 女儿墙。从屋面板上表面算至女儿墙顶面（如有混凝土压顶时算至压顶下表面）。

④ 围墙。高度算至压顶上表面（如有混凝土压顶时算至压顶下表面），围墙柱并入围墙体积内。

⑤ 内、外山墙。按内、外山墙平均高度计算，如图 7-15 所示。

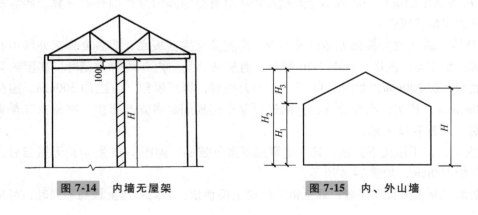

图 7-14　内墙无屋架　　　图 7-15　内、外山墙

⑥ 框架间墙。不分内外墙按墙体净尺寸以体积计算。

3）砖墙厚度的确定。实心砖墙是按照标准砖的规格考虑的。标准砖的墙体厚度，应按砖墙的标准厚度计算，不能以设计图上的习惯标注作为墙体厚度。各种砖墙的标准厚度见表7-3。

4）计算墙体工程量应扣除和不扣除的内容，详见表7-6。

表7-6 计算墙体工程量应扣除和不扣除的内容

部位	应扣除	不扣除
孔洞	门窗、洞口、过人洞、空圈、0.3m² 以上孔洞	0.3m² 以下的孔洞
嵌入墙体	嵌入墙身的钢筋混凝土柱、梁、过梁、圈梁、挑梁、凹进墙内的壁龛、管槽、暖气槽、消火栓箱所占体积	梁头、板头、檩头、垫木、木楞头、沿椽木、木砖、门窗走头、砖墙内加固钢筋、木筋、铁件、钢管

5）计算墙体工程量应增加和不增加的内容，详见表7-7。

表7-7 计算墙体工程量应增加和不增加的内容

应增加	不增加
凸出墙面的砖垛	凸出墙面的腰线、门窗套、压顶、挑檐（见图7-16）、窗台线、虎头砖

4. 实砌砖墙定额应用

（1）定额应用的一般说明

1）定额一般根据墙厚分别设置了墙厚为 1/4 砖、1/2 砖、3/4 砖、1 砖、1 砖半、2 砖及 2 砖以上的定额子目。其工作内容为：调、运、铺砂浆，运、砌砖，安放木砖、垫块。

2）定额子目中，已综合考虑腰线、窗台线、挑檐等部分艺术形式砌体及构造柱马牙槎、先立门窗框等增加用工因素，使用时不做调整。

3）砌体钢筋加固者，其砌体仍按相应墙体列项，加固钢筋清单项目按照《工程量计算规范》附录E中的项目列项，钢筋按图示质量计算，执行"砌体内加固钢筋"的定额子目。

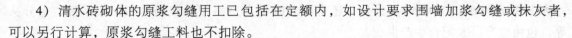

图7-16 挑檐和砖砌腰线

4）清水砖砌体的原浆勾缝用工已包括在定额内，如设计要求围墙加浆勾缝或抹灰者，可以另行计算，原浆勾缝工料也不扣除。

5）围墙套用墙的相应定额子目，双面清水围墙按相应单面清水墙项目，人工用量乘以系数1.15计算。

6）墙体拉结的制作、安装，以及墙身的防潮、防水、抹灰按定额其他章节的定额及规定进行计算。

7）框架间砌实心砖墙执行相应砖墙定额，但框架外表面镶包实心砖部分按图示尺寸另按体积计算，按零星砌体项目执行。

8）女儿墙。执行相应砖墙定额。若设计带空花墙时，空花部分另列项目计算，执行空花墙定额子目。

9）附墙烟囱、通风道、垃圾道。按设计图示尺寸以体积（扣除孔洞所占体积）计算，并入所依附的墙体工程量内。当设计规定孔洞内需抹灰时，孔洞内的抹灰应另列"墙、柱面装饰与隔断、幕墙工程"项目计算。

10）不执行砖墙定额的墙体：墙身外防潮层的保护墙（贴砖）、架空木地板下的地垄墙、暖气沟及其他砖砌沟道等。

（2）定额的一般换算规定

1）定额中砖的规格，是按标准砖编制的。标准砖规格（长×宽×高）为240mm×115mm×53mm。规格不同时，可以换算。

2）砌筑砂浆的种类和强度等级，与设计不同时，可以换算。

3）砖砌弧形墙，按相应墙体定额子目，人工用量乘以系数1.1，砖和砂浆的用量乘以系数1.03。

4）定额中墙体砌筑层高是按照3.6m编制的，如果超过3.6m，超过部分工程量的定额人工乘以系数1.3。

5）地下室外墙保护墙部位的贴砌砖执行定额中贴砌砖的子目。贴砖墙是指墙身外面防潮层做好后，在防潮层的外面所做的砖砌保护墙。定额中按照墙厚分1/4砖、1/2砖两个子目，贴砖墙工程量按图示贴砖面积乘以贴砖墙标准厚度以"m³"计算。

7.2.3　多孔砖墙

《工程量计算规范》的砖砌体工程中，设置了多孔砖墙（项目编码：010401004）的项目。

在编制多孔砖墙工程造价时，应区分不同砖的品种、规格、强度等级、墙厚、砂浆类别、砂浆强度等级分别列项计算工程量，套用相应墙厚多孔砖墙的定额子目。

1. 多孔砖简介

多孔砖又称为烧结多孔砖，是指以黏土、页岩、煤矸石为主要原料，经焙烧而成的孔洞率不小于15%，孔形为圆孔或非圆孔，孔的尺寸小而数量多的砖。多孔砖主要适用于墙体的承重部位。多孔砖有P型多孔砖（又称为KP1型多孔砖）和M型多孔砖（又称为模数多孔砖）两种。其中，P型多孔砖的外形尺寸为240mm×115mm×90mm，M型多孔砖的外形尺寸为190mm×190mm×90mm。另外，还有砌筑时与主规格配合使用的砖，如半砖、七分头等，也由生产厂家配合生产供应。

多孔砖承重墙体的厚度多为190mm或240mm，非承重墙体的厚度多为115mm。

多孔砖的孔洞垂直于大面。砌筑时，孔洞垂直于水平面。

2. 多孔砖墙工程量计算

多孔砖墙工程量按图示尺寸以"m³"计算，不扣除其孔洞部分的体积。计算规则同实心砖墙。

3. 多孔砖墙定额子目及换算条件

定额中，仅设置了P型多孔砖的1/2砖、1砖、1砖半、2砖及2砖以上墙厚的定额子目。工作内容为：调、运、铺砂浆，运、砌砖，安放木砖、垫块。

其换算条件包括：多孔砖规格、砂浆的种类和强度等级、弧形墙等三项内容。具体规定同实砌实心砖。

7.2.4 空心砖墙

《工程量计算规范》的砖砌体工程中，设置了空心砖墙（项目编码：010401005）的项目。

在编制空心砖墙工程造价时，应区分不同砖的品种、规格、强度等级、墙厚、砂浆类别、砂浆强度等级分别列项计算工程量，套用相应墙厚空心砖墙的定额子目。

1. 空心砖简介

空心砖又称为非承重黏土空心砖，是指以黏土、页岩、煤矸石为主要原料，经焙烧而成的孔洞率不小于 35%，孔的尺寸大而数量少的砖。空心砖主要用于非承重墙。

空心砖外形为直角六面体。在与砂浆的结合面上设有增加结合力的凹线槽，其孔洞垂直于小面或条面。

空心砖的长度有 290mm、240mm；宽度有 190mm、180mm、140mm；厚度有 115mm、90mm；壁厚大于 10mm，肋厚大于 7mm。

空心砖墙的厚度多为空心砖的厚度。施工时，空心砖采用全顺侧砌，孔洞呈水平方向与墙长同向。

2. 空心砖墙工程量计算

非承重空心砖墙工程量，按图示尺寸以"m³"计算，不扣除其孔洞部分的体积，计算规则同实心砖墙。

3. 定额子目及换算条件

定额中设置了非承重黏土空心砖 1/2 砖、1 砖、1 砖半、2 砖及 2 砖以上墙厚的定额子目。

其换算条件包括：空心砖的规格、砂浆的种类和强度等级、弧形墙等内容。具体规定同实砌实心砖。

7.2.5 空斗墙

《工程量计算规范》的砖砌体工程中，设置了空斗墙（项目编码：010401006）的项目。

在编制空斗墙工程造价时，应区分不同砖的品种、规格、强度等级、砂浆类别、砂浆强度等级分别列项计算工程量，套用相应空斗墙的定额子目。

1. 空斗墙组砌形式

空斗墙是用标准机砖平砌和侧砌结合砌筑的墙体。平砌层称为"眠砖"，侧砌层包括沿墙面顺砖的"顺斗砖"和侧砖露头的"丁头砖"。顺斗砖和丁斗砖所形成的孔洞称为"空斗"。空斗墙依其立面砌筑形式不同，分为一眠一斗、一眠二斗、一眠三斗和无眠空斗四种。

2. 空斗墙工程量的计算

1）按图示尺寸以空斗墙外形体积（m³）计算，应扣除门窗洞口、钢筋混凝土过梁、圈梁所占的体积。

2）墙角、内外墙交接处、门窗洞口立边、窗台砖及屋檐处的实砌砖部分并入空斗墙体积内。窗间墙、窗台下、楼板下、梁头下等实砌部分，应另行计算，套用零星砌体定额项目。

3. 空斗墙定额及使用规定

1）定额中，空斗墙只列了一个一眠一斗的定额子目。

2）空斗墙定额，已综合了各种不同的因素，在编制造价时，不论几斗几眠，均执行空斗墙定额子目，不得换算。

3）空斗墙定额中的砌筑砂浆与设计要求不符时，可以换算。

7.2.6 空花墙

《工程量计算规范》的砖砌体工程中，设置了空花墙（项目编码：010401007）的项目。在编制空花墙工程造价时，应区分不同砖的品种、规格、强度等级、砂浆类别、砂浆强度等级分别列项计算工程量，套用相应空花墙的定额子目。

1）空花墙是指用砖按一定艺术形式组砌而成的带镂空的墙体，一般多用于砖砌围墙和女儿墙。

2）定额将各种组砌形式的空花墙综合为一个子目。

3）空花墙不分组砌形式，均按空花部分的外形体积以"m^3"计算，不扣除孔洞部分体积，空花墙中实砌部分的墙身或附墙砖柱的工程量，应另列项目，按相应的墙、柱定额子目计算。

4）定额是按标准砖编制的，设计砖的规格和砂浆的种类、强度等级不同时，可以换算。

7.2.7 填充墙

填充墙是指在空斗墙砌筑过程中，同时在空斗内填筑保温填充材料的空斗墙。

《工程量计算规范》的砖砌体工程中，设置了填充墙（项目编码：010401008）的项目。在编制填充墙工程造价时，应区分填充材料种类套用相应填充墙的定额子目。

填充墙工程量按填充墙的外形尺寸以"m^3"计算，应扣除门窗洞口、钢筋混凝土过梁、圈梁所占体积。

定额中，填充墙按填充材料的不同分为填充炉渣和填充轻质混凝土两个子目。子目单价中，已包括空斗墙、空斗内的保温填充材料及其实砌部分的工料。在编制造价时，空斗墙及其实砌部分不再另列项目计算。

定额中，轻质混凝土填充墙是按炉（矿）渣混凝土填料编制的，如用其他填料可以换算。

定额中的砌筑砂浆与设计要求不同时，可以换算。

7.2.8 砌块墙

《工程量计算规范》的砌块砌体工程中，设置了砌块墙（项目编码：010402001）的项目。

在编制砌块墙工程造价时，应区分不同砌块的品种、规格、强度等级、砂浆类别、砂浆强度等级分别列项计算工程量，套用定额中相应砌块砌体的定额子目。

1. 砌块墙简介

砌块是指普通混凝土小型空心砌块、轻骨料混凝土小型空心砌块、加气混凝土砌块、硅酸盐砌块等。通常把高度为 180～350mm 的称为小型砌块，360～900mm 的称为中型砌块。

小型空心砌块是指由混凝土或轻骨料混凝土制成，主规格尺寸为 390mm×190mm×190mm，空心率在 25%～50%的空心砌块。

小型空心砌块在施工时，其孔洞垂直于水平面，且应对孔错缝搭砌。根据设计要求对纵横墙交接处一定范围内的孔洞采用灌孔混凝土灌实（设计有时还要求插入竖向钢筋），或设计要求对整片墙的孔洞内采用灌孔混凝土灌实（同时按设计要求配置孔内竖向钢筋和灰缝内水平钢筋）。

2. 砌块墙工程量计算

加气混凝土砌块、硅酸盐砌块、小型空心砌块等砌块墙的工程量，均按图示尺寸以"m³"计算。计算规则同实心砖墙。

3. 定额子目及换算条件

定额中，相应设置了轻集料混凝土小型空心砌块墙、烧结页岩空心砌块墙和蒸压加气混凝土砌块墙的定额子目，并设置了加气混凝土砌块 L 形专用连接件的定额子目。加气混凝土砌块 L 形专用连接件的工程量按设计数量计算。

轻集料混凝土小型空心砌块墙定额区分墙厚 240mm、190mm、120mm 设置了三个定额子目，对应的小型空心砌块规格为 390mm×240mm×190mm、390mm×190mm×190mm、390mm×120mm×190mm，如设计规格不同时，可以换算。

定额子目中，小型空心砌块墙不包括灌孔混凝土的工料，如发生时应另列项目，套用二次灌浆的相应定额子目。小型空心砌块孔内灌混凝土工程量，按图示混凝土灌注尺寸以"m³"计算。

烧结页岩空心砌块墙定额区分墙厚 240mm、190mm、115mm 设置了三个定额子目，对应的烧结页岩空心砌块的规格为 290mm×240mm×190mm、240mm×190mm×190mm、290mm×115mm×190mm，如设计规格不同时，可以换算。

蒸压加气混凝土砌块墙定额区分墙厚设置了 150mm 以内、200mm 以内和 300mm 以内的项目，按照黏结材料的不同，对应不同的墙厚又分别设置了砂浆和黏结剂的子目。

砌块墙已包括砌体内砌实心砖的工料费用，实心砖是按蒸养粉煤灰加气混凝土砌块编制的，设计要求不同时，可以换算。

砌块墙表面的镶嵌砖部分按设计图示尺寸计算体积，另列入零星砌砖项目。

蒸养灰砂砖、其他材料的实心砌块，定额未设置相应子目，可执行加气混凝土砌块定额子目，其材料作为材料差价处理。

砌筑砂浆、灌孔混凝土的种类、强度等级，定额与设计要求不同时，可以换算。

7.2.9　石砌体

《工程量计算规范》中石砌体中除石基础外，包括石勒脚、石墙、石挡土墙、石柱、石栏杆、石护坡、石台阶、石坡道和石地沟、明沟等项目，工程量计算按相应的计算规则计算。

石勒脚按图示尺寸以体积计算，扣除单个面积大于 $0.3m^2$ 的孔洞所占的体积；石墙的工程量计算规则同砖墙；石挡土墙、石柱、石护坡、石台阶按设计图示尺寸以体积计算；石坡道按设计图示尺寸以水平投影面积计算；石栏杆按设计图示以长度计算；石地沟、明沟按设计图示以中心线长度计算。

在编制造价时，区分石料的种类、规格、石表面的加工要求、勾缝要求、砂浆的强度等级和配合比分别列项计算工程量，套用定额中相应石砌体项目和石砌体勾缝的定额子目。

石砌体定额中的粗、细料石砌体墙是按照规格 400mm×220mm×200mm 编制的。

毛料石护坡高度超过 4m 时，定额人工乘以系数 1.15。

定额中石砌体的砌筑是按照直形砌筑编制的，如为圆弧形砌筑，按相应定额人工用量乘以系数 1.10，石砌体及砂浆用量乘以系数 1.03 计算。

墙面勾缝按设计图示尺寸以面积计算。

7.3　其他砌体

7.3.1　实心砖柱、多孔砖柱

《工程量计算规范》的砖砌体工程中，设置了实心砖柱（项目编码：010401009）、多孔砖柱（项目编码：010401010）的项目。

在编制实心砖柱、多孔砖柱工程造价时，应区分不同砖的品种、规格、强度等级、柱类型、砂浆强度等级及配合比分别列项计算工程量，套用定额中相应砖方柱或圆、半圆及多边形砖柱的定额子目。

砖柱工程量按图示尺寸以"m^3"计算，扣除混凝土及钢筋混凝土梁垫、梁头、板头所占体积。

定额中，砖柱分为清水砖方柱、混水砖方柱和圆、半圆及多边形砖柱的项目，其中，清水砖方柱和混水砖方柱又设置了普通砖、多孔砖的定额子目，圆、半圆及多边形砖柱定额仅设置了普通砖的定额子目。

砖设计规格不同时，可以换算。砌筑砂浆的种类、强度等级不同时，也可以换算。

7.3.2　砖砌体钢筋加固

《工程量计算规范》的钢筋工程中，设置了钢筋网片（项目编码：010515003）、现浇构件钢筋（项目编码：010515001）的项目，工程量按照设计图示钢筋（网）长度（面积）乘以单位理论质量计算。实际工程中，根据设计图的设计要求执行相应项目，套用混凝土及钢筋混凝土工程钢筋网片或者砌体内加固钢筋的定额子目。

1. 砖砌体钢筋加固的类型

1）第一种砖砌体钢筋加固，是指当砖砌体受压构件的截面尺寸受到限制时，为了提高砖砌体的承压能力，在砖砌体中加配钢筋网片的做法，这种砌体称为网状配筋砖砌体构件。所配置的钢筋网片的规格数量是按《砌体结构设计规范》（GB 50003—2011）的计算方法和构造要求确定的，如图 7-17 所示。在设计施工图中，一般在设计说明中说明其配置部位和规格及数量的要求，也有的在局部节点大样图中标注其规格及数量要求。

2）第二种砖砌体钢筋加固，是按《砌体结构设计规范》的构造要求在砌体中设置拉结钢筋（又称为锚拉筋）。如框架柱与后砌框架间墙交接处、砌块墙交接处、构造柱与墙体交接处、墙体转角处、纵横墙交接处等，如图 7-18 所示。这些拉结钢筋一般在设计说明中说明其配置要求，也有的在局部节点大样图中标注其配置要求。但也有的在设计施工图中不标注，而施工时按施工验收规范的规定配置。

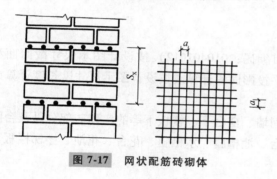

图 7-17 网状配筋砖砌体

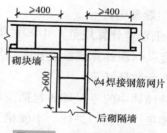

图 7-18 砖砌体钢筋加固

3）第三种砖砌体钢筋加固，是在施工中砖砌体的转角处和交接处不能同时砌筑，而留斜槎又确实困难的临时间断处，可按《砌体结构工程施工质量验收规范》（GB 50203—2011）的规定留直阳槎，并加设拉结钢筋，如图 7-19 所示。这些钢筋在设计施工图中不标注，而需按施工组织设计的规定设置。

2. 砖砌体钢筋加固定额工程量计算及定额套用

钢筋网片、砌体内加固钢筋按设计图示钢筋长度乘以单位理论质量计算。

定额中设置了钢筋网片、砌体内加固钢筋的定额子目。

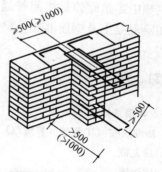

图 7-19 转角处和交接处砖砌体钢筋加固

钢筋网片是按照点焊考虑的，定额中已经考虑 3% 的钢筋损耗率。砌体内加固钢筋定额中已经考虑 2% 的损耗率，不再另行计算。

设计中未注明的拉结钢筋，应按实际发生量，凭会签单在结算中调整。小型空心砌块灌孔混凝土中配置的钢筋，不得套用砖砌体钢筋加固定额子目。

7.3.3 其他砖砌体

1. 砖地沟

《工程量计算规范》中砖地沟（项目编码：010401014）的工程量按设计图示以中心线长度计算。

定额设置了砖地沟的子目，定额中砖地沟是按照标准砖考虑的，砖的规格、砂浆的种类、砂浆强度等级与定额不同时，可以换算。

暖气沟及其他砖砌沟道不分墙身和墙基，工程量合并计算。工程量按图示尺寸以"m^3"计算，执行砖地沟定额子目。

2. 砖散水、地坪

《工程量计算规范》中砖散水、地坪（项目编码：010401013）按设计图示尺寸以面积计算。

定额中砖散水、地坪是按照平铺设置子目的，工程量计算规则同《工程量计算规范》的计算规则。

3. 零星砌砖

《工程量计算规范》中零星砌砖（项目编码：010401012）按设计图示尺寸截面面积乘以长度以体积计算或按设计图示尺寸以水平投影面积计算或按设计图示尺寸以长度计算或按设计图示数量计算。

砖砌体中的零星砌砖包括空斗墙的窗间墙、窗台下、楼板下等的实砌砖部分以及台阶挡墙、梯带、锅台、炉灶、小便槽、厕所蹲台、池槽腿、水槽腿、花台、花池、楼梯栏板、阳台栏板、地垄墙、0.3m^2以内孔洞填塞等。

毛石墙的门窗口立边、窗台虎头砖等实砌体，也属于零星砌砖。

定额中零星砌体是按照普通砖和多孔砖进行划分的，工程量按设计图示尺寸以体积计算，扣除混凝土及钢筋混凝土梁垫、梁头、板头所占体积。

习 题

一、单项选择题

1. 防潮层在《工程量计算规范》中未设置单独的项目，组价时可并入（ ）。

  A. 砖基础   B. 实心砖墙

  C. 砌体墙   D. 砖散水

2. 框架外表面的镶贴砖，按（ ）列项。

  A. 实心砖墙   B. 空心砖墙

  C. 填充墙   D. 零星砌砖

3. 以下描述不正确的是（ ）。

  A. 砖基础与墙（柱）身使用同一种材料时，以设计室内地面为界

  B. 砖基础与墙（柱）身使用不同材料时，以不同材料为分界线

  C. 砖砌地沟不分墙基和墙身，按不同材质合并工程量套用相应项目

D. 砖砌围墙，以设计室外地坪为分界线，以下为基础，以上为墙身

二、简答题

1. 定额中砖墙厚度是否按设计施工图标注尺寸确定？

2. 砖墙工程量计算中高度如何确定？

3. 砖墙工程量计算中长度如何计算？

4. 如何计算砖基础工程量？

5. 在计算实心砖墙工程量时，哪些体积应扣除？哪些体积不扣除？

三、计算题

某砖混结构房屋建筑工程，砖墙工程量为 36m³，采用 Mu10 标准砖，M7.5 砌筑砂浆。

（1）计算该项工程人工费、材料费、机械使用费、其他措施费、安文费、管理费、利润、规费。

（2）分析该项工程各种材料用量。

（3）计算该项工程定额基价合计。

第 7 章练习题
扫码进入在线答题小程序，完成答题可获取答案

第**8**章

混凝土及钢筋混凝土工程

混凝土在凝固前具有良好的塑性，可制成工程所需的各种形状的构件，硬化后又具有较高的强度，所以，在建筑工程中广泛应用。混凝土结构工程由模板工程、钢筋工程和混凝土工程三个部分组成。本章又将混凝土工程分为现浇混凝土工程和预制混凝土工程两部分介绍。

8.1 模板工程

8.1.1 模板工程概述

模板是保证混凝土浇筑成型的模型。模板工程在钢筋混凝土结构中是相当重要的一项工序，主要包括制作、拼装、架设和拆除等。模板是施工时使用的临时结构物，但它对钢筋混凝土工程的施工质量和工程成本有重要的影响。招标投标过程中，招标人可根据实际情况选择将模板工程作为技术措施项目单独列项，或是将其包括在现浇混凝土项目中。对于预制混凝土构件，模板可包含在混凝土构件制作项目中，而不单独列项。

1. 模板的组成

模板系统由模板、支撑及紧固件等组成。模板俗称壳子板，是形成混凝土构件的外壳造型，与混凝土直接接触的板面；支撑是支撑和撑牢模板的骨架，以保证其位置的准确和承担钢筋、新浇筑混凝土的压力及施工荷载的作用。

2. 模板的种类

模板的种类很多。随着生产力水平的发展，模板的用材、支撑方式和施工方法都有很大的变化和发展。

（1）按所用的材料分类　可分为木模板、竹模板、钢木模板、钢模板、塑料模板、铝合金模板、玻璃模板等。

（2）按形式分类　主要有以下种类：

1）定型模板：是按预定的几种规格尺寸，设计和制造的模板。具有通用性，拼装灵活，能满足大多数构件几何尺寸的要求。

2）组合模板：是一种工具式模板，是工程施工中用得最多的一种模板，有组合钢模板、钢框竹（木）胶合板模板等。由具有一定模数的若干类型的板块、角膜、支撑和连接件组成，可以拼成多种尺寸和几何形状，也可拼成大模板、隧道模板和台模等。

3）隧道模板：是用于同时整体浇筑墙体和楼板的大型工具式模板，能将各开间沿水平方向逐段逐间整体浇筑，施工的建筑物整体性好、抗震性能好、施工速度快，但是模板一次性投资大，模板起吊和转运需较大的起重机。隧道结构施工常用的是双拼式隧道模板。

4）台模（飞模）：是现浇钢筋混凝土楼板的一种大型工具式模板。一般是一个房间一个台模。台模是一种由平台板、梁、支架、支撑和调节支腿等组成的大型工具式模板，可以整体脱模和转运，借助起重机从浇完的楼板下飞出转移至上层重复使用。适用于高层建筑大开间、大进深的现浇混凝土楼盖施工，也适用于冷库、仓库等建筑的无柱帽的现浇无梁楼盖施工。

5）滑升模板：是一种工具式模板，由模板系统、操作平台系统和液压系统三部分组成。适用于现场浇筑高耸的构筑物和高层建筑物等，如烟囱、筒仓、电视塔、竖井、沉井、双曲线冷却塔和剪力墙体系及筒体体系的高层建筑等。

8.1.2　模板工程工程量计算

清单中模板列入措施项目工程，按照不同的构件进行区分，编制造价时，区分不同的构件类型、截面尺寸、支撑高度等计算工程量，套用相应定额子目。

1. 模板工程工程量计算规则

（1）现浇混凝土模板的工程量计算　具体规定如下：

1）现浇混凝土模板工程量，除另有规定外，均应区别模板的不同材质，按混凝土构件与模板接触的面积，以"m^2"计算。

2）现浇钢筋混凝土墙、板上单个面积在 $0.3m^2$ 以内的孔洞不予扣除，洞侧壁模板也不增加；单个面积在 $0.3m^2$ 以外的孔洞应予扣除，洞侧壁模板面积并入墙、板模板工程量内计算。

3）现浇钢筋混凝土框架分别按梁、板、柱有关规定计算，附墙柱、暗梁、暗柱并入墙内工程量计算。

4）柱、梁、墙、板相互连接的重叠部分，均不计算模板面积。

5）构造柱外露面按图示外露部分计算模板面积。构造柱与墙接触面不计算模板面积。

6）混凝土后浇带二次支模工程量按后浇带与模板接触的面积计算。现浇钢筋混凝土悬挑板（雨篷、阳台）按图示外挑部分尺寸的水平投影面积计算，挑出墙外的悬臂梁及板边模板不另计算。

7）现浇钢筋混凝土楼梯，按楼梯（包括休息平台、平台梁、斜梁和楼层板的连接梁）的水平投影面积计算，不扣除宽度在 500mm 以内的楼梯井所占面积。楼梯的踏步、踏步板、平台梁等侧面模板不另计算，伸入墙内部分也不增加。

8）混凝土台阶（不包括梯带），按图示台阶尺寸的水平投影面积计算，台阶端头两侧不另计算模板面积。架空式混凝土台阶，按现浇楼梯计算。

9）其他现浇混凝土构件，均按模板与现浇混凝土构件的接触面积计算。

（2）现场预制混凝土构件模板　现场预制混凝土构件的模板工程项目不再单列，其费用包括在混凝土构件的现场制作项目中。

（3）成品预制混凝土构件模板　成品预制混凝土构件的模板费用包括在构件的成品价中，不再单列。

2. 模板工程定额应用

1）原槽浇灌的混凝土基础，不计算模板工程量。

2）定额中带形基础模板是按照直形考虑的，实际工程为圆弧形带形基础时，执行带形基础模板的相应项目，人工、材料、机械乘以系数1.15。

3）地下室底板模板执行满堂基础，满堂基础模板已包括集水井模板杯壳。

4）独立桩承台模板执行独立基础模板的相应项目；带形桩承台模板执行带形基础模板的相应项目；与满堂基础相连的桩承台模板，执行满堂基础模板的相应项目。高杯基础杯口高度大于杯口大边长度3倍以上时，杯口高度部分执行柱模板的相应项目，杯形基础执行独立基础模板的相应项目。

5）现浇混凝土柱（不含构造柱）、墙、梁（不含圈梁、过梁）、板模板是按照高度（板面、地面、垫层面至上层板面的高度）3.6m综合考虑的。如遇斜板面结构，柱按各柱的中心高度为准；墙按分段墙的平均高度为准；框架梁按每跨两端的支座平均高度为准；板按高点与低点的平均高度为准。

6）外墙设计采用一次性摊销止水螺杆方式支模时，将对拉螺栓材料换成止水螺杆，消耗量按对拉螺栓数量乘以系数1.2，取消塑料套管消耗量，其余不变。

7）板或拱形结构按板顶平均高度确定支模高度，电梯井壁按建筑物自然层层高确定支模高度。

8）混凝土梁、板分别计算相应项目，混凝土板适用于截面厚度250mm以内，板中暗梁并入板内计算；墙、梁户型且半径≤9m时，执行弧形墙、梁模板项目。

9）屋面混凝土女儿墙高度大于1.2m时，执行墙模板的相应项目，1.2m以内时执行相应栏板模板的相应项目。

10）预制板间补现浇板缝执行平板模板的相应项目。

11）楼梯模板在定额中是按建筑物一个自然层双跑楼梯考虑的，单坡直行楼梯（即一个自然层、无休息平台）按相应项目人工、材料、机械乘以系数1.2；三跑楼梯（即一个自然层、两个休息平台）按相应项目人工、材料、机械乘以系数0.9；四跑楼梯（即一个自然层、三个休息平台）按相应项目人工、材料、机械乘以系数0.75。剪刀楼梯执行单坡直行楼梯相应系数。

12）凸出混凝土柱、梁、墙面的线条，并入相应构件内计算，再按凸出的线条道数另外执行模板增加费项目。定额中设置了装饰线条增加费三条以内和三条以上的定额子目，发生时，按照实际工程项目特征套用子目。

13）单独窗台板、栏板扶手、墙上压顶的单阶挑檐不另计算模板增加费；其他单阶线条凸出宽度大于200mm的执行挑檐项目。

14）外形尺寸体积在1m³以内的独立池槽执行小型构件项目，1m³以上的独立池槽及与建筑物相连的梁、板、墙结构式水池，分别执行梁、板、墙相应项目。

8.2　钢筋工程

8.2.1　钢筋的种类

钢筋的种类很多，建筑工程中常用的钢筋，按生产工艺可分为热轧钢筋、冷拔钢丝、热处理钢筋、碳素钢丝、刻痕钢丝和钢绞线等；按化学成分可分为碳素钢钢筋和普通低合金钢钢筋；按屈服强度特征值可分为 300 级、400 级、500 级、600 级钢筋，级别越高，其强度和硬度越高，而塑性逐级降低；按轧制外形可分为光圆钢筋和变形钢筋（月牙形、螺旋形、人字形钢筋）；按供应形式可分为盘圆钢筋（直径 ≤10mm）和直条钢筋（直径 >10mm，每根长度为 6~12m，也可根据需方要求定尺供应）；按直径大小可分为钢丝（直径为 3~5mm）、细钢筋（直径为 6~10mm）、中粗钢筋（直径为 12~20mm）和粗钢筋（直径 >20mm）。

钢筋混凝土构件种类繁多，受力情况也极为复杂。按钢筋在结构中的作用不同可分为受力钢筋、架立钢筋和分布钢筋三类。梁和板都是受弯构件，所以受力钢筋（也称为主筋）的分布规律应与弯矩的变化相适应。在梁和板的横截面的受拉区靠近边缘配置受力钢筋以承受拉力。布置在下部边缘的受力钢筋用以承受正弯矩，上部边缘的承受负弯矩。受弯构件除产生拉力外，因切应力作用，在靠近支座附近还可能产生斜裂缝，因此，梁中还要设置箍筋和弯起钢筋，以抵抗这种斜裂缝的发生和扩展。箍筋除抵抗横向切应力外，还联系梁的受拉和受压区域共同工作，并协助固定纵向受力钢筋的间距和位置。架立钢筋（构造钢筋）的作用是维持箍筋的正确位置，抵抗梁因混凝土收缩、温度变化及其他意外因素所产生的应力。在板中受力钢筋的内面设分布钢筋（温度筋），其作用是将荷载（集中荷载）分布到板的受力钢筋上，抵抗因混凝土收缩及温度变化所产生的应力，保持受力钢筋的位置和间距。柱中的受力钢筋布置在四脚和周边，矩形柱最少 4 根，圆柱最少 6 根。柱中箍筋的作用主要是维持受力钢筋的位置，并使它不致因受压而发生曲折。

钢筋的规格、位置和间距一旦经设计确定，不得随意改变。

8.2.2　钢筋的表示方法、构造要求

1. 钢筋的表示方法

钢筋混凝土及预应力混凝土结构中，常使用的钢筋有以下种类：

1）HPB300 级钢筋（直径为 6~22mm）是指《钢筋混凝土用钢　第 1 部分：热轧光圆钢筋》（GB/T1499.1—2017）中的热轧光圆钢筋。

2）HRB400 级钢筋（直径为 6~50mm）是指《钢筋混凝土用钢　第 2 部分：热轧带肋钢筋》（GB/T1499.2—2018）中的普通热轧带肋钢筋。

3）HRB500 级钢筋（直径为 6~50mm）是指《钢筋混凝土用钢　第 2 部分：热轧带肋钢筋》中的普通热轧带肋钢筋。

4）HRB600 级钢筋（直径为 6~50mm）是指《钢筋混凝土用钢　第 2 部分：热轧带肋钢筋》中的普通热轧带肋钢筋。

5）HRB400E、HRB500E 级钢筋（直径为 6~50mm）是指《钢筋混凝土用钢　第 2 部分：热轧带肋钢筋》中的普通热轧带肋钢筋。

6）HRBF400、HRBF500、HRBF400E、HRBF500E 级钢筋（直径为 6~50mm）是指《钢筋混凝土用钢　第 2 部分：热轧带肋钢筋》中的细晶粒热轧钢筋。

7）RRB400 级钢筋（直径为 8~50mm），是指《钢筋混凝土用余热处理钢筋》（GB 13014—2013）中的钢筋。

2. 钢筋的构造要求

（1）混凝土保护层　钢筋在混凝土中应有一定厚度的保护层用以保护钢筋。混凝土保护层是指从最外层钢筋的外边缘至构件外表面之间的距离。最小保护层厚度应符合设计图的要求。

《混凝土结构设计规范》（GB 50010—2010）（2015 年版）规定，构件中普通钢筋及预应力钢筋的混凝土保护层厚度，不应小于构件中受力钢筋的公称直径，设计使用年限为 50 年的混凝土结构，最外层钢筋的保护层厚度应符合表 8-1 的规定；设计使用年限为 100 年的混凝土结构，最外层钢筋的保护层厚度不应小于表 8-1 中数值的 1.4 倍。混凝土结构的环境类别划分见表 8-2。

表 8-1　混凝土保护层的最小厚度　　　　　　　　　（单位：mm）

环境类别	板、墙、壳	梁、柱、杆
一	15	20
二 a	20	25
二 b	25	35
三 a	30	40
三 b	40	50

注：1. 混凝土强度等级为 C25 时，表中保护层厚度数值应增加 5mm。
　　2. 基础中钢筋的混凝土保护层厚度应从垫层顶面算起，且不应小于 40mm。

表 8-2　混凝土结构的环境类别

环境类别	条件
一	室内干燥环境 无侵蚀性静水浸没环境
二 a	室内潮湿环境 非严寒和非寒冷地区的露天环境 非严寒和非寒冷地区与无侵蚀性的水或土壤直接接触的环境 严寒和寒冷地区的冰冻线以下与无侵蚀性的水或土壤直接接触的环境
二 b	干湿交替环境 水位频繁变动环境 严寒和寒冷地区的露天环境 严寒和寒冷地区冰冻线以上与无侵蚀性的水或土壤直接接触的环境

（续）

环境类别	条件
三 a	严寒和寒冷地区冬季水位变动区环境 受除冰盐影响环境 海风环境
三 b	盐渍土环境 受除冰盐作用环境 海岸环境

（2）钢筋的锚固长度　钢筋的锚固长度是指受力钢筋依靠其表面与混凝土的黏结作用或端部构造的挤压作用而达到设计承受应力所需的长度。

受拉钢筋的基本锚固长度用 l_{ab}（抗震 l_{abE}）表示，锚固长度用 l_a（抗震 l_{aE}）表示。根据《混凝土结构施工图平面整体表示方法制图规则和构造详图（现浇混凝土框架、剪力墙、梁、板）》（22G101-1）的规定，当计算中充分利用纵向受拉钢筋强度时，其受拉钢筋的基本锚固长度及锚固长度应符合表 8-3 和表 8-4 的要求。

钢筋的断点位置及锚固长度应符合设计要求。当设计图要求不明确时，可参考下列节点构造的要求计算钢筋用量：

1）支撑在砌体墙上的梁下部纵向受力钢筋，其伸入墙支座范围内的锚固长度如图 8-1 所示，带肋钢筋为 $12d$，光圆钢筋为 $15d$。在锚固长度范围内应配置不少于 2 个箍筋。

2）悬臂梁上部至少两根钢筋应伸至悬臂梁外端，并向下弯折不小于 $12d$，如图 8-2 所示。

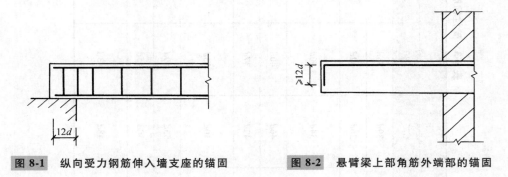

图 8-1　纵向受力钢筋伸入墙支座的锚固　　　　图 8-2　悬臂梁上部角筋外端部的锚固

3）框架梁上部通长钢筋伸入中间层端节点的锚固长度。当采用直线锚固形式时，不应小于 l_{aE}，且伸过柱中心线不小于 $5d$，如图 8-3a 所示。

当柱截面尺寸不足时，梁上部纵向钢筋应伸至柱外侧纵向钢筋内侧弯折，其包含弯弧段在内的水平投影长度不应小于 $0.4l_{abE}$，包括弯弧段在内的竖直投影长度应取为 $15d$，如图 8-3b 所示。

4）框架梁或连续梁下部纵向钢筋在节点或支座处的锚固。框架梁下部纵向钢筋在端节点或支座处的锚固，同框架梁上部纵向钢筋。中间节点伸过柱中心线不小于 $5d$，同时不应小于 l_{aE}。

表 8-3　受拉钢筋基本锚固长度 l_{ab}、l_{abE}

钢筋种类	抗震等级	混凝土强度等级							
		C25	C30	C35	C40	C45	C50	C55	≥C60
HPB300	一、二级（l_{abE}）	39d	35d	32d	29d	28d	26d	25d	24d
	三级（l_{abE}）	36d	32d	29d	26d	25d	24d	23d	22d
	四级（l_{abE}）非抗震（l_{ab}）	34d	30d	28d	25d	24d	23d	22d	21d
HRB400 HRBF400 RRB400	一、二级（l_{abE}）	46d	40d	37d	33d	32d	31d	30d	29d
	三级（l_{abE}）	42d	37d	34d	30d	29d	28d	27d	26d
	四级（l_{abE}）非抗震（l_{ab}）	40d	35d	32d	29d	28d	27d	26d	25d
HRB500 HRBF500	一、二级（l_{abE}）	55d	49d	45d	41d	39d	37d	36d	35d
	三级（l_{abE}）	50d	45d	41d	38d	36d	34d	33d	32d
	四级（l_{abE}）非抗震（l_{ab}）	48d	43d	39d	36d	34d	32d	31d	30d

表 8-4 受拉钢筋锚固长度 l_a、抗震锚固长度 l_{aE}

钢筋种类	抗震等级	混凝土强度等级														
		C25		C30		C35		C40		C45		C50		C55		≥C60	
		$d\leqslant25$	$d>25$	$d\leqslant25$	$d>25$	$d\leqslant25$	$d>25$	$d\leqslant25$	$d>25$	$d\leqslant25$	$d>25$	$d\leqslant25$	$d>25$	$d\leqslant25$	$d>25$	$d\leqslant25$	$d>25$
HPB300	一、二级 (l_{aE})	39d	—	35d	—	32d	—	29d	—	28d	—	26d	—	25d	—	24d	—
	三级 (l_{aE})	36d	—	32d	—	29d	—	26d	—	25d	—	24d	—	23d	—	22d	—
	四级 (l_{aE}) 非抗震 (l_a)	34d	—	30d	—	28d	—	25d	—	24d	—	23d	—	22d	—	21d	—
HRB400 HRBF400	一、二级 (l_{aE})	46d	51d	40d	45d	37d	40d	33d	37d	32d	36d	31d	35d	30d	33d	29d	32d
	三级 (l_{aE})	42d	46d	37d	41d	34d	37d	30d	34d	29d	33d	28d	32d	27d	30d	26d	29d
	四级 (l_{aE}) 非抗震 (l_a)	40d	44d	35d	39d	32d	35d	29d	32d	28d	31d	27d	30d	26d	29d	25d	28d
HRB500 HRBF500	一、二级 (l_{aE})	55d	61d	49d	54d	45d	49d	41d	46d	39d	43d	37d	40d	36d	39d	35d	38d
	三级 (l_{aE})	50d	56d	45d	49d	41d	45d	38d	42d	36d	39d	34d	37d	33d	36d	32d	35d
	四级 (l_{aE}) 非抗震 (l_a)	48d	53d	43d	47d	39d	43d	36d	40d	34d	37d	32d	35d	31d	34d	30d	33d

注：1. 当为环氧树脂涂层带肋钢筋时，表中的数据乘以系数 1.25。

2. 当纵向受拉钢筋在施工过程中易受扰动时，表中的数据乘以系数 1.1。

3. 锚固长度范围内纵向受力钢筋周边保护层厚度为 3d、5d（d 为锚固钢筋的直径）时，表中的数据分别乘以 0.8、0.7，中间时按内插值。

4. 纵向受拉普通钢筋锚固长度修正系数多于一项时，可连乘计算。

5. 受拉钢筋的锚固长度 l_a、l_{aE} 计算值不应小于 200mm。

6. 锚固钢筋的保护层厚度不大于 5d 时，锚固钢筋长度范围内设置横向构造钢筋，直径不应小于 d/4（d 为锚固钢筋的最大直径）；梁、柱等构件不应大于 5d，板、墙等构件间距不应大于 10d，均不应大于 100（d 为锚固钢筋的最小直径）。

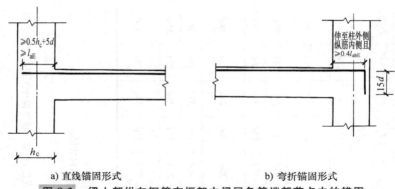

a) 直线锚固形式   b) 弯折锚固形式

图 8-3 梁上部纵向钢筋在框架中间层角筋端部节点内的锚固

5）非框架梁上部纵向钢筋在节点或支座处的锚固。非框架梁上部纵向钢筋充分利用钢筋的抗拉强度时伸至支座边缘 $\geqslant 0.6l_{ab}$，设计按铰接时伸至支座边缘 $\geqslant 0.35l_{ab}$，向下弯折 $15d$；当伸入端支座满足 l_a 时，可以直锚。

6）非框架梁下部纵向钢筋在节点或支座处的锚固。当计算中不利用该钢筋的强度时，其伸入节点或支座的锚固长度为带肋钢筋 $12d$。

当下部纵向钢筋伸入支座不满足 $12d$ 的要求时，端支座伸至支座边缘带肋钢筋 $\geqslant 7.5d$ 弯折。端部按照构造要求弯折 $135°$ 时，不包括弯折增加量的长度为 $5d$，如图 8-4a 所示；端部弯折 $90°$ 时，不包括弯折增加量的长度为 $12d$，如图 8-4b 所示；端支座弯锚时，中间支座的锚固长度为 $\geqslant l_a$。

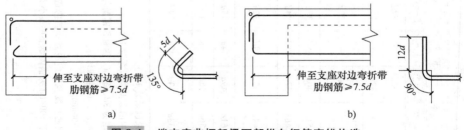

a)   b)

图 8-4 端支座非框架梁下部纵向钢筋弯锚构造

（3）钢筋的搭接接头 《混凝土结构设计规范》（GB 50010—2010）（2015 年版）对钢筋搭接接头规定如下：

1）钢筋的接头宜设置在受力较小处。在同一根受力钢筋上宜少设接头。

2）同一连接区段内，纵向受拉钢筋搭接接头面积百分率应符合设计要求；当设计无具体要求时，应符合下列规定：

① 对梁类、板类及墙类构件，不宜大于 25%。

② 对柱类构件，不宜大于 50%。

当工程中确有必要增大接头面积百分率时，对梁类构件，不应大于 50%；对其他构件，可根据实际情况放宽。

3）纵向受拉钢筋绑扎搭接接头的搭接长度，应该根据位于同一连接区段内的钢筋搭接接头面积百分率按下式计算，且不应小于 300mm：

$$l_l = \zeta_l l_a$$

式中　l_l——纵向受拉钢筋的搭接长度；

　　　ζ_l——纵向受拉钢筋搭接长度修正系数，按表 8-5 取值。当纵向搭接钢筋接头面积百分率为表的中间值时，修正系数可按内插取值。

表 8-5　纵向受拉钢筋搭接长度修正系数

纵向搭接钢筋接头面积百分率（%）	≤25	50	100
ζ_l	1.2	1.4	1.6

注：1. 同一连接区段内纵向受力钢筋搭接接头面积百分率为该区段内有搭接接头的纵向受力钢筋与全部纵向受力钢筋截面面积的比值。
　　2. 两根直径不同的钢筋搭接时，按直径较小的钢筋计算。

8.2.3　钢筋工程的分类

《房屋建筑与装饰工程工程量计算规范》（GB 50854—2013，以下简称《工程量计算规范》）中，钢筋工程设置了现浇构件钢筋（项目编码：010515001）、预制构件钢筋（项目编码：010515002）、钢筋网片（项目编码：010515003）、钢筋笼（项目编码：010515004）、先张法预应力钢筋（项目编码：010515005）、后张法预应力钢筋（项目编码：010515006）、预应力钢丝（项目编码：010515007）、预应力钢绞线（项目编码：010515008）、支撑钢筋（铁马）（项目编码：010515009）、声测管（项目编码：010515010）的项目。

在预算定额中钢筋工程一般划分为现浇构件钢筋、预制构件钢筋、箍筋、钢筋网片、钢筋笼、砌体内加固钢筋、先张法/后张法预应力钢筋、预应力钢丝、预应力钢绞线及钢丝束、钢筋接头等类别。

1）现浇构件钢筋包括 HPB300、带肋钢筋 HRB400 以内和带肋钢筋 HRB400 以上。

2）预制构件钢筋包括冷拔低碳钢丝、圆钢 HPB300、带肋钢筋 HRB400 以内和带肋钢筋 HRB400 以上。

8.2.4　钢筋工程量的计算

1. 钢筋工程量计算的一般要求

（1）一般钢筋工程量　按设计图示钢筋（网）长度（面积）乘以单位理论质量计算；根据设计要求和钢筋定尺长度必须计算的搭接用量应合并计算在内。钢筋的搭接（接头）工程量可按以下规定计算：

1）钢筋搭接长度按设计图示及规范要求计算，设计图示及规范要求未标明搭接长度的，不另计算搭接长度。

2）柱子主筋和剪力墙竖向钢筋按建筑物层数计算搭接。

3）钢筋的搭接（接头）数量应按设计图示及规范要求计算；设计图示及规范要求未标明的，计算规定如下：φ10 以内的长钢筋按每 12m 计算一个钢筋搭接（接头）；φ10 以上的长钢筋按每 9m 计算一个钢筋搭接（接头）。

（2）预应力钢筋（钢丝束、钢绞线）工程量　按设计图示钢筋（钢丝束、钢绞线）长度乘以单位理论质量计算。

1）低合金钢筋两端均采用螺杆锚具时，钢筋长度按孔道长度减去 0.35m 计算，螺杆另行计算。

2）低合金钢筋一端采用镦头插片、另一端采用螺杆锚具时，钢筋长度按孔道长度计算，螺杆另行计算。

3）低合金钢筋一端采用镦头插片、另一端采用帮条锚具时，钢筋长度按孔道长度增加 0.15m 计算；两端均采用帮条锚具时，钢筋长度按孔道长度增加 0.3m 计算。

4）低合金钢筋采用后张混凝土自锚时，钢筋长度按孔道长度增加 0.35m 计算。

5）低合金钢筋（钢绞线）采用 JM、XM、QM 型锚具，孔道长度在 20m 以内时，钢筋（钢绞线）长度按孔道长度增加 1m 计算；孔道长度在 20m 以上时，钢筋（钢绞线）长度按孔道长度增加 1.8m 计算。

6）碳素钢丝采用锥形锚具、孔道长度在 20m 以内时，钢丝束长度按孔道长度增加 1m 计算；孔道长度在 20m 以上时，钢丝束长度按孔道长度增加 1.8m 计算。

7）碳素钢丝采用镦头锚具时，钢丝束长度按孔道长度增加 0.35m 计算。

2. 钢筋图示长度的计算

（1）单根直钢筋长度　计算公式如下：

$$钢筋长度 = 构件长度 - 2 \times 端部保护层厚度 + 2 \times 端部弯钩增加长度$$

1）端部混凝土保护层厚度，按设计规定。当设计无规定时，可参考表 8-1 取值。

2）端部弯钩增加长度，根据设计规定的弯钩形式，按表 8-6 中数值取定。

3）当端部设计带有弯折时，按设计要求长度，还需按公式另外增加弯折长度。

表 8-6　钢筋弯钩增加长度　（单位：mm）

钢筋直径/mm	受力钢筋端部弯钩		箍筋端部弯钩		
	180°弯钩 $L = 3d$，$D = 2.5d$ $\Delta L_1 = 6.25d$	135°弯钩 $L = 5d$，$D = 4d$ $\Delta L_2 = 7.89d$	90°弯钩 $L = 5d$，$D = 5d$ $\Delta L_5 = 6.21d$	135°弯钩 $L = \max[10d, 75]$，$D = 4d$ $\Delta L_6 = \max[11.9d, 75+1.9d]$	180°弯钩 $L = 5d$，$D = 2.5d$ $\Delta L_7 = 8.25d$
6	50	50	50	86	50
6.5	50	51	50	87	54
8	50	63	50	95	66
10	63	79	62	119	83
12	75	95	75	143	99
14	88	110	87	167	116
16	100	126	99	190	132
18	113	142	—	—	—
20	125	158	—	—	—
22	138	174	—	—	—
25	156	197	—	—	—
28	175	221	—	—	—
32	200	252	—	—	—

注：1. 直钢筋端部 180°弯钩增加量为 6.25d。

2. 直钢筋端部 90°弯钩增加量为 7.89d。

3. 箍筋端部弯钩 180°弯钩是 S 形单支箍。

4）当钢筋中部设计有搭接接头时，还应按公式另外增加搭接长度。

5）当直钢筋不是沿构件通长布置时，其钢筋长度应按图示长度另增加弯钩、弯折、搭接等长度计算。

（2）箍筋长度

1）方形或矩形箍筋。计算公式如下：

每箍长度＝构件断面周长－8×混凝土保护层厚度＋2×弯钩增加长度

① 当混凝土保护层厚度为主筋混凝土保护层厚度时，箍筋保护层厚度为主筋保护层厚度减箍筋直径。但当其小于 15mm 时，按 15mm 计取。

② 弯钩增加长度，根据设计规定的弯钩形式，按表 8-6 中数值取定。但设计要求平直长度、弯弧内径不同时，应另行计算。

③ 当设计为封闭焊接箍筋时，公式中 "2×弯钩增加长度" 应改为设计搭接焊的 "搭接长度"。

2）S 形单肢箍筋。计算公式如下：

$$每箍长度＝构件厚度－2×混凝土保护层厚度＋2×弯钩增加长度＋d$$

① 构件厚度为 S 形单肢箍筋布箍方向的厚度，d 为箍筋直径。多用于混凝土墙和大断面梁、柱双向尺寸的较小方向。

② 混凝土保护层厚度，按设计规定；设计无规定时，可参考表 8-1 取值。

③ 弯钩增加长度，可按表 8-6 中数值取定。

当钢筋的单根长度计算后，即可根据下式计算出钢筋质量（单位理论质量见表 8-7）：

$$钢筋质量＝单根长度×根数（箍数）×单位理论质量$$

表 8-7　钢筋单位理论质量表

规格		理论质量	规格		理论质量
直径/mm	截面面积/mm²	/（kg/m）	直径/mm	截面面积/mm²	/（kg/m）
6	28.3	0.222	20	314.2	2.47
6.5	33.2	0.260	22	380.1	2.98
8	50.3	0.395	25	490.9	3.85
10	78.5	0.617	28	615.8	4.83
12	113.1	0.888	32	804.2	6.31
14	153.9	1.21	36	1017.9	7.99
16	201.1	1.58	40	1256.6	9.87
18	254.5	2.00	50	1963.5	15.42

3. 钢筋图示根数及布置范围的确定

钢筋根数及布置范围，应按设计施工图规定确定。当图中无明确规定时，可参考以下条款确定：

1）混凝土带形基础底板在 T 形及十字形交接处，底板横向受力钢筋仅沿一个主要受力方向通长布置，另一个方向的横向受力钢筋可布置到主要受力方向底板宽度 1/4 处，如图 8-5a、b所示。在拐角处底板受力钢筋应沿两个方向布置，如图 8-5c 所示。

2）剪力墙水平分布钢筋应伸至墙端，并向内水平弯折 10d 后截断（d 为水平分布钢筋直径），如图 8-6a 所示。当端部有翼墙或转角墙时，内墙面两侧的水平分布钢筋和外墙内侧的水

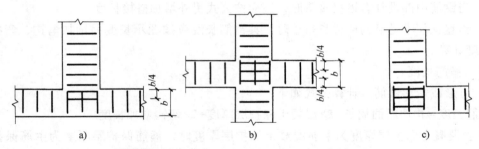

图 8-5 钢筋混凝土带形基础受力钢筋平面布置

平分布钢筋应伸至翼墙或转角墙外边，并分别向两侧水平弯折 15d 后截断，如图 8-6b、c 所示。

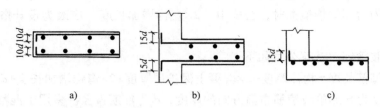

图 8-6 钢筋混凝土墙平面分布钢筋构造（1）

注：b、c 图中钢筋未全画出，以便图示清楚。

    在转角墙处，外墙外侧上下两侧水平分布钢筋应在墙端外角处弯入翼墙，按照构造要求，在配筋量较小一侧交错搭接或在转角两侧交错搭接，搭接长度为 $1.2l_{aE}$；外墙外侧水平分布钢筋按照构造要求在转角处搭接，搭接长度为 $0.8l_{aE}$，如图 8-7 所示。

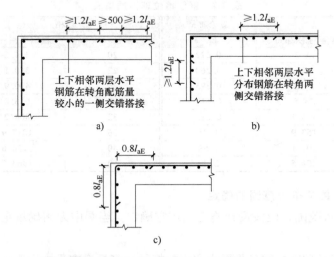

图 8-7 钢筋混凝土墙平面分布钢筋构造（2）

注：图中钢筋未全画出，以便图示清楚。

    3）柱箍筋通高布置。梁箍筋自距柱边 50mm 处开始布置，如图 8-6a 所示；次梁自距主梁边 50mm 处开始布置，如图 8-8b 所示。

4）有梁板中平行于梁的板筋，自距梁边 50mm 处开始布置，如图 8-9 所示。

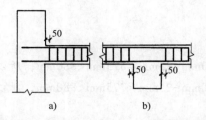

图 8-8 梁与柱、次梁与主梁交接箍筋始布点　　图 8-9 梁与板交接板筋始布点

5）梁上部构造负筋的分布钢筋，自距梁边 1/2 板筋间距开始布置，如图 8-10 所示。

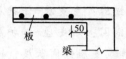

4. 钢筋工程量计算时应注意的问题

1）钢筋工程量计算应以设计施工图为依据。有些构造钢筋在设计施工图中省略（未画出），或只作文字

图 8-10 梁上负筋的分布钢筋始布点

说明，或指出参照某标准图集施工，有时连文字说明也未注写，而这些钢筋是在施工时必不可少的，在编制造价时应注意以下问题：

① 底板双层配置钢筋时的架立钢筋（又称为马凳筋或铁马）。

② 板周边上层负筋的分布钢筋。

③ 柱与砌体墙、构造柱与砌体墙、后砌隔墙与先砌墙等之间的拉结钢筋（又称为锚拉筋）。

④ 预制板缝内及板头缝内的设计增加钢筋。

⑤ 其他设计或标准图集要求的构造钢筋。

2）采用标准图集的预制构件，其钢筋图示用量可直接查得。

3）圈梁钢筋计算时，可先按其长度乘以根数计算出主筋量，再分别计算出一个 L 形、T 形、十字交叉形接头的主筋增加长度乘以各自的接头数。

例 8-1 如图8-11所示，二级抗震，混凝土强度等级 C30 的楼层框架梁 KL1 共 10 根，保护层厚度为 25mm，钢筋定尺长度为 9m，绑扎搭接。计算框架梁中钢筋的工程量。

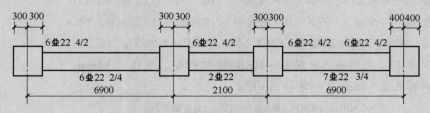

图 8-11 某框架梁平法施工图

解：

（1）计算上部通长筋：HRB400 级钢筋，直径为 22mm。

1）锚固长度查表8-4可得：

$$l_{aE} = 40d = 40 \times 22mm = 880mm$$

2）判断左右支座锚固方式：

左支座锚固：左支座-保护层厚度 = 600mm-25mm = 575mm < 880mm，所以弯锚

右支座锚固：右支座-保护层厚度 = 800mm-25mm = 775mm < 880mm，所以弯锚

3）计算端支座锚固长度：

左支座锚固长度 = 600mm-25mm+15d = 600mm-25mm+15×22mm = 905mm

右支座锚固长度 = 800mm-25mm+15d = 800mm-25mm+15×22mm = 1105mm

4）上部通长筋 =（905+6900+2100+6900-300-400+1105）mm = 17210mm

5）搭接个数（向口取整）：

$$n =（17210/9000-1）个 = 1 个$$

搭接长度搭接率50%时，$l_c = 49d = 49 \times 22mm = 1078mm$

6）上部通长筋 = 17210mm+1078mm = 18288mm = 18.29m

上部通长筋总长 = 18.29m×2×10 = 365.8m

（2）计算下部钢筋：HRB400级钢筋，直径为22mm。

下部钢筋左右端支座锚固同上部通长筋，中间支座处锚固按照直锚考虑。

中间支座锚固长度 = max（0.5h_c+5d，l_{aE}）

$$= max（0.5 \times 600mm+5 \times 22mm，880mm）= 880mm$$

第一跨下部钢筋 = 905mm+6900mm-600mm+880mm = 8085mm = 8.09m

第二跨下部钢筋 = 880mm+2100mm-600mm+880mm = 3260mm = 3.26m

第三跨下部钢筋 = 880mm+6900mm-300mm-400mm+1105mm = 8185mm = 8.19m

直径22的HRB400级下部钢筋总长 = 8.09m×6×10+3.26m×2×10+8.19m×7×10 = 1123.9m

（3）计算上部支座负筋：HRB400级钢筋，直径为22mm。

支座负筋左右端支座锚固同上部通长筋。

第一跨左第一排负筋 = 905mm+（6900-600）mm/3 = 3005mm = 3.01m

第一跨左第二排负筋 = 905mm+（6900-600）mm/4 = 2480mm = 2.48m

第三跨右第一排负筋 =（6900-700）mm/3+1105mm = 3172mm = 3.17m

第三跨右第二排负筋 =（6900-700）mm/4+1105mm = 2655mm = 2.66m

支座负筋总长 =（3.01+2.48+3.17+2.66）m×6×10 = 679.2m

（4）计算腰筋：图中为构造腰筋，HRB400级钢筋，直径为14mm。

第一跨钢筋长度 = 15d+第一跨净长+15d

$$= 6300mm+30 \times 14mm = 6720mm = 6.72m$$

第二跨钢筋长度 = 15d+第一跨净长+15d

$$= 1500mm+30 \times 14 = 1920mm = 1.92m$$

第三跨钢筋长度 = 15d+第一跨净长+15d

$$= 6200mm + 30 \times 14 = 6620mm = 6.62m$$

腰筋总长 $= (6.72 + 1.92 + 6.62)m \times 2$

$$= 30.52m$$

（5）箍筋 Φ10@ 100/200（2）的计算。

单根箍筋的长度 $=$ 梁截面周长-8 倍保护层厚度$+2 \times 1.9d + \max(10d, 75)mm \times 2$

$$= (300 + 700)mm \times 2 - (25 - 10)mm \times 8 + 2 \times 1.9 \times 10mm + \max(10 \times$$

$$10, 75)mm \times 2 = 2118mm = 2.12m$$

箍筋的根数 $=$ 加密区根数$+$非加密区根数

加密区长度 $= \max(1.5h_b, 500mm) = \max(1.5 \times 700mm, 500mm) = 1050mm$

第二跨净长 $= 1500mm < 1050mm \times 2$，因此第二跨全跨加密。

加密区根数 $= [(1050 - 50)/100 + 1]$根$\times 4 + [(1500 - 50 \times 2)/100 + 1]$根$= 59$ 根

非加密区根数 $= [(6300 - 1050 \times 2)/200 - 1]$根$+ [(6200 - 1050 \times 2)/200 - 1]$根$= 40$ 根

箍筋总长 $= 2.12m \times (59 + 40) \times 10 = 2098.8m$

直径为 22mm 的 HRB400 级钢筋的理论质量 $= [(365.8 + 1123.9 + 679.2) \times 2.98]kg = 6.463t$

直径为 14mm 的 HRB400 级钢筋的理论质量 $= (30.52 \times 1.21) = 0.037t$

直径为 10mm 的 HPB300 级箍筋的理论质量 $= (2098.8 \times 0.617) = 1.295t$

8.2.5　钢筋接头

钢筋电渣压力焊接接头、气压焊接头、直螺纹接头、锥螺纹接头、螺纹钢筋冷挤压接头等均按设计要求需要配制的数量计算。计算方法如下：

1）设计要求柱子主筋、剪力墙竖向钢筋采用机械接头的，可按建筑物层数计算接头数量。

2）钢筋的接头数量应按设计图示及规范要求计算；设计图示及规范要求未标明的，计算规定如下：Φ10 以内的长钢筋按每 12m 计算一个钢筋接头，Φ10 以上的长钢筋按每 9m 计算一个钢筋接头。

3）凡计算钢筋接头的，均不再计算钢筋搭接长度。

4）焊接封闭箍筋按设计要求需要配制的数量计算。

8.3　现浇混凝土工程

《工程量计算规范》现浇混凝土工程包括基础、柱、梁、墙、板、楼梯、后浇带及其他构件。

一般情况下，现浇混凝土工程量除另有规定外，均按设计图示尺寸以"m^3"计算。不扣除构件内钢筋、预埋铁件及墙、板中 $0.3m^2$ 以内孔洞所占体积；面积超过 $0.3m^2$ 的孔洞，其混凝土体积应予扣除，但留孔所需工料不另增加。

下面分别讲述现浇混凝土基础、柱、梁、板、墙等的工程量计算。

8.3.1 现浇混凝土基础

现浇混凝土基础一般都放置钢筋，其具有承载力大，整体性好，坚固、耐久、不怕水等优点。结构复杂、地下水位高及高层建筑等工程中，经常采用现浇混凝土基础。

《工程量计算规范》中设置了垫层（项目编码：010501001）、带形基础（项目编码：010501002）、独立基础（项目编码：010501003）、满堂基础（项目编码：010501004）、桩承台基础（项目编码：010501005）、设备基础（项目编码：010501006）的项目。工程量按设计图示尺寸以体积计算，不扣除伸入桩承台基础的桩头所占的体积。

在编制基础工程造价时，采用定额组价时，需注意以下几个方面的问题：

1）现浇混凝土项目定额中不包括模板费用，模板应另列项目计算。

2）除外购商品构件外，现浇混凝土构件内的钢筋、螺栓、铁件均应单独列项计算。

3）现浇混凝土定额子目中采用的是常用强度等级、石子种类和粒径，如与设计不符时，可以调整；如采用现场搅拌混凝土，需按定额中相应子目计算现场搅拌混凝土调整费用；如采用预拌混凝土，可直接换算混凝土单价。当预拌混凝土单价中不包括运输费时，需另列项目计算混凝土场外运输费。

4）定额中，预拌混凝土指的是在混凝土厂集中搅拌、用混凝土罐车运输到施工现场并入模的混凝土，其中圈梁、过梁及构造柱项目已经综合考虑因施工条件限制不能直接入模的因素。

5）固定泵、泵车项目适用于混凝土送到施工现场未入模的情况，泵车项目适用于高度15m 以内，固定泵适用于所有高度。

常见的现浇混凝土基础有带形基础、独立基础、杯形基础、满堂基础、箱形基础、设备基础、桩承台基础等。

现浇混凝土基础垫层与基础工程量，均按设计图示尺寸以体积计算，不扣除构件内钢筋、铁件、螺栓等所占体积。

1. 带形基础工程量及定额应用

现浇混凝土带形基础

现浇混凝土带形基础计算示例

带形基础又称为条形基础，其外形呈长条状，断面形式一般有梯形、阶梯形和矩形等，常用于房屋上部荷载较大、地基承载能力较差的混合结构房屋墙下基础，如图 8-12 所示。

带形基础定额中不区分有肋式和无肋式均按带形基础项目计算，有肋式带形基础，肋高小于或等于1.2m 时，合并计算；大于 1.2m 时，扩大顶面以下的基础部分，按无肋式带形基础项目计算，扩大顶面以

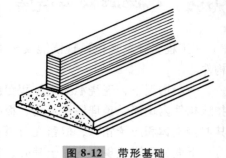
图 8-12　带形基础

上部分执行墙的项目。

（1）有肋式、无肋式带形基础的区分　混凝土带形基础一般分为有肋式带形基础和无肋式带形基础。有肋式带形基础与无肋式带形基础，主要是根据带形基础的几何形状来区别的。

区分两者的判断方法是：

1）凡带形基础上部有梁的几何特征，无论是否配有钢筋，也无论配筋形式如何，均属于有肋式带形基础，如图 8-13 所示。

2）凡带形基础上部没有梁的几何特征，均属于无肋式带形基础，如图 8-14 所示。

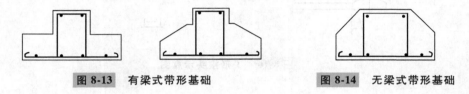

图 8-13　有梁式带形基础　　　　图 8-14　无梁式带形基础

（2）工程量计算

1）计算公式如下：

$$V = FL + V_T$$

式中　V——带形基础工程量（m^3）；

　　　F——带形基础断面面积（m^2）；

　　　L——带形基础长度（m）；

　　　V_T——T 形接头的搭接部分体积（m^3）。

2）基础长度确定。

① 外墙基础长度：按外墙带形基础中心线长度。

② 内墙基础长度：按内墙带形基础净长线长度（图 8-15）。

3）T 形接头搭接部分体积。T 形接头搭接部分是指带形基础的丁字相连处和十字相连处，既没有计入外墙带形基础工程量也没有计入内墙带形基础工程量的那一部分搭接体积，如图 8-16 所示。

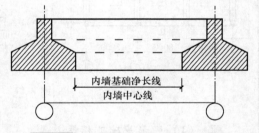

图 8-15　内墙带形基础净长线示意图

T 形接头的体积可按下式计算（式中各变量见图 8-14 标注）：

$$V_T = V_1 + V_2 + V_3$$

$$V_1 = bHL_T$$

$$V_2 = bh_1 L_T / 2$$

$$V_3 = \frac{2}{3} \left[h_1 (B - b) / 4 \right] L_T$$

或

$$V_T = bHL_T + (2b + B) h_1 L_T / 6$$

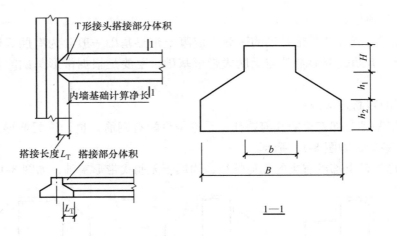

图 8-16 T 形接头示意图

例 8-2 图8-17为某带形基础平面图。基础混凝土强度等级为C30，选用商品混凝土，单价为 470 元/m³，按施工组织设计，现场采用固定泵泵送混凝土。计算带形基础的清单综合单价和合计。

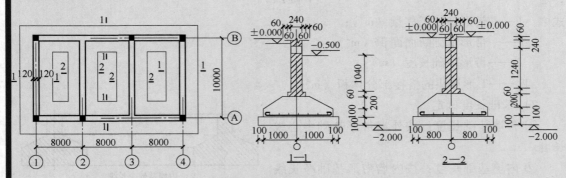

图 8-17 带形基础平面图

解：（1）带形基础工程量。

1）计算断面面积：

$$S_{1-1} = [2×0.1+(0.48+2)×0.2/2] \text{m}^2 = 0.448\text{m}^2$$

$$S_{2-2} = [1.6×0.1+(0.48+1.6)×0.2/2] \text{m}^2 = 0.368\text{m}^2$$

2）计算基础长度：

$$L_{外} = (8+8+8+10) \text{m}×2 = 68\text{m}$$

$$L_{内} = (10-1×2) \text{m}×2 = 16\text{m}$$

3）计算基础体积：

$$V_{1-1} = (0.448×68) \text{m}^3 = 30.46\text{m}^3$$

$$V_{2-2}=(0.368\times16)\,\text{m}^3=5.89\text{m}^3$$

$$V_{\text{T形接头}}=\left[(0.48\times2+1.6)\times0.2\times(1-0.24)/6\right]\text{m}^3\times4=0.26\text{m}^3$$

$$V=V_{1-1}+V_{2-2}+V_{\text{T形接头}}=36.61\text{m}^3$$

（2）计算泵送混凝土工程量。

$$V_{\text{泵送}}=36.61\text{m}^3/10\times10.1=36.98\text{m}^3$$

（3）依据某地区预算定额（表8-8）计算清单综合单价和合计。

表 8-8　某地区带形基础和固定泵预算定额　　　（单位：10m³）

工作内容：1. 浇筑、振捣、养护。2. 泵管安拆、清理、堆放、输送泵就位、混凝土输送、清理等。

定额编号			5-3	5-87
项目			混凝土带形基础	泵送混凝土固定泵
基价（元）			3354.20	150.24
其中	人工费（元）		432.63	18.29
	材料费（元）		2636.07	25.69
	机械费（元）		—	87.20
	其他措施费（元）		17.78	1.14
	安文费（元）		38.65	2.49
	管理费（元）		114.53	7.37
	利润（元）		66.61	4.28
	规费（元）		47.93	3.08
名称	单位	单价（元）	数量	
综合工日	工日	—	(3.42)	(0.22)
预拌混凝土 C20	m³	260	10.100	—

换算后的带形基础定额综合单价 = 432.63 元/10m³ + 2636.07 元/10m³ + （470−260）元/m³ × 10.1m³/10m³ + 114.53 元/10m³ + 66.61 元/10m³ = 5370.84 元/10m³

泵送混凝土固定泵定额综合单价 = 18.29 元/10m³ + 25.69 元/10m³ + 87.20 元/10m³ + 7.37 元/10m³ + 4.28 元/10m³ = 142.83 元/10m³

清单项目综合单价 = （∑该清单项目所包含的各定额项目工程量×定额综合单价)/该清单项目工程量

带形基础清单项目综合单价 = （5370.84 元/10m³ × 36.61m³ + 142.83 元/10m³ × 36.98m³)/36.61m³ = 551.51 元/m³

带形基础清单项目综合单价合计 = 551.51 元/m³ × 36.61m³ = 20190.78 元

2. 独立基础工程量计算及定额应用

独立基础是指现浇钢筋混凝土柱下的单独基础。其施工特点是柱子与基础整浇为一体。独立基础是柱子基础的主要形式，按其形式可分为阶梯形和坡形，如图 8-18 所示。

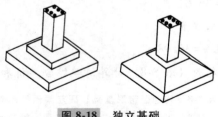

图 8-18　独立基础

（1）独立基础与柱子的划分　以柱基上表面为分界线，以下为独立基础。图 8-19 是三种独立基础与柱子的划分示意图。

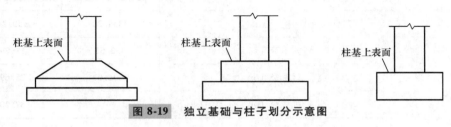

图 8-19　独立基础与柱子划分示意图

（2）独立基础与带形基础的区分　具体规定如下：

当一个基础上只承受一根柱子的荷载时，按独立基础计算。

（3）独立基础工程量计算　具体规定如下：

1）阶梯形独立基础的体积，按图示尺寸分别计算出每阶的立方体体积。

2）坡形独立基础中四棱锥台（图 8-20）的体积计算公式如下：

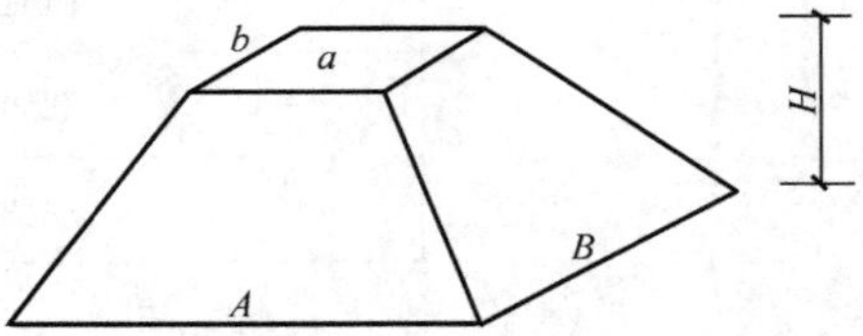

$$V=[AB+(A+a)(B+b)+ab]H/6$$

式中　V——四棱锥台体积（m^3）；

　　A、B——四棱锥台底边的长、宽（m）；

　　a、b——四棱锥台上边的长、宽（m）；

　　H——四棱锥台的高度（m）。

图 8-20　四棱锥台

3. 杯形基础工程量计算及定额应用

杯形基础是指预制钢筋混凝土柱下的现浇单独基础，它是一般预制装配式单层和多层工业厂房常用的基础形式。其施工特点是，现浇单独基础时，将基础的顶部做成杯口，待其达到规定强度后，再将预制钢筋混凝土柱插入杯口内，最后灌注细石混凝土使柱与基础连成整体。杯形基础按其形式可分为阶梯形和锥形，如图 8-21a 所示，一般以锥形居多，其中锥形又可分为一般锥形和高脖锥形，如图 8-21b 所示。对于高脖杯形基础，即基础扩大顶面以上短柱部分高大于 1m 时，短柱与基础分别计算，短柱执行柱项目，基础执行独立基础项目。

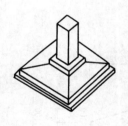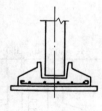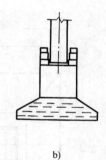

a)

b)

图 8-21　杯形基础示意图

杯形基础工程量计算分阶梯形和锥形两种。

（1）阶梯形杯形基础工程量

$$工程量 = 外形体积 - 杯芯体积$$

外形体积可分阶按图示尺寸计算，计算时不考虑杯芯，杯芯体积按四棱锥台计算公式计算。

（2）锥形杯形基础工程量

$$工程量 = 底座体积 + 四棱锥台体积 + 脖口体积 - 杯芯体积$$

四棱台体积的计算同独立基础。四棱锥台、脖口体积计算时，不考虑杯芯。

例 8-3　某车间杯形基础，共 20 个，如图 8-22 所示，采用 C20 预拌混凝土，市场价为 405 元/m^3。试计算定额综合基价合计。

解：（1）杯形基础工程量。

杯形基础的工程量，由脖口部分（V_1）、四棱锥台部分（V_2）、基底部分（V_3）、再扣除杯芯部分（V_4）组成。即杯形基础工程量 $V = V_1 + V_2 + V_3 - V_4$。

1）计算 V_1：

$V_1 = (0.3 \times 2 + 0.025 \times 2 + 0.5) \text{m} \times (0.3 \times 2 + 0.025 \times 2 + 0.9) \text{m} \times 0.4 \text{m} = 0.713 \text{m}^3$

2）计算 V_2：

$V_2 = 0.3 \text{m} \times [3.0 \times 4.2 + (3.0 + 1.15) \times (4.2 + 1.55) + 1.15 \times 1.55] \text{m}^2 / 6$

$= 1.912 \text{m}^3$

3）计算 V_3：

$V_3 = 3.0 \text{m} \times 4.2 \text{m} \times 0.4 \text{m} = 5.040 \text{m}^3$

4）计算 V_4：

$V_4 = 0.85 \text{m} / 6 \times [0.5 \times 0.9 + (0.5 + 0.025 \times 2 + 0.5) \times (0.9 + 0.025 \times 2 + 0.9) + (0.5 + 0.025 \times 2) \times (0.9 + 0.025 \times 2)] \text{m}^2 = 0.413 \text{m}^3$

5）杯形基础工程量：

$$V = V_1 + V_2 + V_3 - V_4 = (0.713 + 1.912 + 5.040 - 0.413) \text{m}^3 = 7.252 \text{m}^3$$

杯形基础的工程量为每个 7.252m^3，20 个杯形基础工程量为 7.252m$^3 \times 20 = 145.04$m^3

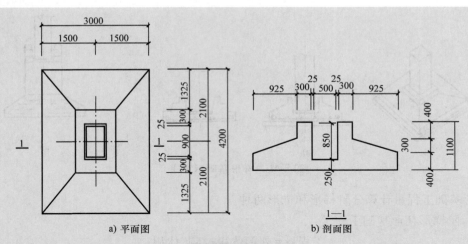

a) 平面图   b) 剖面图

图 8-22 杯形基础

（2）定额综合基价合计。

1）根据条件查得原定额子目基价为 3239.26 元/10m³，该定额子目中采用 C20 预拌混凝土，定额单价为 260 元/m³。

2）进行定额子目换算：单价换入 C20 预拌混凝土市场价 405 元/m³，定额含量为 10.1m³/10m³；换出 C20 预拌混凝土单价为 260 元/m³。利用换算公式：

换算后定额基价=子目原基价+（换入材料单价-换出材料单价）×换出材料定额含量
= 3239.26 元/10m³+（405-260）元/m³×10.1m³/10m³ = 4703.76 元/10m³

（3）定额基价合计。

定额基价合计=工程量×换算后基价=145.04m³×4703.76 元/10m³ = 68223.34 元

4. 满堂基础工程量计算及定额应用

当独立基础、带形基础不能满足设计需要时，在设计上将基础联成一个整体，称为满堂基础（又称为筏形基础）。这种基础适用于设有地下室或软弱地基及有特殊要求的建筑，定额中把满堂基础分为有梁式及无梁式两种。

定额中满堂基础区分有梁式和无梁式，设置了有梁式满堂基础和无梁式满堂基础的子目。

（1）有梁式满堂基础与无梁式满堂基础的区分　具体规定如下：

1）有梁式满堂基础是指带有凸出板面的梁的满堂基础，如图 8-23 所示。

2）无梁式满堂基础是指无凸出板面的梁的满堂基础。无梁式满堂基础形似倒置的无梁楼盖。但应注意，带有镶入板内暗梁的满堂基础，不属于有梁式满堂基础，应划入无梁式满堂基础内。

3）满堂基础底面向下加深的梁，可按带形基础计算。即满堂基础底板仍执行无梁式满堂基础，其向下凸出部分执行带形基础。

（2）工程量计算　具体规定如下：

1）有梁式满堂基础：按图示尺寸梁板体积之和以"m³"计算。

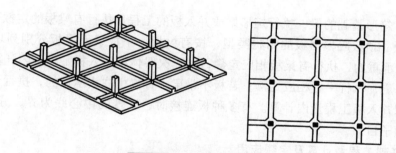

图 8-23 有梁式满堂基础

有梁式满堂基础与柱子的划分：柱高应从柱基的上表面计算。即以梁的上表面为分界线，梁的体积并入有梁式满堂基础，不能从底板的上表面开始计算柱高。

2）无梁式满堂基础：按图示尺寸以"m³"计算。边肋体积并入基础工程量内计算。

无梁式满堂基础与柱子的划分：无梁式满堂基础以板的上表面为分界线，柱高从柱墩的上表面开始计算，柱墩体积并入满堂基础内计算。

5. 箱形基础工程量计算及定额应用

箱形基础是指由顶板、底板及纵横墙板（包括镶入钢筋混凝土墙板中的柱）连成整体的基础，如图 8-24 所示。箱形基础具有较好的整体刚度，多用于天然地基上中高层建筑的基础，有抗震、人防及地下室要求的高层建筑也多采用箱形基础。

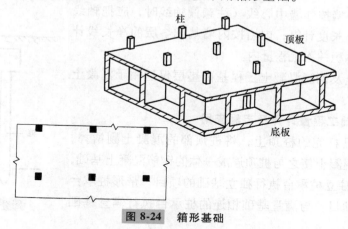

图 8-24 箱形基础

箱形基础应分别按满堂基础、柱、梁、墙、顶板分别列项，执行相应定额子目。

（1）基础底板 基础底板无论有无内外纵横隔墙及底板内有无暗梁，均按基础底板面积乘以厚度以"m³"计算，执行满堂基础定额子目。

（2）墙 内外墙在工程量计算时，应扣除门窗洞口及 0.3m² 以上的孔洞体积，但留孔所需工料不另增加。镶入钢筋混凝土墙中的圈梁、过梁、柱及外墙八字角处加厚部分体积并入墙体工程量内计算，执行钢筋混凝土墙相应定额子目。

（3）柱 箱形基础内的柱，执行钢筋混凝土现浇柱相应定额子目。柱高按从底板上表面至顶板上表面计算。

（4）梁 箱形基础的梁，执行矩形梁或并入板的工程量执行有梁板的定额子目。

（5）顶板 顶板应根据板的结构类型，按有梁板、平板或无梁板分别列项计算，即若板由主、次梁承重的，执行有梁板相应定额，主、次梁体积并入板工程量内计算；若板由钢筋混凝土墙承重，执行平板相应定额；若板不带梁，直接由柱头承重的，执行无梁板相应定额，柱帽体积并入板工程量内计算。有多种板连接时，以墙的中心线为界，分别列项计算，执行相应定额子目。

6. 设备基础工程量计算及定额应用

为安装锅炉、机械或设备等所做的基础称为设备基础。

设备基础工程量计算按图示尺寸以"m³"计算，不扣除螺栓套孔洞所占的体积。

应注意：框架式设备基础定额未直接编列项目，计算时应分别按基础、柱、梁、板套用钢筋混凝土分部相应定额子目，不执行设备基础定额。设备基础除块体以外，其他类型设备基础分别按基础、梁、柱、板、墙等有关规定计算，套用相应定额子目。

设备基础二次灌浆按实际灌注的混凝土体积计算。设计灌注材料与定额不同时，可以换算。

7. 基础混凝土垫层工程量计算及定额应用

基础垫层工程量按设计图示尺寸以体积计算：

$$V=基础垫层长度×垫层断面面积$$
或
$$V=基础垫层面积×垫层厚度$$

垫层长度：外墙按外墙中心线（注意偏轴线时，应把轴线移至中心线位置）长度计算；内墙按内墙基础垫层的净长线计算。凸出部分的体积并入工程量内。

注意：混凝土及钢筋混凝土工程基础垫层仅适用于混凝土垫层。

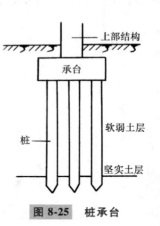

8. 桩承台基础工程量计算及定额应用

桩承台是在已打完的桩顶上，将桩顶部的混凝土剔凿掉，露出钢筋，浇灌混凝土使之与桩顶连成一体的钢筋混凝土基础，如图 8-25 所示。独立桩承台执行独立基础的项目；带形桩承台执行带形基础的项目；与满堂基础相连的桩承台执行满堂基础的项目。

图 8-25 桩承台

工程量计算按图示桩承台尺寸以"m³"计算。

8.3.2 现浇混凝土柱

现浇混凝土柱

现浇混凝土柱计算示例

1. 概述

柱子按照截面形式的不同分为异形柱、圆柱、矩形柱和构造柱。

异形柱是指柱面有凹凸或竖向线脚的柱，截面为工形、L 形、十字形、T 形或正五边至正七边形柱。

圆柱是指截面为圆形或七边以上的正多边形柱。

矩形柱是指截面为矩形或变截面的矩形柱（如底 600mm×600mm，顶 600mm×400mm）。

构造柱是指设计要求先砌筑墙体、后浇筑混凝土的柱，而柱至少有一边以墙体为侧模板。

2. 现浇混凝土柱工程量的计算

《工程量计算规范》中设置了矩形柱（项目编号：0105026001）、构造柱（项目编号：010502002）、异形柱（项目编号：010502003）的项目。柱工程量按图示体积以"m^3"计算。其体积按设计柱断面面积乘以柱高计算，依附柱上的牛腿的体积并入柱身体积计算：

$$柱工程量 = 设计柱断面面积 × 柱高$$

（1）柱高的确定（图 8-26）　具体规定如下：

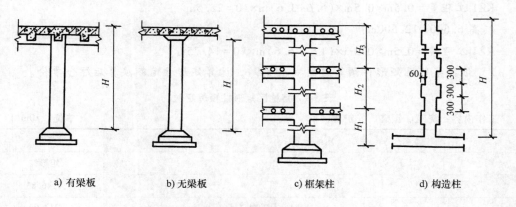

a) 有梁板　　　b) 无梁板　　　c) 框架柱　　　d) 构造柱

图 8-26　柱高的确定

1）有梁板的柱高，应自柱基（或楼板）上表面算至上层楼板上表面。

2）无梁板的柱高，应自柱基（或楼板）上表面算至柱帽下表面。

3）框架柱的柱高，有楼隔层者应自柱基上表面或楼板上表面至上一层的楼板上表面；无楼隔层者应自柱基上表面至柱顶高度计算。

4）构造柱的柱高，应自柱基（或圈梁）上表面算至柱顶面；如需分层计算时，首层构造柱柱高应自柱基（或圈梁）上表面算至上一层圈梁上表面，其他各层为各楼层上、下两道圈梁上表面之间的距离。若构造柱上、下与主、次梁连接，则以上、下主次梁间净高计算柱高。

（2）断面面积的确定　具体如下：

1）矩形柱、圆形柱，均以图示断面尺寸计算断面面积。

2）构造柱按图示尺寸（包括与砖墙咬接部分在内）计算断面面积。

3. 现浇混凝土柱的定额应用

1）定额中，现浇混凝土柱设置了矩形柱、异形柱、圆形柱、构造柱和钢管混凝土柱的定额子目。

2）各肢截面高度与厚度之比的最大值不大于4的剪力墙按柱项目列项。

3）独立现浇门框按构造柱项目执行。

4）凸出混凝土柱的线条，并入相应柱构件内计算。

例8-4　某项目KZ1截面为500mm×500mm，共10根，标高−3.600～6.600m混凝土强度等级为C30，标高6.600～12.500m混凝土强度等级为C25，选用预拌混凝土，C30、C25预拌混凝土市场价分别为470元/m^3和425元/m^3。列项计算KZ1的清单综合单价和合计。

解：选用预拌混凝土，施工组织设计未说明，按照混凝土运送到现场后直接入模考虑。

1）计算矩形柱的工程量。

标高−3.600～6.600m：

KZ1工程量=0.5m×0.5m×（6.6+3.6）m×10=25.5m^3

标高6.600～12.500m：

KZ1工程量=0.5m×0.5m×（12.5-6.6）m×10=14.75m^3

2）依据某地区矩形柱预算定额（表8-9），计算矩形柱定额换算后综合单价。

表8-9　某地区矩形柱预算定额

工作内容：浇筑、振捣、养护等。　　　　　　　　　　　　　　　　　　　（单位：10m^3）

定额编号			5-11
项目			矩形柱
基价（元）			4146.83
其中	人工费（元）		913.09
	材料费（元）		2631.85
	机械费（元）		—
	其他措施费（元）		37.79
	安文费（元）		81.49
	管理费（元）		241.45
	利润（元）		140.42
	规费（元）		101.04
名称	单位	单价（元）	数量
综合工日	工日	—	（7.21）
预拌混凝土C20	m^3	260	9.797

标高-3.600~6.600m：

5-11H 换算后的综合单价 = 913.09 元/10m³ + 2631.85 元/10m³ + (470 - 260) 元/m³ ×

$$9.797m^3/10m^3 + 241.45 \text{ 元}/10m^3 + 140.42 \text{ 元}/10m^3$$

$$= 5984.18 \text{ 元}/10m^3 = 598.42 \text{ 元}/m^3$$

标高 6.600~12.500m：

5-11H 换算后的综合单价 = 913.09 元/10m³ + 2631.85/10m³ + (425 - 260) 元/m³ × 9.797m³/

$$10m^3 + 241.45 \text{ 元}/10m^3 + 140.42 \text{ 元}/10m^3$$

$$= 5543.32 \text{ 元}/10m^3$$

$$= 554.33 \text{ 元}/m^3$$

3）计算矩形柱清单综合单价合计。

清单综合单价合计 = 598.42 元/m³ × 25.5m³ + 554.33 元/m³ × 14.75m³ = 23436.08 元

表 8-10 为分部分项工程量清单与计价表。

表 8-10 分部分项工程量清单与计价表

序号	项目编码	项目名称	项目特征描述	计量单位	工程量	金额（元）		
						综合单价	合价	其中：暂估价
1	010502001001	矩形柱	预拌混凝土 C30	m³	25.5	598.42	15259.71	—
2	010502001002	矩形柱	预拌混凝土 C25	m³	14.75	554.33	8176.37	
			本页小计					
			合计				23436.08	

例 8-5 试计算如图 8-27 所示混凝土构造柱体积。已知：柱高为 2.9m，断面尺寸为 240mm×360mm，与砖墙咬接尺寸为 60mm。

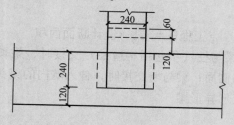

图 8-27 某工程构造柱示意图

解： 设混凝土构造柱体积为 V，嵌入一砖墙内的构造柱体积为 V_1，嵌入一砖半墙内的构造柱体积为 V_2，则：

$$V = V_1 + V_2$$

$$V_1 = (0.12 + 0.06/2)m \times 0.24m \times 2.90m = 0.104m^3$$

$$V_2 = [0.24 + (2 \times 0.06)/2]m \times 0.24m \times 2.90m = 0.209m^3$$

$$V = (0.104 + 0.209)m^3 = 0.313m^3$$

8.3.3 现浇混凝土梁

现浇混凝土梁

现浇混凝土梁计算示例

1. 现浇混凝土梁的分类

现浇混凝土梁分为基础梁、矩形梁、异形梁、圈（过）梁、叠合梁等。

1）基础梁：直接以垫层为模板的梁。

2）矩形梁：截面为矩形，非有梁板的梁。独立柱之间悬空的基础连续梁可按矩形梁列项。

3）异形梁：梁截面为 T 形、十字形、工形，非有梁板的梁。

4）圈梁：以墙体为底模板浇筑的梁，包括以墙体为底模板浇筑的框架梁、连系梁。

5）过梁：在墙体砌筑过程中，门窗洞口上同步浇筑的梁。

6）叠合梁：在预制梁上部预留一定高度，甩出钢筋，待楼板安装就位后加绑钢筋，再浇筑混凝土的梁。

2. 现浇混凝土梁工程量计算

《工程量计算规范》中设置了基础梁（项目编码：010503001）、矩形梁（项目编码：010503002）、异形梁（项目编码：010503003）、圈梁（项目编码：010503004）、过梁（项目编码：010503005）、弧形、拱形梁（项目编码：010503006）的项目。工程量按设计图示尺寸以体积计算，伸入墙内的梁头、梁垫并入梁体积内计算。

（1）矩形梁

1）计算公式如下：

$$工程量 = 梁长 \times 设计断面面积$$

2）梁长的计算规定：梁与柱（不包括构造柱）交接时，梁长算至柱侧面；主、次梁交接时，次梁长度算至主梁的侧面；梁与墙交接时，伸入墙内的梁头包括在梁的长度内计算。

（2）T 形、十字形、工形异形梁

1）计算公式如下：

$$工程量 = 梁长 \times 设计断面面积$$

2）梁长的计算规定，同单梁、连续梁

（3）变截面梁（异形梁，图 8-28）

1）计算公式如下：

$$工程量 = L_2 b(h_1 + h_2)/2$$

式中　h_1、h_2——变截面部分两头的高度（m）；

　　　L_2——变截面部分的长度（m）；

　　　b——变截面梁的宽度（m）。

2）变截面梁梁长为变截面部分的长度。与变截面部分连接的梁，应根据其结构特

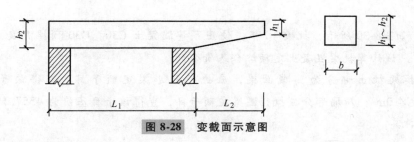

图 8-28　变截面示意图

列项目计算，套用相应的单梁、连续梁、圈（过）梁定额子目。若相连的为 T 形、十字形、工形梁时，则工程量合并计算，执行异形梁定额子目。

（4）圈（过）梁

1）计算公式如下：

$$工程量 = 梁长 × 设计断面面积$$

2）过梁长度按图示长度计算。圈梁代过梁者，过梁部分应与圈梁部分分别列项，其过梁长度按门、窗洞口外围宽度两端共加 50cm 计算。

（5）叠合梁（图 8-29a）　叠合梁按梁执行，工程量按设计图示的第二次浇筑部分的体积以 "m³" 计算。图 8-29b 所示为空心板端头后浇带，不能执行叠合梁定额。

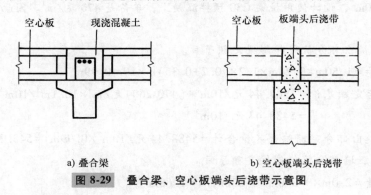

a) 叠合梁　　　　　　　　b) 空心板端头后浇带

图 8-29　叠合梁、空心板端头后浇带示意图

3. 现浇混凝土梁定额应用

1）变截面梁，执行异形梁子目。

2）现浇混凝土单梁、连续梁、异形梁，若与楼板整浇一体时，单梁、连续梁、异形梁等不能单独列项计算，其体积并入现浇板工程量内，执行现浇有梁板定额子目。

3）地圈梁、L 形圈梁仍执行圈梁定额子目。

4）凸出混凝土梁的线条，并入梁构件内计算；凸出混凝土阳台梁外侧 300mm 以内的装饰线条，执行扶手、压顶项目。

5）阳台、雨篷、挑梁等嵌入墙内的梁，按圈梁列项计算。

6）空门洞、空圈上的梁，应按过梁列项计算，不能按单梁列项计算。

7）圈（过）梁与主、次梁或柱（包括构造柱）交接者，圈（过）梁长度应算至主、次梁或柱的侧面。圈梁与现浇板整浇时，板算至圈梁侧面，圈梁部分仍应单独列项计算。

8）与主体结构不同时浇捣的厨房、卫生间等处墙体下部的现浇混凝土翻边执行圈梁的相应项目。

例 8-6 如图8-30所示，挑梁 10 根，使用预拌混凝土 C30，C30 预拌混凝土市场价为 470 元/m³，试计算挑梁混凝土定额综合基价合计。

解： 挑梁挑出部分为变截面梁，应执行异形梁定额子目，查得该子目基价为 3367.44 元/10m³；压墙部分应执行圈梁定额子目，查得该子目基价为 4557.17 元/10m³；分别列项计算。

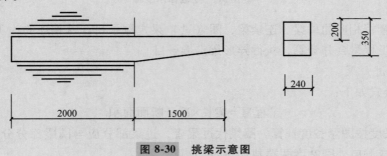

图 8-30 挑梁示意图

某地区异形梁、圈梁定额子目中所含混凝土均为 C20 预拌混凝土，单价是 260 元/m³，含量 $10.1m^3/10m^3$，设计使用挑梁 C30 预拌混凝土，单价是 470 元/m³。因此，应对子目基价进行换算。

(1) 挑梁挑出部分执行异形梁定额子目。

1) 工程量 = 1.50m×0.24m×1/2×(0.2+0.35)m×10 = 0.99m³

2) 换算后定额基价 = 3367.44 元/10m³+(470-260) 元/m³×10.1m³/10m³
    = 5488.44 元/10m³

3) 挑梁挑出部分定额综合基价合计 = 5488.44 元/10m³×0.99m³ = 543.36 元

(2) 挑梁压墙部分执行圈梁定额子目。

1) 工程量 = 2.0m×0.240m×0.35m×10 = 1.68m³

2) 换算后定额基价 = 4557.17 元/10m³+(470-260) 元/m³×10.1m³/10m³
    = 6678.17 元/10m³

3) 压墙部分定额综合基价合计 = 6678.17 元/10m³×1.68m³ = 1121.93 元

(3) 10 根挑梁的定额综合基价合计。

10 根挑梁定额综合基价合计 = (543.36+1121.93)元 = 1665.29 元

8.3.4 现浇混凝土墙

1. 概述

《工程量计算规范》中，现浇混凝土墙分为一般混凝土墙、短肢剪力墙和挡土墙，一般混凝土墙包括直形墙、弧形墙。

某地区定额中直形墙分为毛石混凝土、混凝土两个子目；另列了电梯井壁直形墙和滑模混凝土墙的定额子目。

现浇混凝土板、墙、楼梯

在使用定额时应注意以下事项：

1）短肢剪力墙。短肢剪力墙是指截面厚度不大于 300mm，各肢截面高度与厚度之比的最大值大于 4 但不大于 8 的剪力墙。

2）外形尺寸体积 1m³ 以上的独立池槽及建筑物相连的梁、板、墙结构水池，分别执行梁、板、墙相应项目。

2. 工程量的计算

各种墙体工程量均按体积以"m³"计算。应扣除门窗洞口面积及单个面积 0.3m² 以上的孔洞面积所占的体积。墙垛及凸出墙面部分并入墙体体积内计算。墙身与框架柱连接时，墙长算至框架柱的侧面。

8.3.5　现浇混凝土板

1. 概述

现浇混凝土板分为有梁板、无梁板、平板、筒壳、双曲薄壳、栏板、天沟挑檐板、雨篷、阳台板及预制板间补现浇板缝等。

1）有梁板：是指主、次梁与板整体现浇构成的板。

2）无梁板：是指不带梁而直接用柱头支撑的板。

3）平板：是指除去有梁板、无梁板的现浇板。

4）筒壳：是指筒状薄壳屋盖。

5）双曲薄壳：是指筒壳以外的曲线形薄壳屋盖。

6）预制板间补现浇板缝：是指设计施工图中，板缝小于预制板的模数，但需支模才能浇筑的混凝土板缝。

2. 现浇混凝土板工程量计算

现浇混凝土板按设计图示尺寸以体积计算。不扣除构件内钢筋、预埋铁件及单个面积 0.3m² 以内的柱、垛以及孔洞所占的体积。压型钢板混凝土楼板扣除构件内压型钢板所占体积。各类板伸入墙内的板头并入板体积内计算。

1）有梁板工程量，按梁、板体积之和以"m³"计算。

2）无梁板工程量，按板和柱帽体积之和以"m³"计算。周边带围梁者，并入无梁板工程量内计算。

3）平板工程量，按板的体积以"m³"计算。

4）筒壳、双曲薄壳工程量，按图示尺寸以"m³"计算。薄壳板的肋、基梁并入薄壳体积内计算。

5）预制板间补现浇板缝工程量，按设计板缝宽度乘以板厚乘以板长以"m³"计算。

6）现浇挑檐、天沟板、雨篷、阳台板（包括遮阳板、空调板）按设计图示尺寸以墙外部分体积计算，包括伸出墙外的牛腿和反挑檐的体积。伸入墙内的梁执行相应子目。

现浇挑檐、天沟板、雨篷、阳台与板（包括屋面板、楼板）连接时，以外墙外边线为分界线；与圈梁（包括其他梁）连接时，以梁外边线为分界线，外边线以外为挑檐、天沟、雨篷或阳台。

7）栏板按设计图示尺寸以体积计算，包括伸入墙内部分。楼梯栏板的长度，按设计图示长度计算。

8）现浇空心板工程量按设计图示尺寸以"m³"计算，空心部分体积应扣除。

3. 现浇混凝土板定额应用

1）叠合板执行板的相应项目。

2）压型钢板上浇捣混凝土，执行平板项目，人工乘以系数1.10。

3）挑檐、天沟壁在400mm以内，执行挑檐项目；挑檐、天沟壁大于400mm，按全高执行栏板项目。

4）空调板执行悬挑板子目。

5）凸出混凝土外墙、梁外侧大于300mm的板，按伸出外墙的梁、板体积合并计算，执行悬挑梁项目。

6）定额中，斜板是按坡度>10°且≤30°综合考虑的。斜板坡度在10°以内执行相应的梁、板项目；坡度在30°以上45°以内时人工乘以系数1.05；坡度在45°以上60°以内时人工乘以系数1.10；坡度在60°以上时人工乘以系数1.20。

7）板与圈梁连接时，板算至圈梁的侧面。

8）板与挑檐天沟连接时，以墙外皮为分界线。

9）有多种板连接时，应以墙的中心线为分界线，分别列项计算。伸入墙内的板头，并入板内计算。

10）有梁板、平板及预制板之间补现浇板缝在具体应用时需根据板厚不同分别处理。

例8-7 如图8-31所示，某写字楼全框架结构，现浇楼板。结构尺寸：框架柱为500mm×500mm，主梁（DL）为400mm×700mm，连续梁（LL1、LL2）为300mm×600mm，楼板厚120mm。采用C30预拌混凝土，市场价为470元/m³。底层柱基顶面至楼板上表面5.4m，层高4.8m，2~8层层高均为3.3m。试计算框架柱和楼板的定额基价合计。

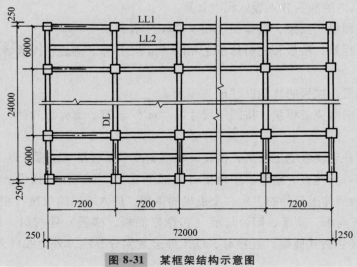

图8-31 某框架结构示意图

解：（1）工程量计算。

1）底层现浇柱工程量 $V_{柱1}$：

$$V_{柱1} = 5.40m×0.50m×0.50m×11×5 = 74.25m^3$$

2）2~8层现浇柱工程量 $V_{柱2}$：

$$V_{柱2} = 3.3m×0.5m×0.5m×11×5×7 = 317.63m^3$$

3）底层现浇有梁板工程量 V_{DL}、V_{LL1}、V_{LL2}、$V_{板}$：

$$V_{DL} = 0.40m×(0.7-0.12)m×(24-0.50×4)m×11 = 56.14m^3$$

$$V_{LL1} = 0.30m×(0.60-0.12)m×(72-0.50×10)m×5 = 48.24m^3$$

$$V_{LL2} = 0.30m×(0.60-0.12)m×(72-0.40×10)m×4 = 39.17m^3$$

$$V_{板} = [24.5×72.5×0.12-0.50×0.50×0.12×55-(7.2-0.5)×0.1×$$

$$10×2×0.12-(6-0.5)×0.05×4×2×0.12]m^3 = 209.63m^3$$

4）底层现浇有梁板工程量 V_1：

$$V_1 = V_{DL}+V_{LL1}+V_{LL2}+V_{板} = (56.14+48.24+39.17+209.63)m^3$$

$$= 353.18m^3$$

5）2~8层现浇有梁板工程量 V_2：

$$V_2 = 7V_1 = 7×353.18m^3 = 2472.26m^3$$

（2）某地区定额套用及基价换算。

1）矩形柱。矩形柱定额子目基价为4146.83元/10m³，采用C20预拌混凝土，定额含量9.797m³/10m³，单价为260元/m³，与设计C30预拌混凝土（单价470元/m³）不符，需对子目基价进行换算。

现浇柱换后基价 = 4146.83 元/10m³+(470-260)元/m³×9.797m³/10m³

$$= 6204.2 元/10m^3$$

2）现浇有梁板。现浇有梁板板厚120mm，以此查得对应定额子目基价为3352.47元/10m³，定额含量10.1m³/10m³，混凝土换算同1）现浇柱。

现浇有梁板换后基价 = 3352.47 元/10m³+(470-260)元/m³×10.1m³/10m³ = 5473.47元/10m³

（3）定额基价合计。

现浇柱定额基价合计 = (74.25+317.63)m³×6204.2 元/10m³ = 243130.19 元

现浇有梁板定额基价合计 = (353.18+2472.26)m³×5473.47 元/10m³ = 1546496.108 元

8.3.6 现浇混凝土楼梯

1. 楼梯工程量的计算

《工程量计算规范》中，现浇混凝土楼梯分为直形楼梯和弧形楼梯。

现浇混凝土楼梯按设计图示尺寸以水平投影面积计算，不扣除宽度小于 500mm 的楼梯井的面积，伸入墙内部分不计算。楼梯水平投影面积包括休息平台、平台梁、斜梁、楼梯板、踏步及楼梯与楼板连接的梁。当整体楼梯与现浇楼板无梯梁连接时，以楼梯的最后一个踏步边缘加 300mm 为界。

若楼梯与楼板相连时，其水平长度算至与楼板相连接的梁的外侧面，如图 8-32 所示。

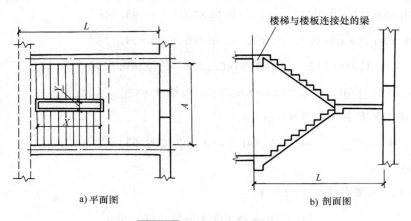

a) 平面图　　　　　　　　　　　b) 剖面图

图 8-32　楼梯计算示意图

计算公式如下：

$Y \leqslant 50\text{cm}$：

$$投影面积 = AL$$

$Y > 50\text{cm}$：

$$投影面积 = AL - XY$$

式中　　X——楼梯井长度；

　　　　Y——楼梯井宽度；

　　　　A——楼梯间净宽；

　　　　L——楼梯间长度。

现浇混凝土楼梯也可根据具体情况，选择按设计图示尺寸以 m^3 计算工程量。

2. 楼梯混凝土量差调整

当计量单位为"m^2"时，楼梯混凝土的设计图示用量与定额用量不同时，混凝土量允许调整，其他不变。

1) 调整计算式：

$$混凝土定额用量 = 工程量 \times 定额子目含量$$

$$混凝土预算用量 = 混凝土设计图示用量 \times (1 + 1.5\%)$$

$$混凝土量差调整量=预算用量-定额用量$$
$$混凝土量差调整值=混凝土量差调整量×混凝土定额单价$$

式中，调整量若为正值，则表示定额用量不够，应予以调增；若为负值，则表示定额用量较多，应予以调减。

2）整体楼梯的混凝土设计图示用量，包括现浇休息平台、平台梁、斜梁、楼梯板、踏步及楼梯与楼板（或空心板）连接的梁等在内的外露及伸入墙内部分的图示混凝土量。

3）弧形楼梯的混凝土设计图示用量，为梯段的图示混凝土量（包括梯段边梁）。

3. 楼梯定额应用

定额中楼梯是按建筑物一个自然层双跑楼梯考虑的，如单坡直行楼梯（即一个自然层、无休息平台）按相应项目定额乘以系数1.2；三跑楼梯（即一个自然层、两个休息平台）按相应项目定额乘以系数0.9；四跑楼梯（即一个自然层、三个休息平台）按相应项目定额乘以系数0.75。

当设计图示板式楼梯梯段底板（不含踏步三角部分）厚度大于150mm、梁式楼梯梯段底板（不含踏步三角部分）厚度大于80mm时，混凝土消耗量按实调整，人工按相应比例调整。弧形楼梯是指一个自然层旋转弧度小于180°的楼梯，螺旋楼梯是指一个自然层旋转弧度大于180°的楼梯。

8.3.7 其他现浇混凝土工程

1. 现浇混凝土台阶

现浇混凝土台阶工程量，应按其水平投影面积以"m²"计算，若台阶与平台连接时，其分界线为最上层踏步外沿加30cm计算，台阶也可按设计图示尺寸以"m³"计算。

2. 现浇混凝土扶手

现浇混凝土扶手工程量，按设计图示尺寸以"m³"计算。

3. 现浇混凝土压顶

现浇混凝土压顶工程量，按设计图示尺寸以"m³"计算。

4. 小型构件

1）小型构件定额子目，适用于单件体积在1m³以内的独立池槽，而定额未列项目的构件。

2）小型构件工程量，均按设计图示尺寸以"m³"计算。

5. 混凝土后浇带

钢筋混凝土主体与裙房之间不设置沉降缝，梁板钢筋连为一体，并同时施工。但在混凝土浇筑时按照设计施工图规定，主体与裙房连接的梁、板混凝土留置一定宽度不浇筑，待主体结构达到设计要求的高度后再浇筑。这部分最后浇筑的混凝土，由于是带状的，所以称为后浇带。设计上，其混凝土强度等级通常比原混凝土提高一级。

后浇带部分单独列项按设计图示尺寸以"m³"计算。

后浇带项目按照梁、板、墙、基础不同的构件类型划分为了4个定额子目。

后浇带包括与原混凝土接缝处的钢丝网用量。

8.4　预制混凝土工程

预制混凝土构件按其制作地点不同分为现场预制构件和外购构件两种。施工企业所属独立核算的加工厂生产的构件视为外购构件。

8.4.1　预制构件工程量计算

《工程量计算规范》中，预制混凝土工程按照构件分为了预制混凝土柱、预制混凝土梁、预制混凝土屋架、预制混凝土板、预制混凝土楼梯及其他预制构件。

预制构件按设计图示尺寸以体积计算时，不扣除构件内钢筋、预埋铁件所占体积。相关规定如下：

1）预制板及预制垃圾道、通风道、烟道不扣除单个尺寸 300mm×300mm 以内的孔洞所占体积。应扣除空心板的孔洞所占的体积。

2）预制楼梯扣除空心踏步板孔洞的体积。

在编制预制构件造价时，如为工厂预制需要列项计算预制构件接头灌缝、预制构件运输、预制构件安装的相应项目。如为现场预制，则另需列项计算预制构件混凝土、预制构件混凝土模板的定额子目。

8.4.2　预制构件定额工程量计算及应用

1. 预制构件混凝土

预制构件混凝土在定额中以构件类型划分为梁、板及其他构件，工程量均按图示尺寸以体积计算，不扣除构件内钢筋、铁件及 $0.3m^2$ 以内的孔洞所占体积。

2. 预制构件接头灌缝

预制构件接头灌缝在定额中以构件类型划分为不同的定额子目，工程量均按预制混凝土构件体积计算。

3. 预制构件运输

1）构件运输适用于构件堆放场地或构件加工厂至施工现场的运输。运输以 30km 以内考虑，30km 以上另行计算。

2）构件运输基本运距按场内运输 1km、场外运输 10km 分别列项，实际运距不同时，按场内每增减 0.5km、场外每增减 1km 调整。

3）定额已综合考虑施工现场内、外（现场、城镇）运输道路等级、路况、重车上下坡等不同因素。

4）构件运输不包括桥梁、涵洞、道路加固、管线、路灯迁移及因限载、限高而发生的加固、扩宽、公交管理部门要求的措施等因素。

5）预制混凝土构件运输，按表 8-11 所列的预制混凝土构件进行分类。表中 1、2 类构件的单件体积、面积、长度三个指标中，以符合其中一项为准，按就高不就低的原则进行。

表 8-11 预制混凝土构件分类表

类别	项目
1	桩、柱、梁、板、墙单件体积≤1m³、面积≤4m²、长度≤5m
2	桩、柱、梁、板、墙单件体积>1m³、面积>4m²、5m<长度≤6m
3	6m 以上至 14m 的桩、柱、梁、板、屋架、桁架、托架（14m 以上另行计算）
4	天窗架、侧板、端壁板、天窗上下档及小型构件

6）预制构件的施工损耗量已经包括在相应定额子目内，不得另行计算。

7）预制混凝土构件运输，按构件设计图示尺寸以体积计算。

4. 预制构件安装

1）构件安装不分履带式起重机或轮胎式起重机，以综合考虑编制。构件安装是按单机作业考虑的，如因构件超重（以起重机械起重量为限）须双机台吊时，按相应项目人工、机械乘以系数 1.20。

2）构件安装是按机械起吊点中心回转半径 15m 以内距离计算的。如运距超过 15m 时，构件须用起重机移运就位，且运距在 50m 以内的，起重机械乘以系数 1.25；运距超过 50m 的，应另按构件运输项目计算。

3）小型构件安装是指单件构件体积小于 0.1m³ 以内的构件安装。

4）构件安装不包括运输、安装过程中起重机械、运输机械场内行驶道路的加固、铺垫工作的人工、材料、机械消耗，发生费用时另行计算。

5）构件安装高度以 20m 以内为准，安装高度（除塔式起重机施工外）超过 20m 并小于 30m 时，按相应项目人工、机械乘以系数 1.20。安装高度（除塔式起重机施工外）超过 30m 时，另行计算。

6）构件安装需另行搭设的脚手架，按批准的施工组织设计要求，执行脚手架工程相应项目。

7）塔式起重机的机械台班均已包括在垂直运输机械费项目中。单层房屋屋盖系统预制混凝土构件，必须在跨外安装的，按相应项目的人工、机械乘以系数 1.18；但使用塔式起重机施工时，不乘系数。

8）预制混凝土矩形柱、工形柱、双肢柱、空格柱、管道支架等的安装，均按柱安装计算。

9）预制混凝土构件安装，按构件设计图示尺寸以体积计算。

5. 装配式建筑构件安装

1）装配式建筑构件按外购成品考虑。

2）装配式建筑构件包括预制钢筋混凝土柱、梁、叠合梁、叠合楼板、叠合外墙板、外墙板、内墙板、女儿墙、楼梯、阳台、空调板、预埋套管、注浆等项目。

3）装配式建筑构件未包括构件卸车、堆放支架及垂直运输机械等内容。

4）构件运输执行混凝土构件运输相应项目。

5）如预制外墙构件中已包含窗框安装，则计算相应窗扇费用时应扣除窗框安装人工。

6）柱、叠合楼板项目中已包括接头、灌浆工作内容，不再另行计算。

7）装配式墙、板安装，不扣除单个面积≤0.3m² 的孔洞所占体积。

8）装配式楼梯安装，应按扣除空心踏步板孔洞体积后，以体积计算。

9）预埋套筒、注浆按数量计算。

10）墙间空腔注浆按长度计算。

习　题

一、填空题

1. 满堂基础向下加深的梁执行_____的项目。

2. 楼梯的工程量包括_____、_____、_____及楼梯的连系梁，按设计图示尺寸以水平投影面积计算，不扣除宽度小于500mm的楼梯井所占的面积。

3. 400mm以内的挑檐、天沟壁执行_____项目，大于400mm执行_____项目。

4. 空心砖内灌注混凝土执行_____项目。

二、简答题

1. 现浇钢筋混凝土柱、梁、板、墙的工程量如何计算？

2. 现浇钢筋混凝土楼梯、阳台、雨篷、栏板、扶手的工程量如何计算？

3. 计算下列预应力空心板的制作、安装工程量。

（1）YKB2753共50块，单块空心板混凝土净用量：0.0738m³/块。

（2）YKB3363共20块，单块空心板混凝土净用量：0.1098m³/块。

4. 预制构件的工程量计算一般要列哪几项？为什么？

三、计算题

某框架结构建筑，钢筋混凝土矩形柱混凝土工程量为48m³，框架梁混凝土工程量为65m³，现浇混凝土有梁板工程量为87m³，采用C25预拌混凝土。

（1）计算该项混凝土工程的分部分项工程费用。

（2）分析该项工程预拌混凝土材料用量。

第8章练习题

扫码进入在线答题小程序，完成答题可获取答案

第**9**章

屋面及防水工程

屋面工程通常由采用不同材料做成的各种外形的屋面、屋面保温层、隔热层和屋面排水等四部分组成。屋面覆盖在房屋的最上层，直接与外界接触，其作用是抗雨、雪、风、雹等的侵袭，因此，屋面必须具有保温、隔热、防水等性能。

9.1 概述

9.1.1 屋面的分类

根据屋面坡度的不同，屋面一般分为坡屋面和平屋面两大类。根据防水材料、排水坡度的不同，屋面可分为瓦屋面、波形瓦屋面、混凝土构件防水屋面、金属铁皮屋面、油毡和现浇混凝土防水平屋面。根据使用功能，屋面可分为上人屋面和不上人屋面。

9.1.2 屋面坡度的表示方法

1. 屋面坡度

屋面坡度（即屋面的倾斜程度），有三种表示方法，如图 9-1 所示。

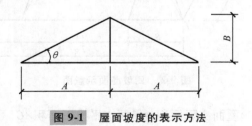

图 9-1 屋面坡度的表示方法

1）用屋顶的高度与屋顶的跨度之比（简称高跨比）表示，即 $B/2A$。
2）用屋顶的高度与屋顶的半跨之比（简称坡度）表示，即 $i=B/A$。
3）用屋面的斜面与水平面的夹角（θ）表示。

2. 屋面坡度系数

由于屋面具有一定的坡度，因此屋面的实际面积与其水平投影面积不相等。为了便于计算，引进屋面坡度系数的概念。

（1）屋面坡度系数表　屋面坡度系数表见表9-1。

表 9-1　屋面坡度系数表

坡度			延尺系数 C	隔延尺系数 D	坡度			延尺系数 C	隔延尺系数 D
坡度 B/A	高跨比 B/2A	角度 θ			坡度 B/A	高跨比 B/2A	角度 θ		
1.000	1/2	45°	1.4142	1.7321	0.400	1/5	21°48′	1.0770	1.4697
0.750	—	36°52′	1.2500	1.6008	0.350	—	19°17′	1.0594	1.4569
0.700	—	35°	1.2207	1.5779	0.300	—	16°42′	1.0440	1.4457
0.667	1/3	33°41′	1.2015	1.5620	0.250	1/8	14°02′	1.0308	1.4362
0.650	—	33°01′	1.1926	1.5564	0.200	1/10	11°19′	1.0198	1.4283
0.600	—	30°58′	1.6620	1.5362	0.150	—	8°32′	1.0112	1.4221
0.577	—	30°	1.1547	1.5270	0.125	1/16	7°08′	1.0078	1.4191
0.550	—	28°49′	1.1431	1.5170	0.100	1/20	5°42′	1.0050	1.4177
0.500	1/4	26°34′	1.1180	1.5000	0.083	1/24	4°45′	1.0035	1.4166
0.450	—	24°14′	1.0966	1.4839	0.067	1/30	3°49′	1.0022	1.4157

（2）屋面工程量利用屋面坡度系数计算　如图9-2所示，计算公式如下：

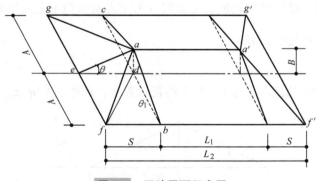

图 9-2　四坡屋面示意图

屋面实际面积 ＝ 屋面水平投影面积 × C

一个斜脊长度 ＝ AD

式中　C——屋面坡度延尺系数；

　　　D——屋面坡度隔延尺系数；

　　　A——屋面跨度的 1/2。

1）在计算屋面实际面积时，不论单坡、双坡、三坡、四坡或多坡屋面，均可利用公式计算。当各坡的坡度相同时，可以用整个屋面的水平投影面积乘以其坡度延尺系数计算。

2）在计算斜脊的长度时，当四坡斜脊的长度 $S=A$ 时，同样可利用上述公式计算。

3）表 9-1 列出了常用的屋面坡度延尺系数 C 及隔延尺系数 D，可直接查表应用。当各坡的坡度不同或当设计坡度表中查不到时，应利用以下公式计算相应的 C、D 值：

$$C=\frac{1}{\cos\theta}=\sqrt{1+\tan^2\theta}$$

$$D=\sqrt{2+\tan^2\theta}\ \text{或}\ D=\sqrt{1+C^2}$$

9.2 平屋面

平屋面是指屋面排水坡度在 15% 以内的屋面。为了满足防水、保温、隔热等使用要求及施工要求，平屋面一般由结构层、隔气层、保温层、找平层、防水层及架空隔热层等构造层次组成。按其所用防水材料的不同，可分为刚性防水屋面和柔性防水屋面两大类。

9.2.1 结构层

屋面结构层即屋面的承重层，要求有较大的强度及刚度，以承担屋面各层次的自身质量及屋面受到的各种荷载。平屋面的结构层多采用钢筋混凝土梁板结构，以预制钢筋混凝土多孔板、槽形板、平板或现浇钢筋混凝土板支撑于屋面梁上或承重墙体上。在编制工程造价时，钢筋混凝土板、梁应按混凝土及钢筋混凝土工程的有关规定执行。

9.2.2 隔气层

隔气层又称为蒸汽隔绝层，其作用是防止室内水蒸气渗入到屋面保温层中，从而使其保温性能下降。隔气层的位置一般设在保温层之下，结构层之上（在保温层靠近室内一侧）。

隔气层的种类很多，常用的有"刷沥青或沥青玛碲脂 1~2 遍"隔气层、"铺贴玻璃布卷材"隔气层等。屋面工程预算定额中玻璃纤维布卷材防水子目，其工作内容包括：基层清理、配制涂刷冷底子油、熬制玛碲脂、铺贴玛碲脂玻璃纤维布等全部工序。实际工程中若采用其他形式，可按屋面及防水工程中相应防水层子目执行。

隔气层施工应符合下列规定：

1）隔气层施工前，基层应进行清理，宜进行找平处理。

2）屋面周边隔气层应沿墙面向上连续铺设，高出保温层上表面不得小于 150mm。

3）采用卷材做隔气层时，卷材宜空铺，卷材搭接缝应满粘；采用涂膜做隔气层时，涂料涂刷应均匀，涂层不得有堆积、起泡和露底现象。

4）穿过隔气层的管道周围应进行密封处理。

隔气层工程量计算，应根据隔气层材料品种、厚度按设计图示尺寸以面积（m^2）计算，不扣除房上烟囱、风帽底座、风道、屋面小气窗和斜沟所占面积。

9.2.3　保温层

1. 保温层的种类

保温层是为了满足屋面保温隔热性能要求，而在屋面铺设一定厚度的密度小、导热系数小的材料，应根据屋面所需传热系数或热阻选择轻质、高效的保温材料。

工程中常用的保温层有三类：a. 板状材料保温层，主要的保温材料有聚苯乙烯泡沫塑料、硬质聚氨酯泡沫塑料、膨胀珍珠岩制品等；b. 纤维材料保温层，主要的保温材料有玻璃棉制品，岩棉、矿渣棉制品等；c. 喷涂材料保温层，主要的保温材料有喷涂硬泡聚氨酯等；d. 保温砂浆，主要的保温砂浆材料有膨胀玻化微珠保温砂浆、聚苯颗粒保温砂浆等。

2. 保温层工程量的计算

保温隔热屋面的主要工作内容有：a. 基层清理；b. 刷黏结材料；c. 调制保温混合材料及铺粘保温层；d. 铺、刷（喷）防护材料。

工程量计算规则按设计图示尺寸以面积计算，扣除面积 $>0.3\text{m}^2$ 孔洞及占位面积，其他项目按图示尺寸以定额项目规定的计量单位计算。

1）保温层厚度各处相等时，计算式如下：

$$平均厚度 = 设计厚度（铺设厚度）$$

2）保温层兼找坡作用，最薄处厚度为零时，如图 9-3 所示，计算式如下：

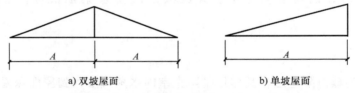

a) 双坡屋面　　　　　　　　　　b) 单坡屋面

图 9-3　保温层最薄处厚度为零示意图

$$双坡屋面平均厚度 = （屋面坡度×A）/2$$
$$单坡屋面平均厚度 = （屋面坡度×A）/2$$

3）保温层兼找坡作用，最薄处厚度为 h 时，如图 9-4 所示，计算式如下：

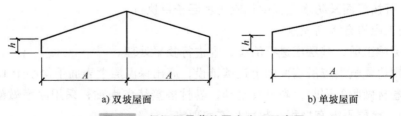

a) 双坡屋面　　　　　　　　　　b) 单坡屋面

图 9-4　保温层最薄处厚度为 h 示意图

$$双坡屋面　平均厚度 = （屋面坡度×A）/2+h$$
$$单坡屋面　平均厚度 = （屋面坡度×A）/2+h$$

9.2.4　找平层

在卷材、涂膜防水屋面中，为保证防水层的质量，宜在防水层基层设找平层。找平层厚度和技术要求见表 9-2。

表 9-2　找平层厚度和技术要求

找平层分类	适用的基层	厚度/mm	技术要求
水泥砂浆	整体现浇混凝土板	15～20	1：2.5 水泥砂浆
	整体材料保温层	20～25	
细石混凝土	装配式混凝土板	30～35	C20 混凝土，宜加钢筋网片
	板状材料保温层		C20 混凝土

找平层通常做在保温层（结构层）之上，用 1：2.5～1：3 水泥砂浆，厚度视保温层（结构层）的表面平整程度，一般为 15～25mm，卷材屋面也有采用沥青砂浆找平层的。

找平层的工程量按设计图示尺寸以面积计算，一般情况下等于屋面防水层（隔气层）的面积。

9.2.5　防水层

根据《房屋建筑与装饰工程工程量计算规范》（GB 50854—2013，以下简称《工程量计算规范》）屋面防水及其他工程可分为屋面卷材防水（项目编码：010902001）、屋面涂膜防水（项目编码：010902002）、屋面刚性层（项目编码：010902003）、屋面排水管（项目编码：010902004）、屋面排（透）气管（项目编码：010902005）、屋面泄水管（项目编码：010902006）、屋面天沟（檐沟）（项目编码：010902007）、屋面变形缝（项目编码：010902008）等清单项目。

屋面防水工程

1. 卷材防水屋面

（1）屋面防水卷材的种类　主要分为玻璃纤维布防水卷材、改性沥青防水卷材、高分子防水卷材。卷材防水层基层应坚实、干净、平整，应无孔隙、起砂和裂缝。基层的干燥程度应根据所选防水卷材的特性确定。

屋面卷材防水的工作内容包括：a. 基层处理；b. 刷底油；c. 铺油毡卷材、接缝。

其工程量按设计图示尺寸以面积计算，斜屋顶（不包括平屋顶找坡）按斜面积计算，平屋顶按水平投影面积计算。不扣除房上烟囱、风帽底座、风道、屋面小气窗和斜沟所占面积。屋面的女儿墙、伸缩缝和天窗等处的弯起部分，并入屋面工程量内。

（2）定额工程量及应用　玻璃纤维布防水卷材按照粘贴材料的不同分为沥青玻璃纤维布防水卷材和玛蹄脂玻璃纤维布防水卷材。通常多用两层玻璃纤维布，以三层石油沥青或石油沥青玛蹄脂粘贴，简称为"二布三油"。定额中设有"二布三油"子目及"每增减一布一油"的辅助子目，并按照铺贴位置分为平面铺贴和立面铺贴。其工作内容包括：清理基层、配制涂刷冷底子油、熬制石油沥青玛蹄脂、铺贴沥青或玛蹄脂玻璃纤维布。清单项目组价时可根据工程设计的不同要求分别套用。

改性沥青防水卷材按照材料的不同分为改性沥青卷材和高聚物改性沥青卷材，其中改性沥青卷材按照施工工艺的不同分为热熔法和冷粘法，高聚物改性沥青卷材施工工艺采用自粘法，按照铺贴位置分为平面铺贴和立面铺贴。定额设有热熔法（冷粘法、自粘法）一层的子目，并设"增加一层"的辅助子目。

高分子卷材分为聚氯乙烯卷材和高分子自粘胶膜卷材，聚氯乙烯卷材按照施工工艺设置了冷粘法和热风焊接法的定额子目，按照铺贴位置分为平面铺贴和立面铺贴。定额设有冷粘法（热风焊接法、自粘法）一层的子目，并设"增加一层"的辅助子目。

（3）定额使用相关说明

1）平（屋）面以坡度≤15%为准，15%<坡度≤25%的，按相应项目的人工乘以系数1.18；坡度25%<坡度≤45%及人字形、锯齿形、弧形等不规则屋面或平面，人工乘以系数1.3；坡度>45%的，人工乘以系数1.43。

2）防水卷材、防水涂料及防水砂浆，定额以平面和立面列项，实际施工桩头、地沟零星部位时，人工乘以系数1.43；单个房间楼地面面积≤8m² 时，人工乘以系数1.3。

3）立面是以直形为依据编制的，如为弧形立面铺贴，相应项目的人工乘以系数1.18。

4）冷粘法是以满铺为依据编制的，点、条铺粘者按其相应项目的人工乘以系数0.91，黏合剂乘以系数0.7。

5）屋面防水附加层需按设计规范的规定以面积计算，卷材防水附加层套用卷材防水相应项目，人工乘以系数1.43。

6）屋面找平层按楼地面装饰工程"平面砂浆找平层"项目编码列项。屋面保温找坡层按保温、隔热、防腐工程"保温隔热屋面"项目编码列项。

如某屋面做法（自下而上）：120mm 厚现浇混凝土板，现浇水泥珍珠岩最薄处30mm 厚，20mm 厚 1：2.5 水泥砂浆找平层，冷底子油一遍，热粘 SBS 卷材防水层。清单项目列项时，"现浇水泥珍珠岩"按保温隔热屋面列项计算，"20mm 厚 1：2.5 水泥砂浆找平层"按平面砂浆找平层列项计算，"冷底子油一遍，热粘 SBS 卷材防水层"按屋面卷材防水列项计算。

2. 涂膜屋面

（1）防水涂料的分类　防水涂料可分为合成高分子防水涂料、聚合物水泥防水涂料和高聚物改性沥青防水涂料，其外观质量和品种、型号应符合国家现行有关材料标准的规定。

根据当地历年最高气温、最低气温、屋面坡度和使用条件等因素，选择耐热性、低温柔性相适应的涂料；根据地基变形程度、结构形式、当地年温差、日温差和振动等因素，选择拉伸性能相适应的涂料；根据屋面涂膜的暴露程度，选择耐紫外线、耐老化相适应的涂料；屋面坡度大于25%时，应选择成膜时间较短的涂料。

涂膜防水屋面的工作内容包括：a. 基层处理；b. 刷基层处理剂铺布、喷涂防水层。工程量规则计算同卷材防水屋面。

（2）定额工程量及应用

1）聚氨酯涂膜屋面。具体如下：

定额中分别设置了涂膜厚度 2mm 和每增减 0.5mm 厚的定额子目，按照涂刷位置的不同分为平面和立面。工作内容包括：清理基层，调配及涂刷涂料。工程量计算同卷材防水屋面。

应注意的问题：

① 如设计的聚氨酯涂膜厚度与定额不同时，执行每增减 0.5mm 厚的辅助定额子目。

② 设计要求细砂保护层上另做水泥砂浆或铺贴地面砖等刚性保护层时，应另列项目计算，执行楼地面相应定额子目。

2）水乳型普通乳化沥青涂料屋面。具体如下：

定额中设置了"两布三涂"子目和"每增减一布一涂"的辅助定额子目。工作内容包括：清理基层，调配涂料，粘贴纤维布，刷涂料（最后两遍掺水泥做保护层）。

工程量计算同卷材防水屋面。

应注意的问题：

①"两布三涂"中的"三涂"，是指涂料构成的防水涂层数，并非指涂刷遍数。"每一涂层"的涂刷遍数，由涂刷两遍到数遍不等。

② 应按设计规定的布层数及涂层数列项计算。

③ 设计要求细砂保护层上另做水泥砂浆或铺贴地面砖等刚性保护层时，应另列项目计算，执行楼地面相应定额子目。

3. 刚性防水屋面

刚性防水屋面是采用混凝土浇捣而成的屋面防水层。在混凝土中掺入膨胀剂、减水剂、防水剂等外加剂，使浇筑后的混凝土细致密实，水分子难以通过，从而达到防水的目的。

（1）工程量计算规则　屋面刚性层工程量按设计图示尺寸以面积（m²）计算，不扣除房上烟囱、风帽底座、风道等所占的面积。项目特征描述：刚性层厚度、混凝土种类、混凝土强度等级、嵌缝材料种类、钢筋规格及型号，当无钢筋时，其钢筋项目特征不必描述。同时还应注意，当有钢筋时，其工作内容中包含了钢筋制作安装，需组合混凝土及钢筋混凝土工程的相应子目。

（2）定额工程量及应用

1）防水砂浆防水层屋面。具体如下：

定额中设置了掺防水粉和掺防水剂两个子目，分别包括"20mm 厚"子目和"每增减10mm"的辅助子目。

工程量按设计要求敷设面积以"m²"计算。

2）分割缝。定额中分别设置了 40mm 厚细石混凝土分隔缝、20mm 厚水泥砂浆分隔缝的基础子目和面层厚度每增减 10mm 厚的辅助子目。编制造价时，应按设计要求列项计算。工作内容包括：清理基层、分隔缝、灌油膏及制作、放线、安装、油漆等。

分隔缝的工程量按设计图示尺寸以长度计算。

9.2.6 架空隔热层及块料保护层

1. 架空隔热层

架空隔热层设于防水层之上，其作用是在屋面上形成一个空气层，以利于空气的流动，满足平屋面在炎热季节的隔热降温要求，同时对防水层起到一定的保护作用。

（1）架空隔热层的做法　架空隔热层的做法是在防水层上砌砖墩（一般高三皮砖），然后在砖墩上架铺隔热板，并以1∶2水泥砂浆勾缝。架空隔热层的高度应按屋面宽度或坡度大小确定。设计无要求时，架空隔热层的高度宜为180~300mm。当屋面宽度大于10m时，应在屋面中部设置通风屋脊，通风口处应设置通风箅子。架空隔热制品支座底面的卷材、涂膜防水层，应采取加强措施。

（2）架空隔热层的工程量计算　架空隔热层的工程量按设计图示尺寸以面积计算，扣除面积>0.3m²的孔洞及占位面积。

2. 块料保护层

对于上人屋面，为了方便人们在屋面上活动，同时保护防水层，一般不设架空隔热层，而是在防水层上衬铺块料面层，如预制混凝土板（块）块料面层、大阶砖块料面层等。造价中按楼地面分部分项工程相应定额子目执行，其工程量按实铺面积计算。

9.3　坡屋面

坡屋面是指屋面坡度大于15%的屋面。坡屋面可做成单坡屋面、双坡屋面或四坡屋面等多种形式。《工程量计算规范》中，根据屋面材料和做法的不同，瓦、型材及其他屋面可分为瓦屋面（项目编码：010901001）、型材屋面（项目编码：010901002）、阳光板屋面（项目编码：010901003）、玻璃钢屋面（项目编码：010901004）、膜结构屋面（项目编码：010901005）四个项目。

瓦、型材屋面工程量按照设计图示尺寸以斜面积计算。其中，瓦屋面和型材屋面不扣除房上烟囱、风帽底座、风道、小气窗、斜沟所占面积，小气窗出檐部分的面积不增加；阳光板屋面、玻璃钢屋面不扣除屋面面积≤0.3m²孔洞所占面积。膜结构屋面的工程量按设计图示尺寸，以需要覆盖的水平投影面积计算。

9.3.1　瓦屋面

瓦屋面按照使用材料不同可分为水泥瓦屋面、黏土瓦屋面、小青瓦屋面、西班牙瓦屋面、瓷质波形瓦屋面、英红瓦屋面等。由于各种屋面瓦的结构尺寸及设置部位的不同，各种瓦屋面的施工方法、搭接长度和材料用量的计算方法也有所不同。

瓦屋面、型材
屋面及其他
屋面

1. 瓦屋面的施工及定额的分类

（1）平瓦屋面　平瓦屋面的主要材料为水泥平瓦和脊瓦、黏土平瓦和脊瓦。常用的规格是水泥平瓦385mm×235mm，黏土平瓦380mm×240mm，脊瓦皆为455mm×195mm。

平瓦屋面施工时，挂瓦的顺序应由每坡屋面的右下侧开始，由右向左、自下而上、左压右、上压下顺序铺设，上下行错开半块瓦。为了防止大风将瓦掀起，一般屋面坡度角大于35°时，檐口瓦要采取防风措施：用20号镀锌铁丝和1.5号铁钉与檐口挂瓦条拴牢。

屋脊上扣脊瓦，应在屋脊两端各先稳上一块脊瓦，拉好通线，由一端扣瓦，脊瓦应压在平瓦上边40mm，脊瓦间及脊瓦与平瓦间的搭接，均用1∶2.5水泥砂浆勾缝。平瓦梢头抹灰宽度一般为 120mm，砂浆厚度为 30mm，用 1∶2.5 水泥砂浆将瓦封固。

定额中，平瓦屋面一般分为水泥瓦和黏土瓦等子目，其中已包括铺瓦，钢、混凝土檩条上铺钉苇箔，调制砂浆，安脊瓦，檐头梢头坐灰等内容所需的工料。由于檐口防风措施只有当屋面坡度较大时才采用，因此定额中未编入，实际发生时可按附注处理。

（2）小青瓦屋面　小青瓦又称为蝴蝶瓦或土瓦，其规格一般为 200mm×130mm，厚度为 6～10mm。小青瓦的铺筑形式分为仰瓦屋面（也称为单层瓦）、俯仰瓦屋面（也称为阴阳瓦）。一般在雨雪量较小的地区，常采用仰瓦屋面，即屋面全部用仰瓦铺筑成行。在雨雪量较大的地区，多采用俯仰瓦屋面，即在两行仰瓦之间的灰梗上再铺盖一行俯瓦。

小青瓦的搭接，即纵向上、下两块瓦的搭接，通常为瓦长的 2/3，俗称"压七露三""压六露四"或"一搭三"（即瓦露面 1/3 的冷摊瓦施工做法），檐头瓦一般伸出檐口 50mm。俯仰瓦的俯瓦搭盖仰瓦宽度每边为 40～60mm。

定额中，设置了小青瓦在椽子上铺设子目，工作内容包括：调制砂浆，铺瓦，修界瓦边，安瓦脊，檐头梢头坐灰，固定，清扫瓦面。

2. 瓦屋面工程量的计算

瓦屋面的项目特征描述有：瓦品种、规格，黏结层砂浆的配合比；工作内容为：砂浆制作、运输、摊铺、养护，安瓦、做瓦脊。

瓦屋面的工程量按设计图示尺寸以斜面积计算，不扣除房上烟囱、风帽底座、风道、小气窗、斜沟等所占面积，小气窗的出檐部分不增加面积。斜面积按屋面水平投影面积乘以屋面延尺系数，延尺系数可根据屋面坡度的大小确定。

编制工程造价时，按照在不同的屋面基础上挂瓦套用相应子目，实际工程项目屋面如采用西班牙瓦、瓷质波形瓦和英红瓦，另需列项计算正斜脊瓦的工程量。正斜脊瓦的工程量按设计图示尺寸以长度计算。

瓦屋面若是在木基层上铺瓦，项目特征不必描述黏结层砂浆的配合比，瓦屋面铺防水层，按屋面防水项目编码列项，木基层按木结构工程编码列项。

3. 应注意的问题

1）本章中瓦屋面是按标准或常用材料编制的，设计与定额不同时，材料可以换算，人工、机械不变。

2）黏土瓦若穿钢丝钉圆钉，每 100m^2 增加 11 工日，增加镀锌低碳钢丝（22 号）3.5kg，圆钉 2.5kg；若用挂瓦条，每 100m^2 增加 4 工日，增加挂瓦条（尺寸 25mm×30mm）300.3m，圆钉 2.5kg。

3）25%<坡度≤45% 及人字形、锯齿形、弧形等不规则瓦屋面，人工乘以系数 1.3；坡度>45% 的，人工乘以系数 1.43。

9.3.2　型材屋面

型材屋面主要包括金属压型板屋面和轻质隔热彩钢夹心板屋面。

型材屋面的工作内容包括：a. 檩条制作、运输、安装；b. 屋面型材安装；c. 接缝、嵌缝。需要描述的项目特征为：a. 型材品种、规格；b. 金属檩条材料品种、规格；c. 接缝、嵌缝材料品种。

型材屋面的工程量计算同瓦屋面。

定额设置及工程量计算应注意问题：

（1）金属压型板屋面 定额中，按檩距不同分为檩距 3.5m 以内、2.5m 以内、1.5m 以内等子目。各子目中，均已综合考虑中间固定架（WG—2）、端部固定架（WG—3）、檐口堵头板（WD—1）、屋脊堵头板（WD—2）、屋脊挡雨板（WD—3）、屋脊板（2mm 厚）、沿口包角板（0.8mm 厚）及安装所需的各种螺栓、铆钉、密封胶等材料，不另列项目计算。装配式单层金属压型板屋面区分檩距不同执行相应的定额项目。

工作内容包括：截料，制作安装预埋件，吊装安装屋面板；安装防水堵头、屋脊板。

（2）其他金属板屋面 定额中另设置了钢（木）檩条上铺钉镀锌瓦垄铁皮、单层彩钢板和彩钢夹心板子目。工作内容同金属压型板屋面。

金属板屋面中一般金属板屋面，执行彩钢板和彩钢夹心板项目。

（3）工程量计算 金属板屋面工程量计算规则同瓦屋面。

9.3.3 其他屋面

其他屋面主要包括采光板屋面、玻璃钢屋面和膜结构屋面等几种类型。

采光板屋面、玻璃钢屋面的工程量，按设计图示尺寸以斜面积（m²）计算，不扣除屋面面积小于或等于 0.3m² 孔洞所占面积。

膜结构屋面的工程量，按设计图示尺寸以需要覆盖的水平投影面积（m²）计算，如图 9-5 所示。

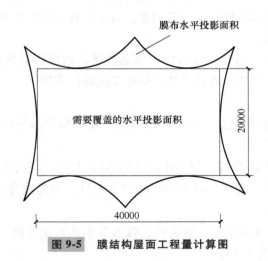

膜布水平投影面积

需要覆盖的水平投影面积

20000

40000

图 9-5 膜结构屋面工程量计算图

采光板屋面、玻璃钢屋面和膜结构屋面定额使用的相关说明如下：

1）采光板屋面、玻璃钢屋面的柱、梁、屋架，按金属结构工程、木结构工程中相关项目编码列项。

2）采光板屋面如设计为滑动式采光顶，可以按设计增加 U 形滑动盖帽等部件，调整材料、人工乘以系数 1.05。

3）膜结构屋面的钢支柱、锚固支座混凝土基础等执行其他章节相应项目。

9.4 屋面排水

9.4.1 屋面排水的方式

屋面排水是指通过屋面的导水装置，将屋面的雨、雪水迅速排出，避免产生屋面积水的措施。在建筑工程中，屋面排水分为无组织排水和有组织排水两种方式。

1. 无组织排水

无组织排水又称为自由落水，是将屋面板伸出墙外形成挑檐，屋面的雨水经挑檐自由下落。无组织排水易淋湿墙面及门窗，因此仅适用于二、三层房屋或次要建筑，如图 9-6 所示。

2. 有组织排水

有组织排水是将屋面按不同坡向划分为若干排水区域，使雨水集中至屋面檐沟或天沟内，再经落水口、水落管（又称为雨水管）等导水装置将雨水导至地面排水系统。又根据水落管在室内、室外，划分为内排水和外排水，如图 9-7 所示。

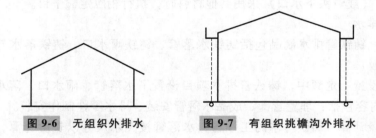

图 9-6 无组织外排水　　图 9-7 有组织挑檐沟外排水

3. 导水装置

屋面排水的导水装置，按所用材料的不同，有铁皮制品排水、石棉水泥制品排水、铸铁制品排水、玻璃钢制品排水、硬聚氯乙烯（PVC）制品排水等。

4. 屋面排水管

《工程量计算规范》中，屋面排水管需要区分排水管品种、规格，雨水斗、山墙出水口品种、规格，接缝、嵌缝材料种类，油漆品种、刷漆遍数进行列项，以"m"为计量单位，工程量按设计图示尺寸以长度计算。如设计未标注尺寸，以檐口至设计室外散水上表面垂直距离计算。

9.4.2 屋面排水定额及工程量计算

1. 铁皮排水

（1）制作及配件组成　铁皮排水常采用 24～28 号镀锌铁皮制作（厚 0.475～0.7mm），包括水落管、檐沟、水斗、雨水口、天沟、烟囱泛水、通气管泛水等多种铁皮排水配件，如图 9-8 所示。

（2）定额设置　为便于计算，定额设置按成品安装单独列项，分别有成品水落管、檐沟、天沟泛水、水斗和水口安装。

（3）工程量计算规则　铁皮排水工程量，水落管、檐沟和天沟泛水按设计图示尺寸以长度计算；水斗、水口按图示数量以"个"计算。

（4）铁皮排水制品及配件工程量计算中的注意事项具体如下：

1）如设计未注明水落管的长度，水落管的长度由檐口算至设计室外散水上表面。

2）水落管、水口、水斗均按材料成品、现场安装考虑。

3）铁皮屋面及铁皮排水项目内已包括铁皮咬口和搭接的工料，不另计算。

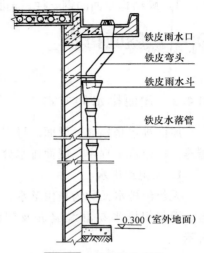

图 9-8　室外排水系统

4）采用不锈钢水落管排水时，执行镀锌钢管项目，材料按实换算，人工乘以系数1.1。

5）斜天沟的长度按水平长度乘以坡屋面的隔延尺系数 D 计算。

6）下水口（或弯头下水口）采用其他材料时，执行相应定额子目。

2. 铸铁管排水

（1）分类　铸铁管排水制品包括铸铁水落管、铸铁雨水口、铸铁落水斗及铸铁弯头落水口（含箅子板）。

（2）定额设置　定额中，铸铁管排水项目设置了水落管、雨水口、落水斗、弯头落水口子目。工作内容包括：埋置管卡、成品水落管安装、排水零件制作安装。

（3）工程量计算　铸铁排水的工程量，水落管按图示尺寸以长度计算，如设计未标注尺寸，以檐口至设计室外散水上表面垂直距离计算。铸铁雨水口、铸铁落水斗、铸铁弯头落水口，按"个"计算。

3. 塑料管、玻璃钢管排水

（1）分类及定额设置　塑料管排水制品包括：水落管、檐沟天沟、落水斗、弯头落水口、落水口、排水短管。其中，水落管又分为直径<110mm 和直径>110mm 两种。

玻璃钢管排水制品包括：水落管、檐沟天沟、落水斗、弯头90°、阳台雨篷排水短管。其中，水落管按 110mm×1500mm 取定。

定额子目基本上根据制品分类进行设置。工作内容包括：埋设管卡，成品水落管安装；排水零件制作、安装。

（2）工程量计算　水落管工程量按图示尺寸，以长度计算。水斗工程量按图示数量，以"个"计算。弯头工程量按图示数量，以"个"计算。

在阳台、雨篷混凝土施工时，同步埋设的短管出水口（又称为水舌），工程量按"个"计算，执行阳台、雨篷排水短管的相应定额子目。

4. 其他形式排水

定额中还增加了虹吸式排水、镀锌钢管排水和种植屋面排水等排水项目。工作内容同塑料管排水。工程量根据定额子目设置按照定额工程量计算规则计算。

例 9-1　某膜结构公共汽车候车亭。业主要求每个公共汽车候车亭覆盖面积为 $45m^2$，共 15 个候车亭，覆盖总面积 $675m^2$，使用不锈钢支撑支架，每个支架用不锈钢钢材 $0.524t$，支架基础采用独立基础，单个基础体积为 $0.27m^3$，单个基础模板工程量为 $0.56m^2$。

投标人根据业主要求进行设计并报价（本例在计算过程中使用的人、材、机的单价及其含量，均是依据某地区定额查得，人、材、机差价暂不考虑。教学和实际工程中可根据使用情况换用）。

解：列项计算膜结构屋面（项目编码：010901005）、预埋铁件（项目编码：010516002）、独立基础（项目编码：010501003）、综合脚手架（项目编码：011701001）和基础模板（项目编码：011702001）的工程量，见表 9-3。

表 9-3　分部分项工程和单价措施项目工程量清单工程量计算表

序号	项目编码	项目名称	计量单位	工程量计算式	工程量
1	010901005001	膜结构屋面	m^2	45×15	675
2	010516002001	预埋铁件	t	0.524×15	7.86
3	010501003001	独立基础	m^3	0.27×15	4.05
4	011701001001	综合脚手架	m^2	45×15	675
5	011702001001	基础模板	m^2	0.56×15	8.4

1. 分部分项工程项目费用

（1）膜结构屋面组定额中膜结构屋面的定额子目。

1）人工费：

$$15955.38 \text{ 元}/100m^2×675m^2=107698.82 \text{ 元}$$

2）材料费：

$$36443.89 \text{ 元}/100m^2×675m^2=245996.26 \text{ 元}$$

3）机械费：0 元。

4）管理费：

$$2384.93 \text{ 元}/100m^2×675m^2=16098.28 \text{ 元}$$

5）利润：

$$1855.43 \text{ 元}/100m^2×675m^2=12524.15 \text{ 元}$$

6）合计：

$$(107698.82+245996.26+16098.28+12524.15)\text{元}=382317.51 \text{ 元}$$

（2）预埋铁件组铁件制作、安装的定额子目。

1）人工费：

$$1924.91 \text{ 元}/t×7.86t=15129.79 \text{ 元}$$

2）材料费：

$$5056.20 \ 元/t×7.86t=39741.73 \ 元$$

3）机械费：

$$418.18 \ 元/t×7.86t=3286.89 \ 元$$

4）管理费：

$$509.02 \ 元/t×7.86t=4000.90 \ 元$$

5）利润：

$$296.03 \ 元/t×7.86t=2326.80 \ 元$$

6）合计：

$$（15129.79+39741.73+3286.89+4000.90+2326.80）元=64486.11 \ 元$$

（3）独立基础组独立混凝土基础的定额子目。

1）人工费：

$$354.70 \ 元/10m^3×4.05m^3=143.65 \ 元$$

2）材料费：

$$2637.53 \ 元/10m^3×4.05m^3=1068.20 \ 元$$

3）机械费：0。

4）管理费：

$$93.77 \ 元/10m^3×4.05m^3=37.98 \ 元$$

5）利润：

$$54.53 \ 元/10m^3×4.05m^3=22.08 \ 元$$

6）合计：

$$（143.65+1068.20+37.98+22.08）元=1271.91 \ 元$$

（4）分部分项工程项目费用合计

分部分项工程项目费用=（382317.51+64486.11+1271.91）元=448075.53 元

2. 措施项目费用

（1）单价类措施项目费用。

1）综合脚手架组合单层建筑综合脚手架建筑面积 $500m^2$ 以内的定额子目。

① 人工费：

$$1949.19 \ 元/100m^2×675m^2=13157.03 \ 元$$

② 材料费：

$$1008.83 \ 元/100m^2×675m^2=6809.60 \ 元$$

③ 机械费：

$$247.90 \ 元/100m^2×675m^2=1673.33 \ 元$$

④ 管理费：

$$452.28 \ 元/100m^2×675m^2=3052.89 \ 元$$

⑤ 利润:
$$287.55 \ 元/100m^2 \times 675m^2 = 1940.96 \ 元$$

⑥ 合计:
$$(13157.03 + 6809.60 + 1673.33 + 3052.89 + 1940.96) \ 元 = 26633.81 \ 元$$

2) 基础模板组合独立基础复合模板的定额子目。

① 人工费:
$$2286.36 \ 元/100m^2 \times 8.4m^2 = 192.05 \ 元$$

② 材料费:
$$2782.76 \ 元/100m^2 \times 8.4m^2 = 233.75 \ 元$$

③ 机械费:
$$1.60 \ 元/100m^2 \times 8.4m^2 = 0.13 \ 元$$

④ 管理费:
$$604.79 \ 元/100m^2 \times 8.4m^2 = 50.80 \ 元$$

⑤ 利润:
$$351.73 \ 元/100m^2 \times 8.4m^2 = 29.55 \ 元$$

⑥ 合计:
$$(192.05 + 233.75 + 0.13 + 50.80 + 29.55) \ 元 = 506.28 \ 元$$

（2）安文费。安文费为分部分项工程项目和单价措施项目中其他措施费用的和。

安文费 $= 1765.76 \ 元/100m^2 \times 675m^2 + 213.01 \ 元/t \times 7.86t + 39.24 \ 元/10m^3 \times 4.05m^3 + 223.24 \ 元/100m^2 \times 675m^2 + 253.09 \ 元/100m^2 \times 8.4m^2 = 15137.16 \ 元$

（3）总价措施费用。

总价措施费用为分部分项工程项目和单价措施项目中其他措施费用的和:

总价措施费用 $= 655.20 \ 元/100m^2 \times 675m^2 + 79.04 \ 元/t \times 7.86t + 14.56 \ 元/10m^3 \times 4.05m^3 + 82.84 \ 元/100m^2 \times 675m^2 + 93.91 \ 元/100m^2 \times 8.4m^2 = 5616.81 \ 元$

（4）措施项目合计。

$(26633.81 + 506.28 + 15137.16 + 5616.81) \ 元 = 47894.06 \ 元$

3. 其他项目费用

候车厅项目中未涉及暂列金额、暂估价等项目，所以其他项目费用为0。

4. 规费项目费用

规费项目费用为分部分项工程项目和单价措施项目中规费的和:

规费项目费用 $= 1765.76 \ 元/100m^2 \times 675m^2 + 213.01 \ 元/t \times 7.86t + 223.24 \ 元/100m^2 \times 675m^2 + 39.24 \ 元/10m^3 \times 4.05m^3 + 253.09 \ 元/100m^2 \times 8.4m^2 = 15137.16 \ 元$

5. 税金项目费用

税金项目费用为以上各项费用合计乘以增值税率税9%

税金项目费用 $= (448075.53 + 47894.06 + 15137.16) \ 元 \times 9\% = 45999.61 \ 元$

6. 投标报价费用

投标报价费用合计

（448075.53+47894.06+15137.16+45999.61）元 = 557106.36 元

习 题

一、简答题

1. 屋面坡度的表示方法有哪几种？

2. 屋面保温层的工程量如何计算？

3. 屋面架空隔热层工程量的计算方法是什么？

二、计算题

如图 9-9 所示，列项计算该屋面找平层、保温层及卷材防水等分部分项工程量及综合单价合计。

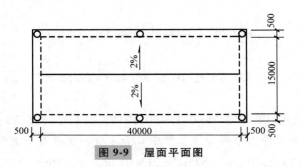

图 9-9　屋面平面图

屋面做法：结构层由下向上为钢筋混凝土板上用 1∶12 水泥珍珠岩找坡，坡度 2%，最薄处为 60mm；保温隔热层上 1∶3 水泥砂浆找平层（反边高为 300mm），在找平层上刷冷底子油，加热烤铺，贴 3mm 厚 SBS 改性沥青防水卷材一道（反边高为 300mm），在防水卷材上抹 1∶2.5 水泥砂浆找平层（反边高为 300mm）。不考虑嵌缝，砂浆以使用中砂为拌合料，女儿墙不计算，未列项目不补充。

第 9 章练习题

扫码进入在线答题小程序，完成答题可获取答案

第10章

装 饰 工 程

建筑装饰工程是建筑工程的重要组成部分，因此建筑装饰工程造价既是建筑工程造价的重要组成部分，也是建筑工程造价文件的主要内容之一。目前，随着物质文化生活水平的提高，人们更注重改善自己的生活和工作环境，因而建筑装饰工程就从一般土建工程中的一个分部工程发展成为一个崭新的、具有单独设计文件，能单独组织施工并可以单独进行核算的单位工程。

随着建筑装饰工程的日益增加，以及装饰标准的不断提高，人们不仅追求装饰的适用性和美观性，也注重装饰的经济性，同时，为了进一步规范建筑装饰工程市场的价格行为，加强宏观调控，结合建筑装饰工程的特点，将建筑装饰工程作为一个独立的单位工程进行核算是十分必要的。

建筑装饰工程，无论是随着项目建设中工程结构施工完成后所进行的装饰施工（即前装饰），还是在前装饰已完工或尚未装饰情况下所进行的再设计再装饰（即后装饰），均需投入大量的人力和物力，这些人力和物力消耗如何恰当地用货币的形式来加以体现，就是建筑装饰工程造价所要解决的问题。建筑装饰工程造价就是事先确定建设项目中建筑装饰工程从开工到竣工所需投入的活劳动和物化劳动的价值，及活劳动为社会新创造价值的经济技术文件，也就是确定建筑装饰工程造价的经济技术文件。

10.1 楼地面工程

10.1.1 概述

楼地面工程按所在部位可分为楼面工程和地面工程两种，包括整体面层及找平层、块料面层、橡塑面层、其他材料面层、踢脚线、楼梯面层、台阶装饰、零星装饰项目。

楼面是楼层的承重结构，一般由钢筋混凝土或木材构成，现在所说的楼面是指在钢筋混凝土楼板上所做的面层。一般来说它包括结合层（找平层）和面层两部分，如图 10-1a 所示。

地面是指建筑物底层的地坪。为了使地面上的荷载均匀地传递到土层上，地面的组成除

楼地面工程
概述

了结合层（找平层）及面层之外，还有承受荷载的垫层（基层），其构造如图 10-1b 所示。

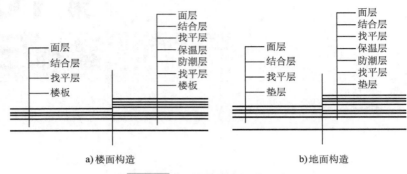

图 10-1 楼地面工程结构层次

10.1.2 楼地面

1. 垫层

（1）地面垫层材料 地面垫层按材料性能可分为刚性和非刚性两种。刚性垫层材料一般为混凝土，非刚性垫层材料一般有灰土、三合土、砂石、毛石、碎砖、碎（砾）石、炉渣（矿渣）、级配砂石等做法。

1）混凝土垫层：一般采用强度等级 C5~C20 混凝土，厚度为 50~100mm。

2）灰土垫层：通常用生石灰和黏土的拌合料进行铺设，常用的配合比有 2∶8 或 3∶7，厚度不小于 100mm。

3）碎砖三合土垫层：石灰、碎砖、砂加水拌和后，经浇捣、夯实而成。配合比为 1∶3∶6 或 1∶4∶8。

4）砂垫层：以砂作为垫层材料，厚度不小于 60mm。

5）级配砂石垫层：砂夹石作为垫层材料，可以用砾石、碎石（粒径 40mm 以上），厚度不小于 100mm。

6）毛石垫层：以毛石作为垫层材料，分干铺和灌浆两种做法。

7）碎砖垫层：分干铺和灌浆两种做法。

8）碎（砾）石垫层：用碎（砾）石铺设而成，其厚度不小于 60mm，分干铺和灌浆两种情况。

9）炉渣（矿渣）垫层：可分为炉渣干铺、水泥石灰炉渣拌和和石灰炉渣拌和三种做法。

（2）垫层工程量 垫层的工程量，根据垫层材料的种类、配合比、厚度，按设计图示尺寸以体积计算。

除混凝土垫层按照《房屋建筑与装饰工程工程量计算规范》（GB 50854—2013，以下简称《工程量计算规范》）中现浇混凝土基础的相关项目编码列项外，没有包括垫层要求的清单项目均应按照该规范中砌筑工程的垫层项目编码列项。

2. 找平层

（1）找平层的位置和材料 找平层一般使用在保温层或粗糙的结构层表面，以使面层和基层很好地结合。

找平层可以用干混地面砂浆 DS M20 或预拌细石混凝土 C20 铺设而成,其厚度视基层表面的平整程度而定,一般为 20~30mm。

(2)找平层工程量 找平层工程量按设计图示尺寸以面积(m²)计算,应扣除凸出地面的构筑物、设备基础、室内铁道、地沟等所占面积,不扣除间壁墙及面积在 0.3m² 以内的柱、垛、附墙烟囱及孔洞所占面积,门洞、空圈、暖气包槽、壁龛的开口部分也不增加。

3. 保温层

(1)保温层的材料 地面常用的保温材料多为松散的。常用的有:

1)加气混凝土:又称为多孔混凝土,由水泥、细砂、铝粉、NaOH 溶液及水配成,保温效果较好。

2)炉(矿)渣混凝土:由水泥、石灰、炉(矿)渣、水拌和而成。

3)蛭石:一种类似云母的矿石,经高温焙烧体积膨胀,成为一种质轻的高效保温材料,全称为膨胀蛭石。蛭石保温浆是由水泥和蛭石加水拌成的。

4)水泥炉渣:用水泥和炉渣拌和而成,配合比常为 1:6。

5)珍珠岩:珍珠岩是一种矿石,破碎后经高温焙烧体积膨胀,成为内部具有多孔结构的白色颗粒,是一种高效保温材料。珍珠岩保温浆是由水泥和珍珠岩加水拌和而成,配合比常为 1:8。

(2)保温层工程量 保温层工程量按设计图示尺寸以面积计算,扣除面积 0.3m² 以上的孔洞及占位面积。

4. 防潮层

(1)防潮层的材料 对于较潮湿的房间和地下室的地面应做防潮层。防潮层的做法有以下几种:

1)防水砂浆防潮层:在水泥砂浆中掺入占水泥质量 3% 或 5% 的防水剂(粉),防水砂浆应采用抹压法施工,分遍成活。防水砂浆各层应紧密结合,每层宜连续施工,当需留茬时,上下层接茬位置应错开 150mm 以上,离转角 250mm 内不得留接茬。

2)防水涂料防潮层:防水涂料可选用聚合物水泥防水涂料、聚合物乳液防水涂料、聚氨酯防水涂料等合成高分子防水涂料和改性沥青防水涂料。

3)卷材防潮层:防水卷材包括高聚物改性沥青防水卷材、自粘橡胶沥青防水卷材和合成高分子防水卷材。

(2)楼地面防潮层工程量 楼地面防潮层工程量按主墙间的净空面积计算,扣除凸出地面的构筑物、设备基础等所占面积,不扣除间壁墙及单个面积 0.3m² 以内的柱、垛、烟囱和孔洞所占面积。楼地面防潮反边高度≤300mm 算做地面防潮,反边高度>300mm 按墙面防潮计算。

5. 面层

面层分为整体面层、块料面层、橡塑面层及其他材料面层。

(1)整体面层 《工程量计算规范》中设置了水泥砂浆楼地面(项目编码:011101001)、现浇水磨石楼地面(项目编码:011101002)、细石混凝土

整体面层

楼地面（项目编码：011101003）、菱苦土楼地面（项目编码：011101004）、自流坪楼地面（项目编码：011101005）五个项目。具体如下：

1）水泥砂浆楼地面。定额中采用干混地面砂浆，经拍实、提浆、压光而成。

当用混凝土做垫层又做面层时，也可采用"随打随抹"的方法，即在混凝土浇灌好后，经找平、捣实、提浆，随即撒上干水泥并抹光。现浇钢筋混凝土楼板层的楼面也有采用这种方法施工的。

2）现浇水磨石楼地面。在铺设水磨石面层前，先用1：3水泥砂浆做找平层，并在找平层上嵌玻璃条或金属条，将面层分成方格，然后铺水泥白石子浆，铺平压实后，再提浆抹平，待其凝结到一定程度后，用金刚石加水磨光，在磨光的地面上可擦草酸、打蜡，以保护面层和增加光泽。

水磨石楼地面可分为普通水磨石楼地面和彩色镜面水磨石楼地面两种。

① 普通水磨石楼地面。简称水磨石楼地面，其面层磨光采用"两浆三磨"，即补两次白水泥浆，打磨三次。定额中水磨石楼地面分带嵌条 15mm 和带嵌条分色 15mm 两个项目。分色即分格调色，用白水泥配以彩色石子做成。彩色水磨石楼地面与普通水磨石楼地面的区别在于使用的水泥石子浆不同，它使用的是水泥彩色石子浆，而普通水磨石楼地面使用的是水泥白石子浆，除此之外，其他的都相同。

② 彩色镜面水磨石楼地面。即高级水磨石楼地面，面层磨光采用"五浆六磨"，即补五次白水泥浆，打磨六次。

3）细石混凝土楼地面。一般采用 C7.5～C20 混凝土浇筑，然后找平、提浆、抹光。

4）菱苦土楼地面。主要以菱苦土（主要成分为氯化镁）和锯末为原料，按 1：0.7～1：4比例配合，用密度为 1.14～1.24g/cm³ 的氯化镁溶液调剂，并根据需要掺入适量石屑、石英砂和滑石粉等。

5）自流坪楼地面。自流坪楼地面工程选用水泥基自流平砂浆，这是一种用硅酸盐水泥、活性母料激发剂制作的水泥基。由各种材料加水后，变成自由流动的浆料，稍经刮刀展开，即可获得高平整基面。自流坪楼地面工程施工快捷、简便，是传统人工找平所无法比拟的。

6）整体面层工程量。整体面层按设计图示尺寸以面积计算，应扣除凸出地面构筑物、设备基础、室内铁道、地沟等所占面积，不扣除柱、垛、间壁墙及 0.3m² 以内的柱、垛、附墙烟囱及孔洞所占面积。门洞、空圈、暖气包槽、壁龛的开口部分不增加面积。

（2）块料面层 块料面层是指采用一定规格的块状材料，用相应的胶结料或黏结剂铺砌而成。这种面层的优点是施工方便、外形美观、清洁卫生、不起灰、抗老化。

《工程量计算规范》中设置了石材楼地面（项目编码：011102001）、碎石材楼地面（项目编码：011102002）和块料楼地面（项目编码：011102003）三个项目。

块料面层

1）块料面层的分类。

① 石材楼地面。石材楼地面采用天然石材饰面板，一般分为 600mm×600mm、800mm×

800mm 和 1000mm×1000mm 三个规格。定额中，按照施工工艺的不同分为了一般铺贴、拼花铺贴、点缀、碎拼。编制造价时，以实际工程项目的施工工艺要求列项组价，另需组石材底面和表面刷保护液的项目。如果实际工程项目要求较高，如对石材进行精磨、做波打线（嵌边）等项目，需另列项目计算。

天然石材饰面板的优点是坚硬，抗压强度好，孔隙率小，吸水率低，导热慢；具有耐磨、耐久、抗冻、耐酸、耐腐蚀、不易风化等特性，色泽持续力强且色泽稳重大方，一般使用年限可达数百年。缺点是石材一般存于地表深层处，具有一定的放射性。

② 陶瓷地面砖、水泥花砖与缸砖面层。

A. 陶瓷地面砖。具有色泽柔和、美观光滑、耐酸耐碱、抗腐蚀、易清洗、施工简便等优点，在装饰工程中得到广泛的应用。定额中，按照施工工艺的不同设置了拼花和不拼花的定额项目，编制造价时，以实际工程项目的施工工艺要求列项组价。

B. 水泥花砖。又称为花阶砖，只适用于楼地面及台阶等部位。

C. 缸砖。又称为地砖或铺地砖，是用湿黏土成形入窑焙烧而成的。常用的规格有200mm×200mm、250mm×250mm，颜色有棕红色、青灰色等，砖面画有九个或十六个方格以防滑，一般只用于人行便道或庭院通道。100mm×100mm×8mm、150mm×150mm×10mm 的小规格红地砖，常称为防滑砖，质坚体轻、耐压耐磨，有防潮作用，最适用于厨房、浴厕的楼地面。定额中，按照施工工艺的不同设置了勾缝和不勾缝的定额项目，编制造价时，以实际工程项目的施工工艺要求列项组价。

③ 镭射玻璃楼地面。镭射玻璃地砖具有抗老化、抗冲击的优点，其耐磨性、硬度等指标优于大理石，与高档花岗石相仿，但安装成本较低。其价格相当于中档花岗石板，而效果则优于花岗石，因此，多在高档宾馆等高级建筑中应用。

2）块料面层工程量。块料面层工程量按设计图示尺寸以面积计算。门洞、空圈、暖气包槽、壁龛的开口部分并入相应的工程量内。

块料面层工程量与整体面层工程量计算的不同之处在于门洞、空圈、暖气包槽、壁龛的开口部分是否并入相应的工程量；在描述碎石材项目的面层材料特征时可不用描述规格、颜色；石材、块料与黏结材料的结合面刷防渗材料的种类在防护层材料种类中描述。工作内容中的磨边指施工现场磨边。

（3）橡塑面层

《工程量计算规范》中设置了橡胶板楼地面（项目编码：011103001）、橡胶板卷材楼地面（项目编码：011103002）、塑料板楼地面（项目编码：011103003）和塑料卷材楼地面（项目编码：011103004）四个项目。

1）橡塑面层的分类。

① 橡胶板及卷材。橡胶板及卷材是用天然橡胶、合成橡胶和其他成分的高分子材料所制成，是无毒无害的环保材料。其优点是环保、防滑、阻燃、耐磨、吸声、抗静电、易清洁。

② 塑料板及卷材。塑料板及卷材是用 PVC 塑料和其他塑料，再加一些添加剂，通过热挤压法生产的一种地面层装饰材料。其优点是质轻耐磨、隔声隔热、耐腐蚀、易清洁、行走舒适、色泽鲜艳等。

2）橡塑面层工程量。橡塑面层工程量按设计图示尺寸以面积计算。门洞、空圈、暖气包槽、壁龛的开口部分并入相应的工程量内。

橡塑面层项目中如涉及找平层，另按找平层项目编码列项。这一点与整体面层和块料面层不同，即橡塑面层工作内容中不含找平层，不计入综合单价，需要另外计算。

（4）其他材料面层

1）其他材料面层包括化纤地毯楼地面、条形实木（复合）地板、铝合金防静电活动地板。

① 化纤地毯楼地面。化纤地毯楼地面分为固定式铺设和不固定式铺设两种方式。

A. 固定式铺设是将地毯进行裁边、拼缝、黏结成一块整片，然后用胶粘剂或倒刺卡条固定在地面基层上的一种铺设方法。倒刺、压条如图 10-2 所示。

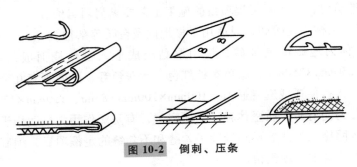

图 10-2　倒刺、压条

定额中固定式铺设地毯分为不带垫和带垫两个子目。不带垫固定即单层铺设，一般用于装饰性工艺地毯，这种地毯有正反两面，反面一般加有衬底。带垫固定即双层铺设，地毯无反正面，两面可调换使用，即为无底垫地毯，这种地毯需要另铺垫料，可用塑料胶垫，也可用棉织毡垫。

B. 不固定式（活动式）铺设即为一般摊铺，它是将地毯平铺浮搁在地面上，不做任何固定处理，如楼梯地毯。

楼梯地毯分满铺与不满铺两种方式。满铺地毯是指从楼梯段最顶级铺到楼梯段最底级，整个楼梯都铺设地毯。有底衬的地毯不带胶垫，无底衬的地毯应另铺胶垫。不满铺地毯是指分散分块铺设，一般多用于楼梯水平面部分，踏步立面不铺。

② 条形实木（复合）地板。条形实木地板即实木地板铺在细木工板上或者铺在木龙骨上。

复合木地板又称为强化地板，是采用一层或多层未用纸浸渍热固性氨基树脂，铺装在刨花板、高密度纤维板等人造板基材表面，背面加平衡层、正面加耐磨层，经热压成型的地板。复合木地板的施工程序为：水泥砂浆找平后，先铺设防潮垫，然后再铺设复合木地板。对于走廊、过道等部位，应顺着行走的方向铺设，而室内房间宜顺着光线铺设。

③ 铝合金防静电楼地板。防静电楼地板又称为抗静电活动楼地板，它由基材和贴面材料组成。基材有钢基、铝基、复合基、刨花板基、硫酸钙基等，贴面材料有三聚氰胺、PVC、防静电瓷砖等。防静电楼地板要配以专制钢梁、橡胶垫条和可调金属支架而成。它具有抗静电、耐老化、耐磨耐烫、下部串通、高低可调、装拆方便、脚感舒适等特点，适用于

计算机房、通信中心、程控机房、实验室等，如图 10-3 所示。

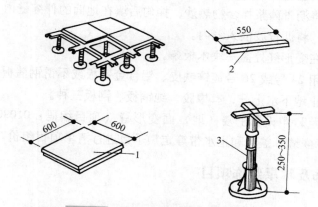

图 10-3 防静电楼地板构造示意图
1—板面块 2—金属横梁 3—可调支架

2）其他材料面层工程量。其他材料面层工程量按图示尺寸以面积计算。门洞、空圈、暖气包槽和壁龛开口部分并入相应的工程量内计算。

6. 踢脚线

（1）踢脚线的分类 踢脚线包括水泥砂浆踢脚线、石材踢脚线、块料踢脚线、塑料板踢脚线、木质踢脚线、金属踢脚线、防静电踢脚线。

（2）踢脚线工程量计算 以"m²"计量时，按设计图示长度乘以高度以面积计算；以"m"计量时，按"延长米"计算。

踢脚线、楼梯、台阶装饰

7. 楼梯面层

（1）楼梯面层的分类 楼梯面层包括石材楼梯面层、块料楼梯面层、拼碎块料面层、水泥砂浆楼梯面层、现浇水磨石楼梯面层、地毯楼梯面层、木板楼梯面层、橡胶板楼梯面层、塑料板楼梯面层。

（2）楼梯面层工程量计算 各种楼梯面层工程量按设计图示尺寸以楼梯（包括踏步、休息平台及 500mm 以内的楼梯井）水平投影面积计算。

楼梯与楼地面相连时，算至梯口梁内侧边沿；无梯口梁者，算至最上一层踏步边沿加 300mm。

10.1.3 楼地面变形缝

当建筑物的长度超过规定，平面图形有曲折变化或同一建筑物个别部分的高度或荷载有很大差别时，建筑构件会因温度变化、地基的不均匀沉陷或地震等原因而产生变形，引起建筑物发生裂缝或破坏。为了预防和避免这种裂缝的产生，在设计和施工时必须将过长的或有层数不同部位的建筑，用垂直的缝区分成几个单独部分，使各部分能独立地变形，这种将建筑物垂直分开的缝称为变形缝。变形缝因功能的不同可分为温度伸缩缝、沉降缝和抗震缝三种。

变形缝的常用做法有以下种类：

1）油浸麻丝：伸缩缝内塞浸过沥青的麻丝。

2）油浸木丝板或刨花板：将板两面涂上沥青塞入缝内。

3）沥青砂浆：将沥青砂浆拌合物热炒，拌匀后填在地面的伸缩缝内。

4）沥青玛蹄脂：将沥青胶灌入缝内。

5）木板盖面：在变形缝处盖一块木板条。

6）铁皮盖面：用 24 号或 26 号镀锌铁皮、铝合金盖板或不锈钢盖板盖于缝处。

7）止水带：防止地下水上升，有橡胶、纯铜板、钢板三种。

《工程量计算规范》中设置了楼（地）面变形缝（项目编码：010904004）项目。编制造价时，需列项计算嵌缝、盖板和止水带等定额子目进行清单项目组价。

10.1.4　台阶装饰及零星装饰项目

1. 台阶装饰

台阶包括石材台阶面、块料台阶面、拼碎块料台阶面、水泥砂浆台阶面、现浇水磨石台阶面、剁假石台阶面。

工程量按设计图示尺寸按台阶（包括最上层踏步边沿加 300mm）水平投影面积以"m²"计算。

2. 零星装饰项目

零星装饰项目包括石材零星项目、碎拼石材零星项目、块料零星项目、水泥砂浆零星项目。

工程量按设计图示尺寸以面积（m²）计算。其中，楼梯、台阶牵边和侧面镶贴块料面层，不大于 0.5m² 的少量分散的楼地面镶贴块料面层，应按零星项目列项。

10.1.5　栏板（杆）、扶手、护栏

1. 概述

栏板（杆）扶手可有以下分类：

（1）楼梯玻璃栏板　楼梯玻璃栏板又称为玻璃栏板或玻璃扶手，是用大块的透明安全玻璃做楼梯栏板，上面加扶手。扶手可用铝合金管、不锈钢管、黄铜管或高级硬木等材料制作。玻璃可为有机玻璃、钢化玻璃或茶色玻璃。定额中楼梯扶手的玻璃安装有半玻式或全玻式两种方式。

1）半玻式楼梯扶手。玻璃上下透空，玻璃用卡槽安装在扶手立柱之间，或者直接安装在立柱的开槽中，并用玻璃胶固定。

2）全玻式楼梯扶手。将玻璃下部固定在楼梯踏步地面上，上部与金属管材或硬木扶手连接。与金属管材的连接方式有三种：一是在管子下部开槽，将玻璃插入槽内；二是在管子下部安装 U 形卡槽，玻璃卡装在槽内；三是用玻璃胶直接将玻璃粘在管子下部。玻璃下部，可用角钢将其卡住定位，然后在角钢与玻璃留出的间隙中嵌玻璃胶将玻璃固定。

（2）楼梯栏杆　楼梯栏杆是指楼梯扶手与楼梯踏步之间的金属栏杆，金属栏杆之间可以镶玻璃也可以不镶玻璃。根据楼梯形式，楼梯栏杆扶手分为直线形、圆弧形和螺旋形三种，扶手下面的栏杆分为竖条式和其他两种。按照不同材料和造型，又分为直线形、铁花栏

杆、车花木栏杆和不车花木栏杆等，如图 10-4 所示。

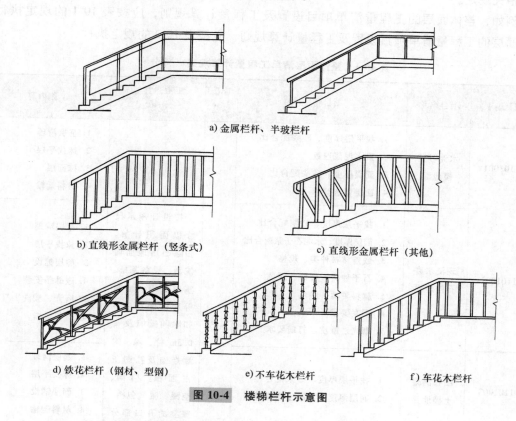

a) 金属栏杆、半玻栏杆

b) 直线形金属栏杆（竖条式）　　　　c) 直线形金属栏杆（其他）

d) 铁花栏杆（钢材、型钢）　　　e) 不车花木栏杆　　　　f) 车花木栏杆

图 10-4　楼梯栏杆示意图

（3）扶手　主要有楼梯扶手和靠墙扶手。

1）楼梯扶手按照材料分为不锈钢扶手、硬木扶手、钢管扶手、铜管扶手、塑料扶手和大理石扶手等；按照造型又分为直线形、圆弧形和螺旋形三种。

2）靠墙扶手是指扶手固定在墙上，扶手下面没有栏杆或栏板。按照材料不同分为不锈钢管扶手、铝合金管扶手、铜管扶手、塑料管扶手、钢管扶手和硬木扶手。靠墙扶手一般都是直线形。

（4）装饰护栏　护栏一般是为了防止人们随意进入某规定区间而设置的隔离设施，如道路护栏、草地护栏、门窗护栏等。定额中主要编制的是门窗护栏，用小型铝合金或不锈钢管材制作，护栏上可以制作一些图案起装饰作用，因此称为装饰护栏。

2. 工程量计算

1）扶手、栏杆、栏板工程量按设计图示尺寸以扶手中心线长度（包括弯头长度）计算。

2）防滑条工程量按楼梯踏步两端距离减 300mm，以"延长米"计算。

10.1.6　工程量计算示例

按照《工程量计算规范》的相关规定，编制清单报价时须注意其项目设置及工程量计算的相关规定。

　　例如，整体面层的工程量清单项目设置及工程量计算规则，应按表10-1的规定执行；块料面层的工程量清单项目设置及工程量计算规则，应按表10-2的规定执行。

表10-1　整体面层清单工程量计算规则（部分）

项目编码	项目名称	项目特征	计量单位	工程量计算规则	工作内容
011101001	水泥砂浆楼地面	1. 找平层厚度、砂浆配合比 2. 素水泥浆遍数 3. 面层厚度、砂浆配合比 4. 面层做法要求	m²	按设计图示尺寸以面积计算。扣除凸出地面构筑物、设备基础、室内铁道、地沟等所占面积，不扣除间壁墙及≤0.3m²柱、垛、附墙烟囱及孔洞所占面积。门洞、空圈、暖气包槽、壁龛的开口部分不增加面积	1. 基层清理 2. 抹找平层 3. 抹面层 4. 材料运输
011101002	现浇水磨石楼地面	1. 找平层厚度、砂浆配合比 2. 面层厚度、水泥石子浆配合比 3. 嵌条材料种类、规格 4. 石子种类、规格、颜色 5. 颜料种类、颜色 6. 图案要求 7. 磨光、酸洗、打蜡要求			1. 基层清理 2. 抹找平层 3. 面层铺设 4. 嵌缝条安装 5. 磨光、酸洗、打蜡 6. 材料运输
011101003	细石混凝土楼地面	1. 找平层厚度、砂浆配合比 2. 面层厚度、混凝土强度等级			1. 基层清理 2. 抹找平层 3. 面层铺设 4. 材料运输
011101004	菱苦土楼地面	1. 找平层厚度、砂浆配合比 2. 面层厚度 3. 打蜡要求			1. 基层清理 2. 抹找平层 3. 面层铺设 4. 打蜡 5. 材料运输

表10-2　块料面层清单工程量计算规则（部分）

项目编码	项目名称	项目特征	计量单位	工程量计算规则	工作内容
011102001	石材楼地面	1. 找平层厚度、砂浆配合比 2. 结合层厚度、砂浆配合比 3. 面层材料品种、规格、颜色 4. 嵌缝材料种类 5. 防护层材料种类 6. 酸洗、打蜡要求	m²	按设计图示尺寸以面积计算。门洞、空圈、暖气包槽、壁龛的开口部分并入相应的工程量内	1. 基层清理 2. 抹找平层 3. 面层铺设、磨边 4. 嵌缝 5. 刷防护材料 6. 酸洗、打蜡 7. 材料运输
011102003	块料楼地面				

例 10-1 如图 10-5 所示，某办公楼二层房间（不包括卫生间）及走廊地面整体面层工程。1：2.5 水泥砂浆面层厚 25mm，素水泥浆一道；1：3 水泥砂浆找平层厚 30mm；水泥砂浆踢脚线高 150mm。外墙为 37 墙（偏轴），内墙为 24 墙（中轴）。计算相关项目的工程量。

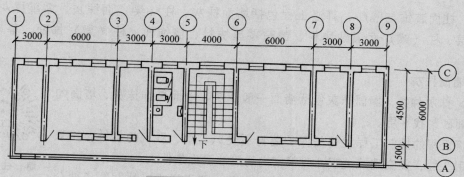

图 10-5 某办公楼二层示意图

解：（1）相关工程量。

1）外墙外边线：

$$L_{外} = (3+6+3+3+3+3+4+6+6)\,m \times 2 + 0.25m \times 8 = 76m$$

2）外墙中心线：

$$L_{中} = L_{外} - 4 \times 0.37 = (76 - 4 \times 0.37)\,m = 74.52m$$

3）内墙净长线：

$$L_{内} = (4.5 - 0.12)\,m \times 4 + 21 + (4.5 - 0.12 \times 2)\,m \times 3 = 51.3m$$

4）二层建筑面积：$S_2 = 31.5m \times 6.5m = 204.75m^2$

5）卫生间净面积：$S_{卫生间} = (3 - 0.12 \times 2)\,m \times (4.5 - 0.12 \times 2)\,m = 11.76m^2$

6）二楼楼梯间所占面积：$S_{楼梯间} = (4 - 0.12 \times 2)\,m \times 4.5m = 16.92m^2$

（2）30mm 厚 1：3 水泥砂浆找平层工程量。

$$S_{找平层} = S_2 - S_{卫生间} - S_{楼梯间} = (204.75 - 11.76 - 16.92)\,m^2 = 176.07m^2$$

（3）25mm 厚 1：2.5 水泥砂浆整体面层工程量。

$$S_{整体面层} = S_{找平层} = 176.07m^2$$

（4）150mm 高水泥砂浆踢脚线工程量。

$$
\begin{aligned}
S_{踢脚线} &= [L_{中} - 4 \times 0.37 + L_{内} \times 2 - 0.24 \times 10 - (3 - 0.24 + 4.5 - 0.24) \times 2 - \\
&\quad (4 - 0.24 + 4.5) \times 2]\,m \times 0.15m \\
&= [74.52 - 4 \times 0.37 + 51.3 \times 2 - 0.24 \times 10 - (3 - 0.24 + 4.5 - 0.24) \times \\
&\quad 2 - (4 - 0.24 + 4.5) \times 2]\,m \times 0.15m \\
&= 21.40m^2
\end{aligned}
$$

10.2　墙、柱面装饰与隔断、幕墙工程

10.2.1　概述

墙、柱面装饰与隔断、幕墙工程包括墙面抹灰、柱（梁）面抹灰、零星抹灰、墙面块料面层、柱（梁）面镶贴块料、镶贴零星块料、墙饰面、柱（梁）饰面、幕墙工程、隔断。

1. 墙面抹灰

（1）抹灰种类　墙面抹灰包括墙面一般抹灰、墙面装饰抹灰、墙面勾缝、立面砂浆找平层。

建筑工程的抹灰工程主要是保护墙身不受风、雨、湿气的侵蚀，增强墙身的耐久性，提高建筑美观，改善室内的清洁卫生条件。

墙、柱面抹灰

为了保证抹灰表面平整，避免裂缝、脱落，便于操作，抹灰一般要分层施工，各层所使用的砂浆也不相同。

（2）墙面抹灰工程量　墙面抹灰工程量按设计图示尺寸以面积计算，扣除墙裙、门窗洞口及单个 $0.3m^2$ 以外的孔洞面积，不扣除踢脚线、挂镜线和墙与构件交接处的面积，门窗洞口和孔洞的侧壁和顶面不增加面积。

梁垛、附墙柱、烟囱并入相应的墙面面积内。

1）内墙面抹灰面积，按主墙间的净长乘以高度计算。其高度确定如下：

① 无墙裙的，其高度按室内地面或楼面至天棚底面之间的距离计算。

② 有墙裙的，其高度按墙裙顶至天棚底面之间的距离计算。

③ 有吊顶天棚抹灰，高度算至天棚底。

2）内墙裙抹灰面积按内墙净长乘以高度计算；应扣除门窗洞口和空圈所占的面积，门窗洞口和空圈的侧壁面积不另增加，墙垛、附墙烟囱侧壁面积并入墙裙抹灰面积内计算。

3）外墙抹灰面积，按外墙垂直投影面积计算。

4）外墙裙抹灰面积按其长度乘以高度计算。飘窗凸出外墙面增加的抹灰并入外墙工程量内。

2. 柱（梁）面抹灰

（1）分类　柱（梁）面抹灰包括柱（梁）面一般抹灰、柱（梁）面装饰抹灰、柱（梁）面砂浆找平层、柱面勾缝。

（2）柱（梁）面抹灰工程量

1）柱面抹灰工程量按设计图示柱断面周长乘以高度以面积（ m^2 ）计算。

2）梁面抹灰工程量按设计图示梁断面周长乘以长度以面积（ m^2 ）计算。

3）柱面勾缝，按设计图示柱断面周长乘以高度以面积（ m^2 ）计算。

3. 零星抹灰

（1）分类　零星抹灰是指墙、柱（梁）面 $0.5m^2$ 以内的少量分散的抹灰，包括零星项

目一般抹灰、零星项目装饰抹灰、零星砂浆找平层。

（2）零星抹灰工程量　零星抹灰工程量按设计图示尺寸以面积计算。

4. 镶贴块料面层

（1）分类　镶贴块料面层就是将各种块体饰面材料用黏结剂，依照设计图镶贴在各种基层上。按镶贴的部位不同，分为墙面镶贴、柱（梁）面镶贴、零星镶贴等。

墙、柱面块料面层

用于镶贴的块体饰面材料很多，主要有石材、各种面砖及陶瓷锦砖（即马赛克）、玻璃马赛克等，所用黏结剂主要有水泥浆、聚酯类水泥浆及各种特殊胶粘剂等。

1）石材墙面。

① 挂贴石材。挂贴法又称为镶贴法，先在墙柱基面上预埋铁件，固定钢筋网，同时在石板的上下部位钻孔打眼，穿上铜丝与钢筋网扎结。用木楔调节石板与基面之间的缝宽，待一排石板的石面调整平整并固定好后，用 1∶2 或 1∶2.5 水泥砂浆分层灌缝，待面层全部挂贴完成后，用白水泥浆嵌缝，最后洁面、打蜡、上光，如图 10-6 所示。

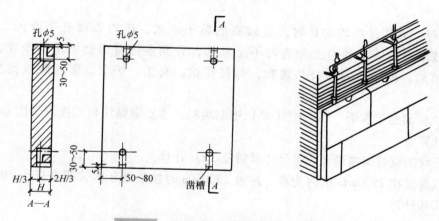

图 10-6　挂贴大理石板施工工艺示意图

② 粘贴石材。粘贴法是在清洁基面后用 1∶3 水泥砂浆打底，然后抹 1∶2.5 水泥砂浆中层，再用黏结剂涂刷大理石背面，按设计分块要求将其镶贴到砂浆面上，整平洁面，最后用白水泥嵌缝，去污、打蜡、抛光。

③ 干挂石材。定额设置了挂钩式干挂石材和背栓式干挂石材两个子目。干挂法不用水泥砂浆，而是在基层墙面上按设计要求设置膨胀螺栓，将不锈钢角钢固定在基面上，然后用不锈钢连接螺栓和插棍将打有孔洞的石板和角钢连接起来进行固定，整平面板后，洁面、嵌缝、抛光即成。这种方法多用于大型板材，一般规格为 800mm×800mm、1200mm×1200mm、1300mm×1300mm。

2）陶瓷锦砖、玻璃马赛克。

① 陶瓷锦砖。陶瓷锦砖又称为马赛克、纸皮砖，是由不同形状小块拼成一定要求的图案，单块尺寸有矩形、方形、菱形、不规则多边形等，主要用于墙面及地面。品种有挂釉和

不挂釉两种,目前常用不挂釉产品。这种砖质地坚硬、经久耐用、色泽多样、耐酸、耐碱、耐火、耐磨、不渗水、易清洗。

陶瓷锦砖的镶贴主要是将其用水泥浆粘贴在水泥砂浆找平层上,操作工艺如下:检查基层有无尺寸偏差、预留洞及预埋铁件的位置是否正确;修补和处理基层;抹砂浆找平层;放线;刮素水泥浆、镶贴、撕纸、擦缝、清理。

② 玻璃马赛克。玻璃马赛克又称为玻璃锦砖或玻璃纸皮砖,是一种小规格的彩色饰面玻璃,一般规格为 20mm×20mm、30mm×30mm、40mm×40mm,厚度为 4~6mm。

玻璃马赛克由天然矿物质和玻璃粉制成,耐酸碱、耐腐蚀、不褪色,正面是光泽滑润细腻,背面带有较粗糙的槽纹,以便于用砂浆粘贴,是最适合装饰卫浴房间墙地面的建材之一。

3)瓷板。瓷板是用颜色洁白的瓷土或耐火黏土经焙烧而成的,表面光洁平整,不易沾污,耐水性、耐湿性好,适用于建筑物室内装饰的薄型精陶制品。常用于室内墙面,主要用于浴室、厨房、实验室、医院、精密仪器车间等的墙面及工作台、墙裙等处,也可用来砌筑水池、水槽、卫生设施等。定额中设置了两种规格,分别为 152mm×152mm 和 200mm×300mm。

4)面砖。采用品质均匀且耐火度较高的黏土制成,砖的表面有平滑的、粗糙的、有带线条或图案的、正面有上釉的与不上釉的,背面多带有凹凸不平的条纹,便于与砂浆牢固粘贴。常用于大型公共建筑,如展览馆、宾馆、饭店、影剧院及商场等建筑的饰面。

(2)块料面层工程量 墙、柱(梁)镶贴块料、零星镶贴块料均按设计图示尺寸以镶贴表面积计算。

干挂石材的钢骨架按设计图示尺寸以质量(t)计算。

墙裙以高度在 1500mm 以内为准,超过 1500mm 时按墙面计算,高度低于 300mm 以内时,按踢脚线计算。

5. 饰面、隔墙

饰面是指在墙、柱(梁)结构面上,用金属或木质材料做骨架或基层,在骨架或基层上安装装饰面板所形成的装饰面层。墙、柱(梁)饰面的主要材料可分为:

1)玻璃类材料:镜面玻璃、镭射玻璃、有机玻璃。

2)金属、半金属类材料:彩色钢板、镀锌薄钢板(即镀锌铁皮)、铝塑板、不锈钢板、铝合金板。

3)木材类:硬木条板。

4)人造板材类:石膏板、胶合板、矿棉板、塑料板等。

5)其他类:织锦缎、人造革、化纤毯、竹片、柚木皮等。

(1)不锈钢饰面 不锈钢饰面是指将不锈钢板研压、抛光、蚀刻而成的装饰薄板。根据其反光率的大小分为镜面板、亚光板和浮雕板三种。

1)圆柱不锈钢饰面。

① 木龙骨圆柱。这种圆柱是用不易变形的杉方木做成柱骨架,用三合板做柱面基层,

整平光面后，在其上安装不锈钢面板。

② 钢龙骨圆柱。钢龙骨圆柱是用∟63×40×4 角钢做立杆，用－30×4 扁钢做横撑，焊接成圆形骨架，将不锈钢饰面板用螺钉与其连接而成。

2）方柱圆形面不锈钢饰面。以木龙骨做柱芯，再与其上用支撑和龙骨固定为圆柱面而成，如图 10-7 所示。

（2）硬木板条墙面、硬木条吸声墙面及石膏板隔声墙面

1）硬木板条墙面。硬木板条墙面是以硬木薄板作为饰面板镶拼而成的墙面。

2）硬木条吸声墙面。硬木条吸声墙面也称为灰板条钢板网隔声墙面，是用宽度为 20～40mm、厚度为 5～10mm 的木板条间隔 8～12mm 铺钉在木龙骨上（内衬油毡和玻璃棉），然后将钢板网片铺钉在木板条上，经整平固紧后抹 1：1：4 混合砂浆。

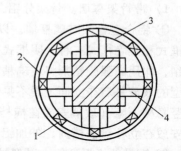

图 10-7　方柱圆形面不锈钢饰面

1—竖向龙骨　2—不锈钢板
3—横向龙骨　4—支撑

3）石膏板隔声墙面。石膏板隔声墙面实际上是一种镶嵌石膏板的墙面，是在基层墙（一般为砖墙）面上剔洞埋木砖，按照石膏板宽做成木框架与木砖连接，然后在木框架上嵌以石膏板钉上木压条而成。

（3）丝绒饰面与胶合板饰面

1）丝绒饰面。丝绒饰面是指用纺织物品（平绒、墙毡等）包饰的墙面，是在基层墙面上预埋木砖，经粘贴油毡防潮处理后钉上木骨架，在骨架上满铺胶合板并嵌好拼接缝，然后用压条包铺好丝绒布而成。

2）胶合板饰面。胶合板饰面是轻质薄层木饰面板的一种最简单的墙面装饰，是在基层墙面上剔洞埋木砖，粘贴油毡，装钉木骨架，铺钉胶合板，并安装压顶条和踢脚线而成。

（4）镜面玻璃和镭射玻璃墙面　镜面玻璃和镭射玻璃可安装在木基层面上或者粘贴在砂浆层面上。

1）木基层安装法，是在砖基层上剔洞埋木砖，粘贴油毡，安装木骨架，钉装胶合板，然后用不锈钢压条将玻璃饰面钉压在木骨架上，并用玻璃胶嵌缝收边而成。

2）砂浆面粘贴法，是将基面打扫干净后，涂刷 107 胶素水泥浆一道，接着抹 20mm 厚 1：2.5 水泥砂浆罩面；待水泥砂浆罩面干燥后，用双面强力弹性胶带将玻璃饰面沿周边粘贴到砂浆面上，随即将铝合金压条涂上 XY-508 胶紧压住饰面边框，使之粘贴在砂浆面上，并在交角处铺钉钢钉以加强紧固。

（5）饰面工程量计算　墙饰面工程量按设计图示净长乘以高度以面积计算，扣除门窗洞口及单个 0.3m² 以上的孔洞所占面积。墙面装饰浮雕按设计图示尺寸以面积计算。

柱（梁）饰面工程量按设计图示饰面外围尺寸以面积计算。柱帽、柱墩并入相应柱饰面工程量内。成品装饰柱工程量以"根"计量，按设计数量计算；以"m"计量，按设计

长度计算。

6. 幕墙

幕墙是指由面板与支承结构体系（支承装置与支承结构）组成的建筑外围护墙或装饰性结构，面板材料通常采用玻璃和金属板材。

（1）分类 幕墙可分为带骨架幕墙和全玻璃（无框玻璃）幕墙。

1）带骨架幕墙。骨架分铝合金骨架和钢骨架等不同种类。

① 铝合金骨架玻璃幕墙。以铝合金型材为骨架的玻璃幕墙按外观形式可分为明框式、隐框式和半隐框式三种。明框式是指玻璃安装好后，骨架外露；隐框式是指玻璃直接与骨架黏结，即用高强胶粘剂将玻璃粘到铝合金封框上，而不是镶嵌在凹槽内，骨架不外露，这种类型的玻璃幕墙在立面上看不见骨架和窗框，使玻璃幕墙外观更显得简洁、明快；半隐框式分竖隐横不隐（玻璃安放在横档的玻璃镶嵌槽内，槽外加铝合金压板）和横隐竖不隐（玻璃安放在立柱镶嵌槽内，外加铝合金压板）。

② 钢骨架铝板幕墙。以型材为骨架，在骨架上安装铝板形成铝板幕墙。铝板幕墙质感独特，色泽丰富、持久，自重轻，外观形状多样化，而且维护成本低，深受用户的喜爱。常用的铝板有复合铝板和铝合金单板。

2）全玻璃幕墙。全玻璃幕墙是指由玻璃肋和玻璃面板构成的玻璃幕墙。全玻璃幕墙是随着玻璃生产技术的提高和产品的多样化而诞生的，为建筑物添加了奇特、透明、晶莹的外观效果。根据安装方式分为落地式（玻璃受托于下支架上）、吊挂式（用吊挂装置悬吊起玻璃）、后支承式（玻璃肋支承于玻璃后部）等。

（2）幕墙工程量

1）带骨架幕墙工程量。带骨架幕墙工程量按设计图示框外围尺寸以面积计算，与幕墙同材质的窗所占面积不扣除。幕墙钢骨架应另列项目计算。

2）全玻璃幕墙工程量。全玻璃幕墙工程量按设计图示尺寸以面积计算。带肋全玻璃幕墙按展开面积计算。

7. 隔断

（1）分类 隔断是指不承受荷载，只用于分隔室内房间的不到顶的间壁墙。隔断包括木隔断、金属隔断、玻璃隔断、塑料隔断、成品隔断、其他隔断。

（2）隔断工程量

1）木隔断、金属隔断，按设计图示框外围尺寸以面积（m^2）计算，不扣除单个小于或等于 $0.3m^2$ 的孔洞所占面积；浴厕门的材质与隔断相同时，门的面积并入隔断面积内。

2）玻璃隔断、塑料隔断，按设计图示框外围尺寸以面积（m^2）计算，不扣除单个小于或等于 $0.3m^2$ 的孔洞所占面积。

3）成品隔断、其他隔断，以"m^2"计量，按设计图示框外围尺寸以面积（m^2）计算；以"间"计量，按设计间的数量计算。

10.2.2 墙面抹灰工程工程量清单及计算示例

1. 墙面抹灰工程清单设置及工程量计算规则

工程量清单项目设置及工程量计算规则，应按表 10-3 的规定执行。

表 10-3　墙面抹灰清单工程量计算规则

项目编码	项目名称	项目特征	计量单位	工程量计算规则	工作内容
011201001	墙面一般抹灰	1. 墙体类型 2. 底层厚度、砂浆配合比 3. 面层厚度、砂浆配合比 4. 装饰面材料种类 5. 分格缝宽度、材料种类	m²	按设计图示尺寸以面积计算。扣除墙裙、门窗洞口及单个 0.3m² 以外的孔洞面积，不扣除踢脚线、挂镜线和墙与构件交接处的面积，门窗洞口和孔洞的侧壁及顶面不增加面积。附墙柱、梁、垛、烟囱侧壁并入相应的墙面面积内计算。	1. 基层清理 2. 砂浆制作、运输 3. 底层抹灰 4. 抹面层 5. 抹装饰面 6. 勾分格缝
011201002	墙面装饰抹灰	1. 墙体类型 2. 底层厚度、砂浆配合比 3. 面层厚度、砂浆配合比 4. 装饰面材料种类 5. 分格缝宽度、材料种类		1. 外墙抹灰面积按外墙垂直投影面积计算 2. 外墙裙抹灰面积按其长度乘以高度计算 3. 内墙抹灰面积按主墙间的净长乘以高度计算： （1）无墙裙的，高度按室内楼地面至天棚底面计算 （2）有墙裙的，高度按墙裙顶至天棚底面计算 （3）有吊顶天棚抹灰，高度算至天棚底 4. 内墙裙抹灰面积按内墙净长乘以高度计算	
011201003	墙面勾缝	1. 勾缝类型 2. 勾缝材料种类			1. 基层清理 2. 砂浆制作、运输 3. 勾缝

2. 实例应用

例 **10-2**　某工程如图 10-8、图 10-9、图 10-10 所示，计算内、外墙抹灰工程量。

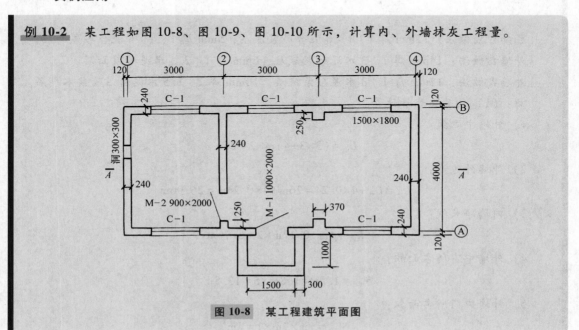

图 10-8　某工程建筑平面图

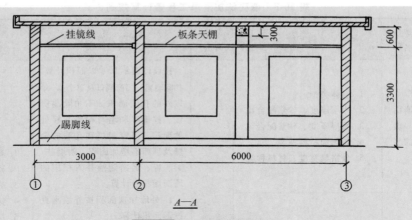

图 10-9　某工程建筑剖面图

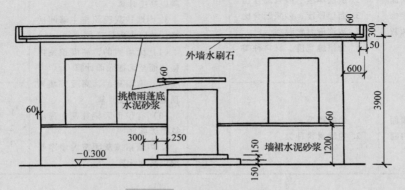

图 10-10　某工程建筑立面图

已知内墙做法：15mm 厚 1：1：6 混合砂浆底层，5mm 厚 1：1：4 混合砂浆面层。

外墙裙做法：14mm 厚 1：3 水泥砂浆底层，6mm 厚 1：2.5 水泥砂浆面层。

外墙身做法：12mm 厚 1：3 水泥砂浆底层，10mm 厚 1：1.5 水泥白石子浆水刷石。

解：（1）相关工程量计算。

1）外墙中心线：

$$L_{中} = (3×3+4)m×2 = 26m$$

2）外墙外边线：

$$L_{外} = L_{中} +4×0.24 = 26m+4×0.24m = 26.96m$$

3）内墙净长线：

$$L_{内} = 4m-0.12m×2 = 3.76m$$

4）外墙中窗所占面积：

$$S_{WC} = 1.5m×1.8m×5 = 13.5m^2$$

5）外墙中门所占面积：

$$S_{WM} = 1m×2m×1 = 2m^2$$

6) 内墙中门所占面积：

$$S_{NM} = 0.9m \times 2m \times 1 = 1.8m^2$$

（2）内墙抹灰面积计算。

内墙抹灰面积 $S_{NQ} = [(26-4\times0.24)-0.24\times2+0.25\times4+3.76\times2]m\times3.9m-(13.5+2)m^2-1.8m^2\times2 = 109.91m^2$

（3）外墙裙抹灰工程量。

外墙裙抹灰面积 $S_{QQ} = 26.96m\times1.2m-1.0m\times(1.2-0.15\times2)m-(1.0+0.25\times2)m\times0.15m-(1.0+0.25\times2+0.3\times2)m\times0.15m = 30.91m^2$

（4）外墙身水刷石工程量。

外墙身面积 $S_{QS} = 26.96m\times(3.9-1.2)m-13.5m^2-1m\times(2-1.2)m\times1 = 58.49m^2$

（5）将计算结果列于表 10-4。

表 10-4 分部分项工程量清单与计价表

工程名称：某工程　　　　　　　　　　　　　　　　　　　　　　　　　　　第　页　共　页

序号	项目编码	项目名称	项目特征描述	计量单位	工程量	综合单价	合价	其中：暂估价
						金额（元）		
1	011201001001	内墙面一般抹灰	1. 标准机砖墙体 2. 底层 15mm 厚，1:1:6 混合砂浆 3. 面层 5mm 厚，1:1:4 混合砂浆	m²	109.91			
2	011201001002	外墙裙一般抹灰	1. 标准机砖墙体 2. 底层 14mm 厚，1:3 水泥砂浆 3. 面层 6mm 厚，1:2.5 水泥砂浆	m²	30.91			
3	011201002003	外墙面装饰抹灰	1. 标准机砖墙体 2. 底层 12mm 厚，1:3 水泥砂浆 3. 面层 10mm 厚，1:1.5 水泥白石子浆	m²	58.49			
⋮								
			本页小计					
			合计					

10.3 天棚工程

10.3.1 概述

天棚工程是指在楼板、屋架下弦或屋面板的下面进行的装饰工程，包括天棚抹灰、天棚吊顶、采光天棚、天棚其他装饰。一般分为两种：一种是以屋面板或楼板为基层，在其下表面直接进行涂饰、抹面或裱糊的天棚装饰工程；另一种是以楼板、屋架或屋面板为支撑点，用吊杆连接大、小龙骨再镶贴各种饰面板的天棚装饰工程。

1. 天棚工程的分类

（1）按造型划分 天棚按照其造型可划分为平面天棚、跌级天棚和艺术造型天棚。

1）平面天棚。天棚标高在同一平面者为平面天棚。

2）跌级天棚。天棚面层不在同一标高者为跌级天棚，通常可做成天井式和凹槽式两种，如图 10-11 所示。

图 10-11　跌级天棚示意图

3）艺术造型天棚。艺术造型天棚是指带有弧线或造型复杂的天棚，如锯齿形天棚、阶梯形天棚、吊挂式天棚、藻井式天棚、井式天棚，如图 10-12 所示。

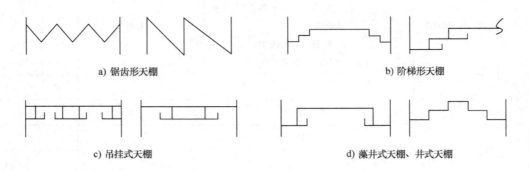

a) 锯齿形天棚　　　　　　　　　　　　　　b) 阶梯形天棚

c) 吊挂式天棚　　　　　　　　　　　　　　d) 藻井式天棚、井式天棚

图 10-12　艺术造型天棚断面示意图

（2）按装饰材料划分 天棚工程装饰材料的种类很多，按天棚工程的施工方法和结构不同可分为抹灰材料、涂刷材料、裱糊材料和吊顶天棚材料，如图 10-13 所示。

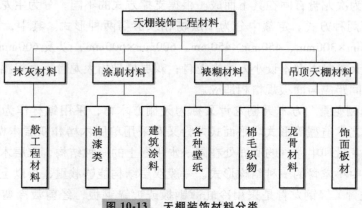

图 10-13 天棚装饰材料分类

（3）按结构形式及施工工艺划分

1）无吊顶天棚装饰工程，可分为以下四种类型：

① 光面天棚装饰工程。可在结构上抹灰或不抹灰，表面涂刷石灰浆天棚、大白浆天棚、色浆天棚、可赛银浆天棚、油漆天棚、涂料天棚等装饰工程。

② 毛面天棚装饰工程。喷涂膨胀珍珠岩涂料天棚、彩砂天棚、毛面顶棚涂料天棚等装饰工程。

③ 裱糊壁纸天棚装饰工程。裱糊各种壁纸天棚、锦缎和高级织物天棚等装饰工程。

④ 铺贴装饰板天棚装饰工程。铺贴石膏板天棚、钙塑板天棚等装饰工程。

2）有吊顶天棚装饰工程。吊顶天棚一般由龙骨和装饰板材两部分组成。利用楼板或屋架等结构为支撑点，吊挂各种龙骨，在龙骨上镶铺装饰面板或装饰面层而形成的装饰天棚。按材料不同，龙骨又分为木龙骨、铝合金龙骨、轻钢龙骨、型钢龙骨等；装饰板材又分为木质装饰板材、塑料装饰板材、金属装饰板材、非金属装饰吸声板材等，如图 10-14 所示。

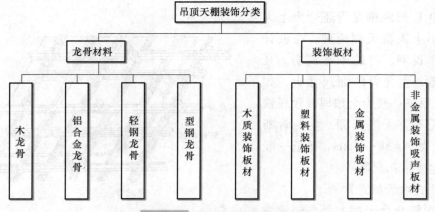

图 10-14 吊顶天棚装饰分类

2. 吊顶天棚构造简介

（1）圆木天棚龙骨　圆木天棚龙骨又称为对剖圆木楞，是将圆木剖成对半形作为主龙骨，将小方木作为次龙骨钉固在其下而成。根据支撑方式的不同，分为主龙骨搁在砖墙上和吊在梁（板）下两种方式。定额中分为单层楞和双层楞两种形式。其中，双层楞又按面板规格划分为 300mm×300mm、450mm×450mm、600mm×600mm，以及 600mm×600mm 以上几种。单层楞是指大龙骨下面不设小方木次龙骨；双层楞是指大龙骨下面根据面板规格设置小方木龙骨，龙骨间距应与面板规格相适应。

（2）方木天棚龙骨　方木天棚龙骨又称为天棚方木楞，采用锯材作为主次龙骨，可做成平面、跌级和艺术造型等形式。平面式龙骨又有采用单层木楞和双层木楞两种安装方式。单层木楞是指大龙骨和中龙骨的底面处在同一水平面上的一种结构，双层木楞是指在大龙骨的下面钉有一层中小龙骨的一种结构形式。一般双层结构能够载重，可以上人。

（3）轻钢龙骨　轻钢龙骨是采用冷轧薄钢板或镀锌钢板，经剪裁冷弯辊轧而成。根据连接面板的龙骨的断面形状，分为 U 形和 T 形龙骨，由主龙骨（大龙骨）、中小龙骨（次龙骨）和各种连接件等组成，适用于施工现场装配，如图 10-15 所示。

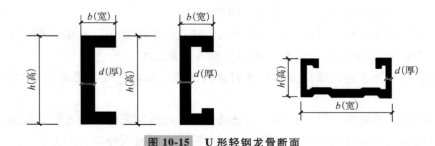

图 10-15　U 形轻钢龙骨断面

按照天棚龙骨与天棚面板的连接关系，天棚装配分为活动式装配和隐蔽式装配两种方式。活动式装配又称为浮搁式、嵌入式，是将面板直接浮搁在次龙骨上，龙骨底缘外露，这样更换面板方便。隐蔽式装配是将面板装配在次龙骨底缘下边，使面板包住龙骨，这样天棚面层平整一致。U 形轻钢龙骨适于隐蔽式装配，如图 10-16 所示。

定额中 U 形轻钢龙骨还分为上人型天棚和不上人型天棚两种。在设计中有的已作说明，有的未作说明。凡上人型天棚，主龙骨断面尺寸大，如 $h=60mm$，吊筋一般为全预埋或预埋铁件焊接。凡不上人型天棚，主龙骨断面尺寸小，如 $h=38\sim45mm$，吊筋一般为射钉固定或钻孔预埋。

（4）铝合金天棚龙骨

1）T 形铝合金天棚龙骨与轻钢龙骨相比较，质地更轻，耐腐蚀性能更

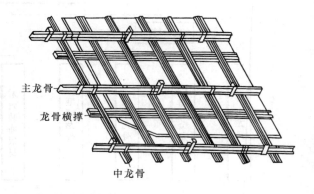

主龙骨

龙骨横撑

中龙骨

图 10-16　U 形天棚龙骨构造示意图

好。T 形铝合金天棚龙骨适于活动式装配面板，可直接将面板搁置在 "⊥" 形中小龙骨的翼缘上。中小龙骨表面经处理后，光泽明亮，不易生锈，使天棚表面形成整齐的条格分块线条而增添装饰效果。

T 形铝合金天棚的大龙骨断面，同 U 形轻钢天棚大龙骨的断面一样，两者与吊杆连接的方式和吊挂件形式也基本相同。

2）铝合金方板天棚龙骨。铝合金方板天棚龙骨是专门为铝合金 "方形饰面板" 配套的龙骨，它包括 T 形断面龙骨（正 T 形用于嵌入式，倒 T 形用于浮搁式）和 Π 形断面龙骨（有的称为格栅龙骨、轻方板天棚龙骨）。常用配套铝合金方板规格为 500mm×500mm、600mm×600mm 和 600mm×600mm 以上。铝合金方板龙骨与装配式 T 形铝合金龙骨相比较，质地更轻、装饰效果更好，并具有立体造型感等特点。

3）铝合金条板天棚龙骨。铝合金条板天棚龙骨是采用 1mm 厚铝合金板，经冷弯、辊轧、阳极而成的，与专用铝合金饰面板配套使用。其龙骨断面为 Π 形，其褶边形状根据吊板方式分为开敞式和封闭式两种。开敞式与封闭式的区别在面板，开敞式采用开敞式铝合金条板，条板与条板之间有缝隙。封闭式采用封闭式铝合金条板，条板之间没有缝隙，如图 10-17 所示。

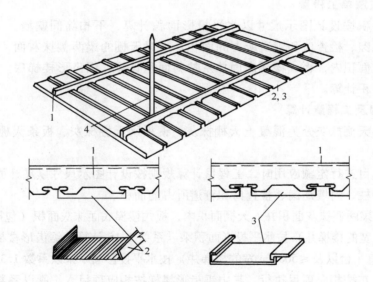

图 10-17　铝合金条板天棚示意图

1—铝合金条板龙骨　2—长 5~8m 开敞式铝合金条板　3—长 5~8m 封闭式铝合金条板　4—吊筋

定额中把这种天棚龙骨按中型取定，中型天棚龙骨承载能力稍大些，垂直吊筋采用 φ8 钢筋，轻型天棚垂直吊筋采用 φ6 钢筋。

4）铝合金格片式天棚龙骨。铝合金格片式天棚龙骨用薄型铝合金板经冷轧弯制而成，是专门与叶片式天棚饰板配套的一种龙骨，因此又称为窗叶式天棚或假格栅天棚。龙骨断面为 Π 形，褶边轧成三角形缺口卡槽，用作卡装叶片，如图 10-18 所示。

（5）天棚面层饰面　天棚面层饰面是与天棚龙骨架相配套，处于天棚安装的最后一个

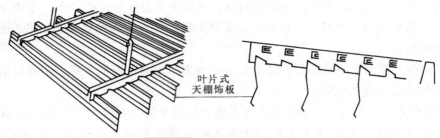

叶片式
天棚饰板

图 10-18 铝合金格片式天棚

部位，一般称为天棚板。由于新材料、新工艺的不断出现，饰面板的类型很多，主要有板条
天棚面层、漏风板天棚面层、胶合板、水泥木丝板和刨花木屑板天棚面层、吸声板天棚、埃
特板与玻璃纤维天棚饰面、宝丽板、钢板网和铝板网天棚饰面、硅酸钙板天棚饰面、矿棉板
与石膏板天棚饰面、不锈钢板及镜面玻璃天棚饰面、镜面玲珑胶板天棚饰面、宝丽板及柚木
夹板天棚饰面、铝合金条板与铝合金方板天棚饰面、铝栅假天棚等。

10.3.2 天棚抹灰

1. 天棚抹灰清单工程量

天棚抹灰

天棚抹灰面积按设计图示尺寸以水平投影面积计算，不扣除间壁墙、
垛、柱、附墙烟囱、检查口和管道所占的面积，带梁天棚的梁两侧抹灰面
积并入天棚抹灰面积内，板式楼梯底面抹灰按斜面积计算，锯齿形楼梯底
板抹灰按展开面积计算。

2. 定额应用及工程量计算

定额中，将天棚抹灰分为混凝土天棚抹灰、钢板网天棚抹灰、板条天棚抹灰和装饰线
抹灰。

天棚抹灰项目进行定额应用时，工程量计算规则按设计图示尺寸以展开面积计算，不扣
除间壁墙、垛、柱、附墙烟囱、检查口和管道所占的面积。

带梁天棚的梁两侧抹灰面积并入天棚面积内，板式楼梯底面抹灰面积（包括踏步、休息平
台以及≤500mm 宽的楼梯井）按水平投影面积乘以系数 1.15 计算，锯齿形楼梯底板抹灰面积
（包括踏步、休息平台以及≤500mm 宽的楼梯井）按水平投影面积乘以系数 1.37 计算。

楼梯底板抹灰按相应项目执行，其中锯齿形楼梯按相应项目人工乘以系数 1.35。

10.3.3 天棚吊顶

1. 天棚吊顶清单项目设置和工程量计算

天棚吊顶

天棚吊顶包括吊顶天棚、格栅吊顶、吊筒吊顶、藤条造型悬挂吊顶、
织物软雕吊顶、装饰网架吊顶。

天棚吊顶工程量按设计图示尺寸以水平投影面积计算。天棚面中的灯
槽及跌级、锯齿形、吊挂式、藻井式天棚面积不展开计算。不扣除间壁墙、检查口、附墙烟
囱、附墙垛和管道所占面积，但应扣除 0.3m² 以上的孔洞、独立柱、灯槽及与天棚相连的窗

帘盒所占的面积。

2. 定额应用及工程量计算规则

天棚吊顶在定额中设置了天棚龙骨、天棚基层、天棚面层等项目，具体项目工程量按照如下规则计算：

天棚龙骨按主墙间水平投影面积计算，不扣除间壁墙、垛、柱、附墙烟囱、检查口和管道所占的面积，扣除单个>0.3m² 的孔洞、独立柱及与天棚相连的窗帘盒所占的面积。斜面龙骨按斜面计算。

天棚吊顶的基层和面层均按设计图示尺寸以展开面积计算。天棚面中的灯槽及跌级、阶梯式、锯齿形、吊挂式、藻井式天棚面积按展开计算。不扣除间壁墙、垛、柱、附墙烟囱、检查口和管道所占面积，扣除单个>0.3m² 的孔洞、独立柱及与天棚相连的窗帘盒所占的面积。

格栅吊顶、藤条造型悬挂吊顶、织物软雕吊顶和装饰网架吊顶，按设计图示尺寸以水平投影面积计算。吊筒吊顶以最大外围水平投影尺寸，以外接矩形面积计算。

另外，需要注意的是：

1）除烤漆龙骨天棚为龙骨、面层合并列项外，其余均为天棚龙骨、基层、面层分别列项编制。

2）龙骨的种类、间距、规格和基层、面层材料的型号、规格是按常用材料和常用做法考虑的，如设计要求不同时，材料可以调整，人工、机械不变。

3）天棚面层在同一标高者为平面天棚，天棚面层不在同一标高者为跌级天棚。跌级天棚的面层按相应项目人工乘以系数 1.30。

4）轻钢龙骨、铝合金龙骨项目中龙骨按双层双向结构考虑，即中、小龙骨紧贴大龙骨底面吊挂，如为单层结构时，即大、中龙骨底面在同一水平上，人工乘以系数 0.85。

5）轻钢龙骨和铝合金龙骨项目中，如面层规格与定额不同时，按相近面积的项目执行。

6）轻钢龙骨和铝合金龙骨不上人型吊杆长度为 0.6m，上人型吊杆长度为 1.4m。吊杆长度与定额不同时可按实际调整，人工不变。

7）平面天棚和跌级天棚指一般直线形天棚，不包括灯光槽的制作安装。灯光槽制作安装应按相应项目执行。吊顶天棚中的艺术造型天棚项目中包括灯光槽的制作安装。

8）天棚面层不在同一标高，且高差在 400mm 以下或跌级三级以内的一般直线形平面天棚按跌级天棚相应项目执行；高差在 400mm 以上或跌级超过三级的以及圆弧形、拱形等造型天棚按天棚吊顶中的艺术造型天棚相应项目执行。

9）天棚检查孔的工料已包括在项目内，不另行计算。

10）龙骨、基层、面层的防火处理及天棚龙骨的刷防腐油，石膏板刮嵌缝膏、贴绷带，按定额中"油漆、涂料、裱糊工程"相应项目执行。

11）天棚压条、装饰线条按定额中"其他装饰工程"相应项目执行。

12）格栅吊顶、吊筒吊顶、藤条造型悬挂吊顶、织物软雕吊顶、装饰网架吊顶，龙骨、面层合并列项编制。

3. 采光天棚及天棚其他装饰

（1）采光天棚　采光天棚工程量按框外围展开面积计算。采光天棚骨架应单独按"金属结构"中相关项目编码列项。

（2）天棚其他装饰　天棚其他装饰包括灯带（槽）、送风口及回风口。

灯带（槽）按设计图示尺寸以框外围面积（m²）计算。送风口、回风口无论所占面积大小，均按设计图示数量（个）计算。

10.3.4　天棚装饰工程量清单计价示例

1. 天棚抹灰工程量清单设置及工程量计算规则

工程量清单项目设置及工程量计算规则，应按表 10-5 的规定执行。

表 10-5　天棚抹灰清单工程量计算规则

项目编码	项目名称	项目特征	计量单位	工程量计算规则	工作内容
011301001	天棚抹灰	1. 基层类型 2. 抹灰厚度、材料种类 3. 砂浆配合比	m²	按设计图示尺寸以水平投影面积计算。不扣除间壁墙、垛、柱、附墙烟囱、检查口和管道所占的面积，带梁天棚的梁两面抹灰面积并入天棚面积内，板式楼梯底面按斜面积计算，锯齿形楼梯底板抹灰按展开面积计算	1. 基层清理 2. 底层抹灰 3. 抹面层

2. 实例应用

例 10-3　某天棚装饰工程，其地面如图 10-19 所示，房间外墙厚度为 240mm，独立柱 4 根，尺寸为 800mm×800mm，墙体抹灰厚度为 20mm，吊顶高度为 3600mm（窗帘盒占位面积 7m²）。

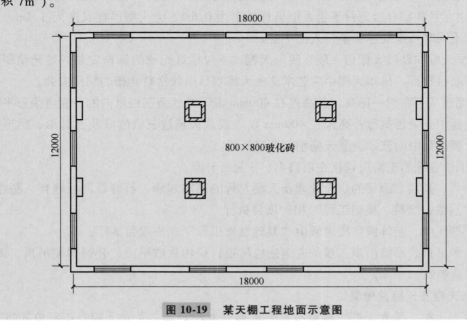

图 10-19　某天棚工程地面示意图

做法：天棚轻钢龙骨，石膏板面刮成品腻子，面罩乳胶漆一底两面。

根据《工程量计算规范》计算该天棚装饰工程分部分项工程量。

解：按照天棚做法要求，需列项计算吊顶天棚和天棚喷刷涂料的工程量。计算结果列于表 10-6。

表 10-6　工程量计算表

序号	项目编码	项目名称	计量单位	计算式	工程量
1	011302001001	吊顶天棚	m²	$(18-0.28)\times(12-0.28)-0.8\times0.8\times4-7$	198.12
2	011407002001	天棚喷刷涂料	m²	$(18-0.28)\times(12-0.28)-(0.8+0.05\times2+0.03\times2)\times$ $(0.8+0.05\times2+0.03\times2)\times4-7$	196.99

10.4　门窗工程

门窗工程是建筑物的主要组成部分，工程中常用门窗按其制作材料不同可分为木门窗、金属门窗、塑料门窗、装饰木门窗。

10.4.1　概述

1. 普通木门窗

（1）镶板门　镶板门是指门扇由骨架和门芯板组成的木门。门芯板可为木板、胶合板、硬质纤维板、塑料板、玻璃等。门芯板为玻璃时，则为玻璃门；门芯为纱或百叶时，则为纱门或百叶门。也可以根据需要，部分采用玻璃、纱或百叶，如上部玻璃、下部百叶组合等方式。

（2）胶合板门　胶合板门也称为夹板门，是指中间为轻型骨架，一般用厚 32~35mm、宽 34~60mm 的方木做框，内为格形肋条。门扇上也可做小玻璃窗和百叶窗。

（3）普通木窗　普通木窗按开启方式可分为平开窗、推拉窗、固定窗、悬窗等，最常用的普通木窗是平开窗。

普通木窗按立面形式可分为单层玻璃窗、双层玻璃窗、一玻一纱木窗、百叶窗等。

2. 铝合金门窗

铝合金门窗是采用隔热断桥铝合金型材作为框架，中间镶嵌玻璃而成的门窗。铝合金型材规格很多，不同的规格将影响到工程造价的高低。

（1）铝合金门　包括以下几种：

1）铝合金地弹门。地弹门是弹簧门的一种，弹簧门为开启后会自动关闭的门。弹簧门一般装有弹簧铰链（合页），常用的弹簧铰链有单面弹簧、双面弹簧和地弹簧。单（双）面弹簧铰链装在门侧边；地弹簧安装在门扇边梃下方的地面内。门扇下方安装弹簧框架，内有座套，套在底板的地轴上。在门扇上部也安装有定轴和定轴套板，门扇可绕轴转动。当门扇开启角度小于90°时，可使门保持不关闭。地弹门根据其组扇形式的不同分为单扇、双扇、四扇、双扇全玻等形式，可带有侧亮和上亮（图10-20）。上亮指的是门上面的玻璃窗；侧亮是指双扇门两边不能开启的固定玻璃门扇。

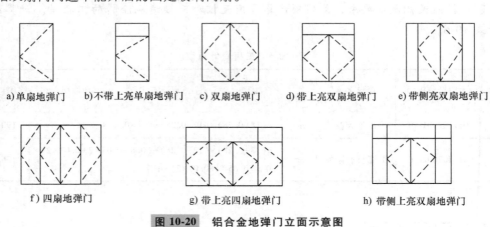

a) 单扇地弹门　b) 不带上亮单扇地弹门　c) 双扇地弹门　d) 带上亮双扇地弹门　e) 带侧亮双扇地弹门

f) 四扇地弹门　　　　g) 带上亮四扇地弹门　　　　h) 带侧上亮双扇地弹门

图 10-20　铝合金地弹门立面示意图

2）铝合金推拉门。铝合金推拉门分为四扇无上亮推拉门、四扇带上亮推拉门、双扇无上亮推拉门、双扇带上亮推拉门四种形式，如图10-21所示。

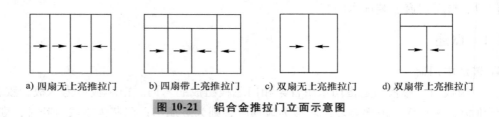

a) 四扇无上亮推拉门　b) 四扇带上亮推拉门　c) 双扇无上亮推拉门　d) 双扇带上亮推拉门

图 10-21　铝合金推拉门立面示意图

3）平开门。平开门分为单扇平开门（带上亮或不带上亮）、双扇平开门（带上亮或不带上亮或带顶窗）等形式，如图10-22所示。

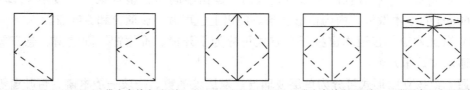

a)不带上亮单扇平开门 b) 带上亮单扇平开门 c)不带上亮双扇平开门 d)带上亮单扇平开门 e)带顶窗双扇平开门

图 10-22　铝合金平开门立面示意图

（2）铝合金窗　铝合金窗按照组扇形式分为单扇平开窗（无上亮、带上亮、带顶窗）、双扇平开窗（无上亮、带上亮、带顶窗）、双（三、四）扇推拉窗（不带亮、带亮）、固定窗等。

铝合金窗的型号按窗框厚度尺寸确定，目前用得较多的有40系列（包括38系列）、50系列、55系列、60系列、70系列和90系列推拉窗，例如，60TL表示60系列的推拉窗。所谓某系列是指虽然门窗的边框、边梃、横框、冒头等的断面形式有所不同，但框料铝合金型材总厚（高）度按照一个标准尺寸定型生产而成为一个系列，在这个标准尺寸控制下，根据使用部位不同，有不同的断面形式。

随着建筑节能要求以及居民生活标准的不断提高，断桥铝门窗的应用日趋广泛。断桥铝又称为隔热断桥铝型材，隔热铝合金型材，断桥铝合金，断冷桥型材，断桥式铝塑复型材。它比普通的铝合金型材有着更优异的性能。定额中，隔热断桥铝合金窗按照施工要求的不同设置了普通窗安装、飘（凸）窗安装和阳台封闭窗安装的子目。

3. 塑钢门窗

塑钢门窗是以硬质聚氯乙烯为主要原料，加入适量耐老化剂、增塑剂、稳定剂等助剂，经专门加工而成。其具有质轻坚固、防湿耐腐、表面光洁、不易燃烧等优点。

4. 装饰木门窗

装饰木门窗是指对装饰有较高要求的门窗，一般造价较高。

（1）花饰木门　花饰木门是指在门扇上由装饰线条组成各种图案，以增强装饰效果，如图 10-23 所示。

（2）夹板实心门　夹板实心门是指中间由厚细木板实拼代替方木龙骨架，细木板面贴柚木等。

（3）双面夹板门、双面防火板门和双面塑料夹板门　这三种门均属于夹板门，其中间骨架构造是相同的，主要不同在于面板。双面夹板门的面板是三层胶合板，而双面防火板门则在胶合板外再贴一层防火板。双面塑料夹板门的构造与夹板门基本相同，只是面板为塑面夹板。塑料夹板还可以压制成浮雕图案，做成塑料浮雕装饰门，如图 10-24 所示。

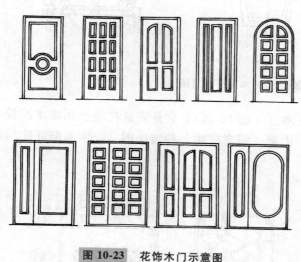

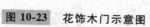

图 10-23　花饰木门示意图

塑料浮雕胶合板

门锁位

ㄇ形钉

40×60松木

图 10-24　塑料浮雕装饰门示意图

（4）隔声门　隔声门是用吸声材料做成门扇，门缝用海绵、橡胶条等具有弹性的材料封严，一般用于音像室、播音室等有隔声要求的房间。

隔声门常见的做法有填芯隔声门和外包隔声门。填芯隔声门是用玻璃棉丝或岩棉填充在门芯内，门扇缝用海绵、橡胶条封严。外包隔声门是在门扇外面包一层人造革（或真皮），人造革内填塞海绵，并将通长的人造革压条用泡钉钉牢，四周缝隙用海绵、橡胶条封严。

（5）灯光木漏窗　灯光木漏窗属于异形木窗（图10-25）。窗安装在墙上，窗的深度与墙基本相同，窗的顶部与底部镶钉五层胶合板和24号镀锌铁皮，并安装照明灯。窗的两侧安装玻璃，玻璃可用普通玻璃、压花玻璃或乳白玻璃等。窗的外形有方形、多角形、圆形、半圆形、云花形等，因为窗的深度及外形不同，所以耗用工料也不相同。

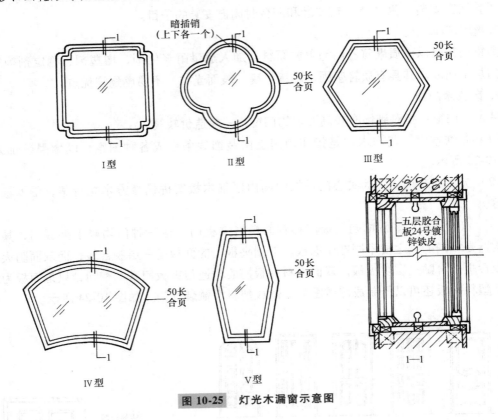

图 10-25　灯光木漏窗示意图

（6）木漏窗　木漏窗也是一种异形木窗（图10-26）。它是安装在墙上用硬木厚板制成的透空窗，主要起装饰作用。根据设计需要，漏窗制成多种装饰图案，木漏窗深度与墙厚相同。

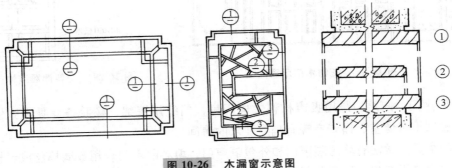

图 10-26　木漏窗示意图

10.4.2 门窗的工程量计算及定额应用

1. 木门

（1）分类 木门包括木质门、木质门带套、木质连窗门、木质防火门、木门框、门锁安装。

（2）木门工程量

1）木质门、木质门带套、木质连窗门、木质防火门，以"樘"计量，按设计图示数量计算；以"m²"计量，按设计图示洞口尺寸以面积计算。

2）木门框以"樘"计量，按设计图示数量计算；以"m"计量，按设计图示框的中心线以"延长米"计算。单独制作安装木门框按木门框项目编码列项。

3）门锁安装以"个（套）"计量，按设计图示数量计算。

（3）相关说明

1）木门五金应包括：折页、插销、门碰珠、弓背拉手、搭机、木螺钉、弹簧折页（自动门）、管子拉手（自由门、地弹门）、地弹簧（地弹门）、角铁、门轧头（地弹门、自由门）等，五金安装应计算在综合单价中。需要注意的是，木门五金不含门锁，门锁安装单独列项计算。

2）木质门带套计量按洞口尺寸以面积计算，不包括门套的面积，但门套应计算在综合单价中。单独门套的制作、安装，按木门套项目编码列项计算工程量。

3）以"樘"计量，项目特征必须描述洞口尺寸；以"m²"计量，项目特征可不描述洞口尺寸。

2. 金属门

（1）分类 金属门包括金属（塑钢）门、彩板门、钢质防火门、防盗门。

（2）金属门工程量 金属（塑钢）门、彩板门、钢质防火门、防盗门，以"樘"计量，按设计图示数量计算；以"m²"计量，按设计图示洞口尺寸以面积计算。

（3）相关说明

1）金属门应区分金属平开门、金属推拉门、金属地弹门、全玻门（带金属扇框）金属半玻门（带扇框）等项目，分别编码列项。

2）铝合金门五金包括地弹簧、门锁、拉手、门插、门铰、螺钉等。金属门五金包括 L 形执手插锁（双舌）、执手锁（单舌）、门轧头、地锁、防盗门机、门眼（猫眼）、门碰珠、电子锁（磁卡锁）、闭门器、装饰拉手等。

3）工程量以"樘"计量，项目特征必须描述洞口尺寸，没有洞口尺寸的必须描述门框或扇外围尺寸；以"m²"计量，项目特征可不描述洞口尺寸及框、扇的外围尺寸。

4）工程量以"m²"计量，无设计图示洞口尺寸，按门框、扇外围以面积计算。

3. 金属卷帘（闸）门

（1）分类 金属卷帘（闸）门包括金属卷帘（闸）门、防火卷帘（闸）门。

（2）金属卷帘（闸）门工程量 以"樘"计量，按设计图示数量计算；以"m²"计量，按设计图示洞口尺寸以面积计算。

注意：以"樘"计量，项目特征必须描述洞口尺寸；以"m²"计量，项目特征可不描述洞口尺寸。

4. 广库房大门、特种门

（1）分类 厂库房大门、特种门包括木板大门、钢木大门、全钢板大门、防护铁丝门、金属格栅门、钢质花饰大门、特种门。

（2）广库房大门、特种门工程量

1）木板大门、钢木大门、全钢板大门、金属格栅门、特种门，以"樘"计量，按设计图示数量计算；以"m²"计量，按设计图示洞口尺寸以面积计算。

2）防护铁丝门、钢质花饰大门，以"樘"计量，按设计图示数量计算；以"m²"计量，按设计图示门框或扇以面积计算。

（3）相关说明

1）特种门应区分冷藏门、冷冻间门、保温门、变电室门、隔声门、防射线门、人防门、金库门等项目，分别编码列项。

2）工程量以"樘"计量，按设计图示数量计算；以"m²"计量，按设计图示门框或扇以面积计算。

3）工程量以"m²"计量时，无设计图示洞口尺寸，应按门框、扇外围以面积计算，如防护铁丝门、钢质花饰大门。

5. 其他门

（1）分类 其他门包括平开电子感应门、旋转门、电子对讲门、电动伸缩门、全玻自由门、镜面不锈钢饰面门、复合材料门。

（2）工程量计算 工程量以"樘"计量，按设计图示数量计算；以"m²"计量，按设计图示洞口尺寸以面积计算。

（3）相关说明

1）工程量以"樘"计量，项目特征必须描述洞口尺寸，没有洞口尺寸必须描述门框或扇外围尺寸；以"m²"计量，项目特征可不描述洞口尺寸及框、扇的外围尺寸。

2）工程量以"m²"计量，无设计图示洞口尺寸，按门框、扇外围以面积计算。

6. 木窗

（1）分类 木窗包括木质窗、木飘（凸）窗、木橱窗、木纱窗。

（2）木窗工程量

1）木质窗以"樘"计量，按设计图示数量计算；以"m²"计量，按设计图示洞口尺寸以面积计算。

2）木飘（凸）窗、木橱窗，以"樘"计量，按设计图示数量计算；以"m²"计量，按设计图示尺寸以框外围展开面积计算。

3）木纱窗以"樘"计量，按设计图示数量计算；以"m²"计量，按框的外围尺寸以面积计算。

（3）相关说明

1）木质窗应区分木百叶窗、木组合窗、木天窗、木固定窗、木装饰空花窗等项目分别编码列项。

2）工程量以"樘"计量，项目特征必须描述洞口尺寸，没有洞口尺寸的必须描述窗框外围尺寸；以"m²"计量，项目特征可不描述洞口尺寸及框的外围尺寸。

3）工程量以"m²"计量，无设计图示洞口尺寸，按窗框外围以面积计算。

4）木窗五金包括：折页、插销、风钩、木螺钉、滑轮滑轨（推拉窗）等。

7. 金属窗

（1）分类　金属窗包括金属（塑钢、断桥）窗、金属防火窗、金属百叶窗、金属纱窗、金属格栅窗、金属（塑钢、断桥）橱窗、金属（塑钢、断桥）飘（凸）窗、彩板窗、复合材料窗。

（2）金属窗工程量

1）金属（塑钢、断桥）窗、金属防火窗、金属百叶窗、金属格栅窗工程量，以"樘"计量，按设计图示数量计算；以"m²"计量，按设计图示洞口尺寸以面积计算。

2）金属纱窗以"樘"计量，按设计图示数量计算；以"m²"计量，按框的外围尺寸以面积计算。

3）金属（塑钢、断桥）橱窗、金属（塑钢、断桥）飘（凸）窗的工程量，以"樘"计量，按设计图示数量计算；以"m²"计量，按设计图示尺寸以框外围展开面积计算。

4）彩板窗、复合材料窗以"樘"计量，按设计图示数量计算；以"m²"计量，按设计图示洞口尺寸或框外围以面积计算。

（3）相关说明

1）金属窗应区分金属组合窗、防盗窗等项目，分别编码列项。

2）工程量以"樘"计量，项目特征必须描述洞口尺寸，没有洞口尺寸的必须描述窗框外围尺寸；以"m²"计量，项目特征可不描述洞口尺寸及框的外围尺寸。

3）工程量以"m²"计量，无设计图示洞口尺寸，按窗框外围以面积计算。

4）金属橱窗、飘（凸）窗以"樘"计量，项目特征必须描述框外围展开面积。

5）金属窗五金包括折页、螺钉、执手、卡锁、铰拉、风撑、滑轮、滑轨、拉把、拉手、角码、牛角制等。

8. 门窗套

（1）分类　门窗套包括木门窗套、木筒子板、饰面夹板筒子板、金属门窗套、石材门窗套、门窗木贴脸、成品木门窗套。

（2）门窗套工程量

1）木门窗套、木筒子板、饰面夹板筒子板、金属门窗套、石材门窗套、成品木门窗套，以"樘"计量，按设计图示数量计算；以"m²"计量，按设计图示尺寸以展开面积计算；以"m"计量，按设计图示中心以延长米计算。

2）门窗木贴脸，以"樘"计量，按设计图示数量计算；以"m"计量，按设计图示尺寸以延长米计算。

（3）相关说明

1）木门窗套适用于单独门窗套的制作、安装。

2）工程量以"樘"计量时，项目特征必须描述洞口尺寸、门窗套展开宽度；以"m²"计量时，项目特征可不描述洞口尺寸、门窗套展开宽度；以"m"计量时，项目特征必须描述门窗套展开宽度、筒子板及贴脸宽度。

9. 窗台板

（1）分类　窗台板包括木窗台板、铝塑窗台板、金属窗台板、石材窗台板。

（2）窗台板工程量

窗台板工程量按设计图示尺寸以展开面积（m²）计算。

10. 窗帘、窗帘盒、窗帘轨

（1）分类　窗帘、窗帘盒、窗帘轨，包括窗帘、木窗帘盒、饰面夹板（塑料窗帘盒）、铝合金窗帘盒、窗帘轨。

（2）窗帘、窗帘盒、窗帘轨工程量

1）窗帘工程量以"m"计量，按设计图示尺寸以成活后长度计算；以"m²"计量，按设计图示尺寸以成活后展开面积计算。

2）木窗帘盒、饰面夹板、塑料窗帘盒、铝合金属窗帘盒、窗帘轨，按设计图示尺寸以长度（m）计算。

（3）相关说明

1）窗帘若是双层，项目特征必须描述各层材质。

2）窗帘以"m"计量时，项目特征必须描述窗帘高度和宽度。

11. 定额相关规定及应用

1）铝合金成品门窗安装项目按隔热断桥铝合金型材考虑，当设计为普通铝合金型材时，按相应项目执行，其中人工乘以系数0.8。

2）金属卷帘（闸）门项目是按卷帘侧装（即安装在洞口内侧或外侧）考虑的，当设计为中装（即安装在洞口中）时，按相应项目执行，其中人工乘以系数1.1。

3）金属卷帘（闸）门项目是按不带活动小门考虑的，当设计为带活动小门时，按相应项目执行，其中人工乘以系数1.07，材料调整为带活动小门金属卷帘（闸）门。

4）厂库房大门项目是按一、二类木种考虑的，如采用三、四类木种时，制作按相应项目执行，人工和机械乘以系数1.3；安装按相应项目执行，人工和机械乘以系数1.35。

5）全玻璃门有框亮子安装按全玻璃有框门扇安装项目执行，人工乘以系数0.75，地弹簧换为膨胀螺栓，消耗量调整为277.55个/100m²；无框亮子安装按固定玻璃安装项目执行。

例 10-4 如图 10-27 所示，某工程隔热铝合金平开门 3 樘，镶 6mm 厚中空玻璃。试确定其定额基价合计。

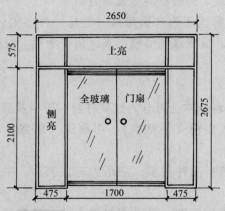

图 10-27 某工程隔热铝合金平开门

解： 该隔热铝合金平开门属于带侧上亮双扇平开门。

1）工程量计算按洞口面积计算：

$$工程量 = 2.65m \times 2.675m \times 3 = 21.27m^2$$

2）执行相关定额子目，定额基价为 62559.89 元/100m²。

$$定额基价合计 = 21.27m^2 \times 62559.89 元/100m^2 = 13306.49 元$$

10.5 油漆、涂料、裱糊工程

10.5.1 概述

常用的有油漆材料、喷涂材料、裱糊材料。

1. 油漆材料

（1）油脂漆类 该类油漆是以天然植物油、动物油等为主要成膜物质的一种底子涂料。干燥速度慢，不耐酸、碱和有机溶剂，耐磨性也差。

（2）天然树脂漆类 该类油漆是以天然树脂为主要成膜物质的一种普通树脂漆。该类油漆的品种中有脂胶清漆、各色脂胶、无光、半无光调和漆、大漆（生漆）、脂胶地板漆和脂胶防锈漆等。

（3）酚醛树脂清漆 该类油漆是以甲酚类和醛类缩合而成的酚醛树脂，加入有机溶剂等物质组成的，具有良好的耐水、耐气候和耐腐蚀性。

（4）醇酸树脂漆类 该类油漆是以醇酸树脂为主要成膜物质的一种树脂类油漆，具有优良的耐久、耐气候性和保光性、耐汽油性，刷、喷、涂均可。品种有醇酸清漆、醇酸酯胶调和漆、醇酸磁漆、红丹醇酸防锈漆等。

（5）硝基漆类 该类油漆是以硝基纤维素加合成树脂、增塑剂、有机溶液等配制而成的，具有干燥迅速、耐久性、耐磨性好等特点。硝基漆主要用于木器及家具的涂装、家庭装修、一般装饰涂装、金属涂装、一般水泥涂装等方面。

（6）聚酯漆 聚酯漆也称为不饱和聚酯漆，它是一种多组分漆，是用聚酯树脂为主要成膜物质制成的一种厚质漆。聚酯漆的漆膜丰满，层厚面硬。聚酯漆分为聚酯清漆和聚酯色漆等。

2. 喷涂材料

（1）刷浆材料 刷浆材料基本上可分为胶凝材料、胶料及颜料三部分。

1）胶凝材料：主要有大白粉（白垩粉）、可赛银（酪素涂料）、干墙粉、熟石灰、水泥等。

2）胶料：刷浆所用的胶料品种很多，常用的有龙须菜、牛皮胶、107 胶、乳胶、羧甲基纤维素等。

3）颜料：根据装饰效果的需要，可以在浆液中掺入适量的颜料配制成所需要的色浆，常用的涂料颜色有白色、乳白色、乳黄色、浅绿色、浅蓝色等。

（2）涂料 近年来随着建筑业发展的需求，建筑涂料的新品种越来越多，涂料的性质、用途也各有差异，并且在实际应用中取得了良好的技术经济效果。其中常用的有：

1）内墙涂料。主要品种有 106 涂料、803 涂料、改进型 107 耐擦洗内墙涂料、FN-841 涂料、206 内墙涂料（氯-偏乳液内墙涂料）、过氯乙烯内墙涂料等。

2）外墙涂料。主要品种有 JGY822 无机外墙涂料、104 外墙涂料、乳液涂料（丙烯酸乳液涂料、乙丙乳液厚质涂料、氯-醋-丙共聚乳液涂料、彩砂涂料）、苯乙烯外墙涂料、彩色滩涂涂料等。

3. 裱糊材料

裱糊包括在墙面、柱面及天棚面裱贴墙纸或墙布。定额分为壁纸和织锦缎墙布两类。

（1）壁纸 壁纸又称为墙纸，有普通壁纸和金属壁纸两大类。

PVC 壁纸是目前市场上最常见的普通型壁纸，功能很全面。PVC 壁纸耐磨、耐擦洗，表面如果受到污染，用毛巾或者海绵擦拭即可。

金属壁纸用金属薄箔（一般为铝箔）经表面化学处理后进行彩色印刷，并涂以保护膜，然后与防水纸粘贴、压合、分卷而成。这类壁纸具有表面光洁、耐水耐磨、不发斑、不变色、图案清晰、色泽高雅等优点，适合气氛浓烈的场合，家居环境则不宜选用。

（2）织锦缎墙布 织锦缎墙布是用棉、毛、麻、丝等天然纤维或玻璃纤维制成的各种粗细纱或织物，经不同纺纱编制工艺和花色捻线加工，再与防水防潮纸粘贴复合而成。它具有耐老化、无静电、不反光、透气性能好等特点。

10.5.2 常见油漆、涂料、裱糊工艺简介

1. 底油一遍、刮腻子、调和漆两遍的木材面油漆

（1）底油 底油是由清油和油漆溶剂油配置而成的。刷底油的作用是防止木材受潮，增强防腐能力，加深与后道工序黏结性。

（2）腻子　腻子是平整基体表面、增强基层对油漆的附着力、机械强度和耐老化性能的一道底层。因此一般称刮腻子为"打底""打底子""刮灰""打底灰"等，这是决定油漆质量好坏的一道重要工序。

腻子的种类应根据基层和油漆的性质不同而配套调制。刮腻子的操作一般分 2～3 次，油漆等级越高，刮腻子次数越多。第一遍刮腻子称为"嵌腻子"或"嵌补腻子"，主要是嵌补基层的洞眼、裂缝和缺损处使之平整，待干燥后经砂纸磨平刮第二遍。第二遍刮腻子称为"批腻子"或"满批腻子"，即对基层表面进行全面批刮，待其干燥磨平后即可刷涂底漆，也称为头道漆，待油漆干燥后用细砂纸磨平。此时个别地方如出现缺损，需再补刮一次腻子，此道工序称为"找补腻子"。

（3）调和漆　调和漆是油性调和漆的简称，一般刷涂两遍，较高级的刷涂三遍。头道漆采用无光调和漆，第二遍面漆采用调和漆。底油一遍、刮腻子、调和漆两遍的操作统称为"三遍成活"，属于普通等级。

2. 润粉、刮腻子、调和漆两遍、磁漆一遍的木材面油漆

（1）润粉　在建筑装饰工程中，普通等级木材面油漆的头道工序多采用刷底油一遍，但为了提高油漆的质量，增强头道工序的效果，则采用润粉工艺。

润粉是以大白粉为主要原料，掺入调剂液调制成浆糊状物体，用棉纱团或麻丝团（而不是用漆刷）蘸这种糊状物来回多次揩擦木材表面，将其棕眼擦平的工艺。此工艺比刷底油效果更好，但较刷底油麻烦。

润粉根据掺入的调剂液种类不同，分为油粉和水粉。油粉是用大白粉掺入清油、熟桐油和溶剂油调制而成的。水粉是在大白粉中掺入水胶（如骨胶、鱼胶等）及颜料粉等制成的。

（2）磁漆　磁漆也是一种调和漆，它的全称为磁性调和漆，是以干性植物油为主要原料，但在基料中要加入树脂，然后同调和漆一样，加入着色颜料和体质颜料、溶剂及催干剂等调配而成。由于它具有一种瓷釉般的光泽，故简称为磁漆，以便与调和漆相区别。常见的磁漆有酯胶磁漆、酚醛磁漆、醇酸磁漆等。

3. 刷底油、油色、清漆两遍的木材面油漆

（1）油色　油色是一种既能显示木材面纹理，又能使木材面底色一致的一种自配油漆。因厚漆涂刷在木材面上能遮盖木材表面纹理，而清油是一种透明的调和漆，它只能稀释厚漆而不改变油漆的性质，油色介于厚漆与清油之间，所以也可以说油色是一种带颜色的透明油漆。

油色主要用于透明木材表面木纹的清漆面油漆工艺中，很少用于色面漆工艺。

（2）清漆　清漆一般主要由成膜物质（如油料、树脂等）、次要成膜物质（如着色颜料、体质颜料、防锈颜料等）和辅助成膜物质（如稀释溶剂、催干剂等）三部分组成。

在油漆中没有加入颜料的透明液体称为清漆，而在油脂清漆中加入着色颜料和体质颜料即称为调和漆。

清漆与清油有所不同，清漆属于漆类，前面多冠以主要原料名称，如酚醛清漆、醇酸清漆、硝基清漆等，多用于油漆的表层。而清油属于油类，故又称为调漆油或鱼油，多作为刷底漆或调漆用。

4. 润粉、刮腻子、漆片、硝基清漆、磨退出亮的木材面油漆

（1）漆片及漆片腻子 在硝基清漆工艺中，润粉后的一道工序就是涂刷泡力水，也称为"刷理漆片、虫胶清漆或虫胶液"。漆片又称为"虫胶片"。虫胶是热带地区的一种虫胶虫，在幼虫时期新陈代谢所分泌的胶质（积累在树枝上），取其分泌物经过洗涤、磨碎、除渣、溶化、去色、沉淀、烘干等工艺制成薄片，因此，漆片又称为虫胶片。将虫胶片掺入酒精中溶解即为泡力水，又称为"虫胶漆""洋干漆"等。漆片腻子是用虫胶漆和石膏粉调配而成的，它具有良好的干燥性和较强的黏结度，使填补处无腻子痕迹且易于打磨。

（2）硝基清漆 硝基清漆是硝基漆类的一种。硝基漆分为磁漆与清漆两大类，加入颜料经加工而成的称为磁漆，未加入颜料的称为清漆，或称为"腊克"。硝基漆具有漆膜坚硬、丰满耐磨、光泽好、成膜快、易于抛光擦蜡、修补的面漆不留痕迹等特点，是较高级的一种油漆。

（3）磨退出亮 磨退出亮是硝基清漆工艺中的最后一道工序，它由水磨、抛光擦蜡、涂擦上光剂等三步做法组成。

1）水磨。水磨是先用湿毛巾在漆膜面上湿擦一遍，并随之打一遍肥皂，使表面形成肥皂水溶液，然后用400~500号水砂纸打磨，使漆膜表面无浮光、无小麻点、平整光亮。

2）抛光擦蜡。抛光是指用棉球浸蘸抛光膏溶液，涂敷于漆膜表面上。擦蜡时手捏此棉球用力揩擦，通过棉球中的抛光膏溶液和摩擦的热量，将漆膜面抛磨出光，最后用干棉纱擦去雾光。

3）涂擦上光剂。上光剂即为上光蜡，涂擦上光剂是指把上光剂均匀涂抹于漆膜面上，并用干棉纱反复摩擦，使漆膜面上的白雾光消除，呈现出光泽如镜的效果。

5. 木地板油漆

地板漆是一种专用漆，品种很多，有高、中、低档次之分。

高档地板漆多为日本产的水晶漆和国产聚酯漆；中档地板漆为聚氨酯漆（如聚氨基甲酸酯漆）；低档地板漆有酚醛清漆、醇酸清漆、酯胶地板漆等。

6. 抹灰面乳胶漆

乳胶漆是抹灰面最常用、施工最方便、价格最适宜的一种油漆。

常用的乳胶漆有聚醋酸乙烯乳胶漆、丙烯酸乳胶漆、丁苯乳胶漆和有机乳化漆等。

7. 抹灰面过氯乙烯漆

过氯乙烯漆是由底漆、磁漆和清漆为一组配套使用的。底漆附着力好，清漆做面漆防腐蚀性能强，磁漆做中间层，能使底漆与面漆很好地结合。

8. 喷塑及彩砂、砂胶喷涂

（1）喷塑 喷塑从广义上说也是一种喷涂，操作工艺和用料与喷涂有所不同。它的涂层由底层、中间层和面层等三部分组成。

1）底层是涂层与基层之间的结合层，起封底作用，借以防止硬化后的水泥砂浆抹灰层中可溶性盐渗出而破坏面层，这一道工序称为刷底油（或底漆）。

2）中间层是主体层，为一种大小颗粒的厚涂层，分为平面喷涂和花点喷涂。花点喷涂又有大、中、小三个档次，即预算定额中的大压花、中压花喷大点和喷中点、细点，定额规

定点面积在 $1.2cm^2$ 以上的为大压花；点面积在 $1 \sim 1.2cm^2$ 的为中压花；点面积在 $1cm^2$ 以下的为幼点或中点。在罩面漆之前，当喷点为固结的情况下，用圆辊将喷点压平，使其形成自然花形。

3）面层是指罩面漆，一般都要喷涂两遍以上的罩面漆，预算定额中有一塑三油，一塑即中间厚涂层，三油即底漆和两道罩面漆。

（2）彩砂喷涂　彩砂喷涂是一种粗骨料涂料，用空气压缩机喷枪喷涂于基面上，一般涂料都存有装饰质感差、易褪色变色、耐久性不够理想等问题。而彩砂中的粗骨料是经高温焙烧而成的一种着色骨料，不变色，不褪色。几种不同色彩骨料的配合可取得良好的耐久性和类似天然石料的丰富色彩与质感。彩砂涂料中的胶结材料为耐水性、耐候性好的合成树脂液，从根本上解决了一般涂料中颜填料的褪色问题。

彩砂喷涂要求基面平整，达到普通抹灰标准即可。若基面不平整时（如混凝土墙面），需用 107 胶水泥腻子找平，新抹水泥砂浆面 $3 \sim 7$ 天后可开始喷涂。

（3）砂胶喷涂　砂胶涂料是以合成树脂乳液为成膜物质，加入普通石英砂或彩色砂子等制成的，具有无毒、无味、干燥快、抗老化、黏结力强等优点。砂胶喷涂一般用 $4 \sim 6mm$ 口径喷枪喷涂。

砂胶喷涂与彩砂喷涂的涂料均属于粗骨料喷涂涂料，但彩砂涂料的档次高于砂胶涂料。

9. 裱糊

壁纸裱糊施工程序包括：基层处理、墙面划准线、裁纸、润纸、刷胶、裱糊、修整七项。

（1）基层处理　基层处理包括清扫、填补缝隙、磨砂纸、接缝处糊条（石膏板或木料面）、刮腻子、磨平、刷涂料（木料板面）或底胶一遍（抹灰面、混凝土面或石膏板面）。

（2）墙面划准线　墙面弹水平线及垂直线，使壁纸粘贴后花纹、图案、线条保持连贯、一致。

（3）裁纸　根据壁纸规格及墙面尺寸统筹规划、裁纸编号，以便按顺序粘贴。

（4）润纸　不同的壁纸、壁布对润纸的反应不一样，有的反应比较明显，如纸基塑料壁纸，遇水膨胀，干后收缩，经浸泡湿润后（要抖掉多余的水），可防止裱糊后的壁纸出现气泡、皱褶等质量通病。对于遇水无伸缩性的壁纸，则无需润纸。

（5）刷胶　对于不同的壁纸，刷胶方式也不相同。对于带背胶壁纸，壁纸背面及墙面不用刷胶结材料；塑料壁纸、纺织纤维壁纸，在壁纸背面和基面都要刷胶粘剂，基面刷胶宽度比壁纸宽 3cm，锦缎在裱糊前应在背面衬糊一层宣纸。

（6）裱糊　裱糊时，先垂直面，后水平面，先保证垂直，后对花拼接。对于有图案的壁纸，裱糊采用对接法，拼接时先对图案后拼缝，从上至下图案吻合后再用刮板刮胶、赶实、擦净多于胶液，这种做法称为对花裱糊。

（7）修整　壁纸上墙后，如局部不符合质量要求，应及时采取补救措施。

10.5.3　油漆、涂料、裱糊工程量计算

1. 油漆工程

（1）油漆工程分类　油漆工程包括门油漆、窗油漆、木扶手及其他板条（线条）油漆、

木材面油漆、金属面油漆、抹灰面油漆。

（2）工程量计算

1）木门窗油漆。木门窗油漆，工程量以"樘"计量，按设计图示数量计算；以"m²"计量，按设计图示洞口尺寸以面积计算。

相关说明：

木门油漆应区分木大门、单层木门、双层（一玻一纱）木门、双层（单裁口）木门、全玻自由门、半玻自由门、装饰门及有框门或无框门等项目，分别编码列项。

木门油漆应区分单层木门、双层（一玻一纱）木窗、双层框扇（单裁口）木窗、双层框三层（二玻一纱）木窗、单层组合窗、双层组合窗、木百叶窗、木推拉窗等项目，分别编码列项。

工程量以"m²"计量，项目特征可不必描述洞口尺寸。

有些地区的定额中是按单层木门油漆确定子目单价的，如果遇到非单层木门窗油漆时，可通过调整系数对单价进行调整，以适用于不同的情况。表10-7是某地区定额中木门油漆单价调整系数表。

表10-7 木门油漆工程工程量计算规则和系数表

	项目名称	系数	工程量计算规则（设计图示尺寸）
1	单层木门	1.00	
2	单层半玻门	0.85	
3	单层全玻门	0.75	
4	半截百叶门	1.50	
5	全百叶门	1.70	门洞口面积
6	厂库房大门	1.10	
7	纱门扇	0.80	
8	特种门（包括冷藏门）	1.00	
9	装饰门扇	0.90	扇外围尺寸面积
10	间壁、隔断	1.00	
11	玻璃间壁露明墙筋	0.80	单面外围面积
12	木栅栏、木栏杆（带扶手）	0.90	

注：多面涂刷按单面计算工程量。

2）金属门窗油漆。金属门窗油漆工程量，以"樘"计量，按设计图示数量计算；以"m²"计量，按设计图示洞口尺寸以面积计算。

相关说明：

金属门油漆应区分平开门、推拉门、钢制防火门等项目，分别编码列项。

金属窗油漆应区分平开窗、推拉窗、固定窗、组合窗、金属格栅窗等项目，分别编码列项。

3）木扶手及其他板条、线条油漆。木扶手及其他板条、线条油漆包括木扶手油漆，窗帘盒油漆，封檐板及顺水板油漆，挂衣板及黑板框油漆，挂镜线、窗帘棍、单独木线油漆，工程量按设计图示尺寸以长度（m）计算。

相关说明：

木扶手应区分带托板与不带托板，分别编码列项，若是木栏杆带扶手，木扶手不应单独列项，应包含在木栏杆油漆中。工程量计算规则见表 10-8。

表 10-8　木扶手油漆工程工程量计算规则及系数表

序号	项目	系数	工程量计算规则（设计图示尺寸）
1	木扶手（不带托板）	1.00	
2	木扶手（带托板）	2.50	
3	封檐板、博风板	1.70	延长米
4	黑板框、生活园地框	0.50	

4）木材面油漆。木材面油漆包括木护墙、木墙裙油漆，窗台板、筒子板、盖板、门窗套、踢脚线油漆，清水板条天棚、檐口油漆，木方格吊顶天棚油漆，吸声板墙面、天棚面油漆，暖气罩油漆及其他木材面油漆，木间壁、木隔断油漆，玻璃间壁露明墙筋油漆，木栅栏、木栏杆（带扶手）油漆，衣柜、壁柜油漆，梁柱饰面油漆，零星木装修油漆，木地板油漆，木地板烫硬蜡面。

① 木护墙、木墙裙油漆，窗台板、筒子板、盖板、门窗套、踢脚线油漆，清水板条天棚、檐口油漆，木方格吊顶天棚油漆，吸声板墙面、天棚面油漆，暖气罩油漆及其他木材面油漆的工程量均按设计图示尺寸以面积（m²）计算。

② 木间壁及木隔断油漆、玻璃间壁露明墙筋油漆、木栅栏及木栏杆（带扶手）油漆，按设计图示尺寸以单面外围面积（m²）计算，扶手油漆工程量不再单独列项计算。

③ 衣柜及壁柜油漆、梁柱饰面油漆、零星木装修油漆，按设计图示尺寸以油漆部分展开面积（m²）计算。

④ 木地板油漆、木地板烫硬蜡面，按设计图示尺寸以面积（m²）计算。空洞、空圈、暖气包槽、壁龛的开口部分并入相应的工程量内。

5）金属面油漆。金属面油漆工程工程量，以"t"计量，按设计图示尺寸以质量计算；以"m²"计量，按设计展开面积计算。

定额执行金属面油漆、涂料项目的，其工程量按设计图示尺寸以展开面积计算。质量在500kg 以内的单个金属构件，可参考表 10-9 相应的系数，将质量（t）折算为面积。

表 10-9　金属面油漆工程质量折算面积参考系数表

序号	项目	系数
1	钢栅栏门、栏杆、窗栅	64.98
2	钢爬梯	44.84
3	踏步式钢扶梯	39.9
4	轻型屋架	53.20
5	零星铁件	58.00

定额执行金属平板屋面、镀锌铁皮面（涂刷磷化、锌黄底漆）油漆项目的，其工程量计算规则及相应的系数见表10-10。

表 10-10　金属面油漆工程工程量计算规则和系数表

序号	项目	系数	工程量计算规则（设计图示尺寸）
1	平板屋面	1.00	斜长×宽
2	瓦垄板屋面	1.20	
3	排水、伸缩缝盖板	1.05	展开面积
4	吸气罩	2.20	水平投影面积
5	包镀锌薄钢板门	2.20	门窗洞口面积

6）抹灰面油漆。抹灰面油漆包括抹灰面油漆、抹灰线条油漆、满刮腻子。

① 工程量计算规则。抹灰面油漆按设计图示尺寸以面积（m²）计算；抹灰线条油漆按设计图示尺寸以长度计算；满刮腻子按设计图示尺寸以面积（m²）计算。

② 相关说明。满刮腻子适用于单独刮腻子的情况。其他凡工作内容中含刮腻子的项目，刮腻子应在综合单价中考虑，均不单独列项计算工程量。

2. 喷刷涂料

（1）分类　喷刷涂料包括墙面喷刷涂料，天棚喷刷涂料，空花格、栏杆刷涂料，线条刷涂料，金属构件刷防火涂料，木材构件喷刷防火涂料。

（2）喷刷涂料工程量

1）墙面喷刷涂料、天棚喷刷涂料，按设计图示尺寸以面积（m²）计算。

2）空花格、栏杆刷涂料，按设计图示尺寸以单面外围面积计算。

3）线条刷涂料，按设计图示尺寸以长度（m）计算。

4）金属构件刷防火涂料以"t"计量，按设计图示尺寸以质量计算；以"m²"计量，按设计展开面积计算。

5）木材构件喷刷防火涂料以"m²"计量，按设计图示尺寸以面积计算。

3. 裱糊工程

裱糊包括墙纸裱糊、织锦缎裱糊，工程量按设计图示尺寸以面积计算。

10.6　其他装饰工程

10.6.1　概述

其他装饰工程是指与建筑相关的招牌、美术字、装饰线条、室内零售装饰和营业装饰性柜类。

1. 平面招牌

平面招牌是指安装在门前墙面上的附贴式招牌。招牌是单片形，分为木结构和钢结构两种。其中每一种又分为一般和复杂两种类型。一般型是指正立面平正无凸出面，复杂型是指正立面有凸起或造型。

2. 箱式和竖式招牌箱

箱式和竖式招牌箱是指长方形六面体结构的招牌，离开地面有一定距离，用支撑与墙体固定。

3. 装饰线条

装饰线条有木装饰线、金属装饰线、石材装饰线、其他装饰线等。

（1）木装饰线　木装饰线主要用在装饰画、镜框的压边线、墙面腰线、柱顶和柱脚等部位。其断面形状比较复杂，线面多样，有外凸式、内凹式、凹凸结合式、嵌槽式等。定额中将木装饰线分为平面线、顶角线和角线三类。

（2）金属装饰线　金属装饰线用于装饰面的压边线、收口线，以及装饰画、装饰镜面的框边线，也可用在广告牌、灯光箱、显示牌上做边框或框架。金属装饰线按材料分为铝合金装饰线和不锈钢装饰线。断面形状有直角形和槽口形。

（3）石材装饰线　石材装饰线主要用在裙楼部分，一般是三层以下或四层以下的檐口位置或层间（二三层间）的装饰部分。内装工程也有用的，主要是大堂内的墙壁腰线及顶部装饰线，大理石居多。定额根据施工方法不同，设置了砂浆粘贴、粘贴剂粘贴、干挂和锚固灌浆挂贴四个子目。

（4）其他装饰线　其他装饰线主要有瓷砖装饰线条、石膏平面装饰线、石膏角线、石膏角花、石膏灯盘、玻璃镜面装饰线条、聚氯乙烯装饰线条和欧式 GRC 装饰线等。

10.6.2　其他装饰工程工程量计算

其他装饰工程包括柜类、货架，压条、装饰线，扶手、栏杆、栏板装饰，暖气罩，浴厕配件，雨篷、旗杆，招牌、灯箱和美术字。

1. 柜类、货架

（1）分类　柜类、货架包括柜台、酒柜、衣柜、存包柜、鞋柜、书柜、厨房壁柜、木壁柜、厨房低柜、厨房吊柜、矮柜、吧台背柜、酒吧吊柜、酒吧台、展台、收银台、试衣间、货架、书架、服务台。

（2）柜类、货架工程量　柜类、货架工程量，以"个"计量，按设计图示数量计算；以"m"计量，按设计图示尺寸以"延长米"计算；以"m³"计量，按设计图示尺寸以体积计算。

2. 压条、装饰线

（1）分类　压条、装饰线包括金属装饰线、木质装饰线、石材装饰线、石膏装饰线、镜面玻璃线、铝塑装饰线、塑料装饰线、GRC 装饰线。

（2）压条、装饰线工程量　工程量按设计图示尺寸以长度（m）计算。

3. 扶手、栏杆、栏板装饰

（1）分类　扶手、栏杆、栏板装饰包括金属扶手、栏杆、栏板，硬木扶手、栏杆、栏板，塑料扶手、栏杆、栏板，GRC 栏杆、扶手，金属靠墙扶手，硬木靠墙扶手，塑料靠墙扶手，玻璃栏板。

（2）扶手、栏杆、栏板工程量　扶手、栏杆、栏板工程量按设计图示尺寸以扶手中心线以长度（包括弯头长度）计算。

4. 暖气罩

（1）分类　按照饰面板材料可分为柚木板、塑面板、胶合板、铝合金、穿孔钢板五种。按照制作方式分为挂板式暖气罩、明式暖气罩和平墙式暖气罩三种。

1）挂板式暖气罩。制作立面板，用铁件挂于暖气片或暖气管上，如图 10-28a 所示。

2）明式暖气罩。罩在凸出墙面的暖气片上，由立面板、侧面板和顶板组成，如图 10-28b 所示。

3）平墙式暖气罩。封住安放暖气壁龛的挡板，暖气罩挡板安装后大致与墙面平齐，如图 10-28c 所示。

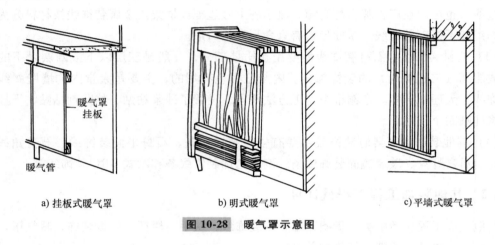

a) 挂板式暖气罩　　　　b) 明式暖气罩　　　　c) 平墙式暖气罩

图 10-28　暖气罩示意图

（2）暖气罩工程量　暖气罩工程量按设计图示尺寸以垂直投影面积（不展开）计算。

5. 浴厕配件

（1）分类　浴厕配件包括洗漱台、晒衣架、帘子杆、浴缸拉手、卫生间扶手、毛巾杆（架）、毛巾环、卫生纸盒、肥皂盒、镜面玻璃、镜箱。

（2）浴厕配件工程量

1）洗漱台按设计图示尺寸以台面外接矩形面积（m^2）计算，不扣除孔洞、挖弯、削角所占面积，挡板、吊沿板面积并入台面面积内；或按设计图示数量以"个"计算。

2）晒衣架、帘子杆、浴缸拉手、卫生间扶手、卫生纸盒、肥皂盒、镜箱按设计图示数量以"个"计算。

3）毛巾杆（架）按设计图示数量以"套"计算。

4）毛巾环按设计图示数量以"副"计算。

5）镜面玻璃按设计图示尺寸以边框外围面积以"m^2"计算。

6. 雨篷、旗杆

（1）分类　雨篷、旗杆包括雨篷吊挂饰面、金属旗杆、玻璃雨篷。

（2）雨篷、旗杆工程量

1）雨篷吊挂饰面、玻璃雨篷按设计图示尺寸以水平投影面积以"m²"计算。

2）金属旗杆按设计图示数量以"根"计算。

7. 招牌、灯箱

（1）分类 招牌、灯箱包括平面、箱式招牌，竖式标箱，灯箱，信报箱。

（2）招牌、灯箱工程量

1）平面、箱式招牌按设计图示尺寸以正立面边框外围面积以"m²"计算。复杂形的凸凹造型部分不增加面积。

2）竖式标箱、灯箱、信报箱按设计图示数量以"个"计算。

8. 美术字

（1）分类 美术字包括泡沫塑料字、有机玻璃字、木质字、金属字、吸塑字。

（2）美术字工程量 美术字工程量按设计图示数量以"个"计算。

习 题

一、简答题

1. 如何计算整体面层的工程量？是否包括与其相连的踢脚线？

2. 如何计算台阶工程量？与其相连的平台如何计算工程量？台阶与平台如何划分？

3. 水磨石的种类分为几种？在编制造价过程中有什么不同？

4. 如何计算楼梯面层工程量？是否包括楼梯侧面及底面面层工程量？

5. 镶贴块料面层的零星项目指哪些项目？工程量如何计算？

二、计算题

1. 如图 10-29 所示，列项计算地面工程的清单项目工程量和综合单价合计。

地面做法：100mm 厚 2∶8 灰土垫层，60mm 厚 C10 素混凝土垫层，20mm 厚 1∶2.5 水泥砂浆抹面层，墙基防潮层用 1∶2 水泥砂浆掺 5% 防水粉，房间内做 200mm 高踢脚线，25mm 厚 1∶2.5 水泥砂浆打底抹面层。室内外高差为 0.3m。

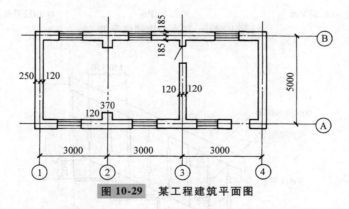

图 10-29 某工程建筑平面图

2. 某工程首层建筑平面如图 10-30 所示，室内外高差为 0.45m，地面做法为素土夯实，100mm 厚毛石灌 M2.5 混合砂浆，20mm 厚 1∶3 水泥砂浆找平，20mm 厚 1∶2 菱苦土整体面层。按照《工程量计算规范》列项计算工程量，并编制报价。

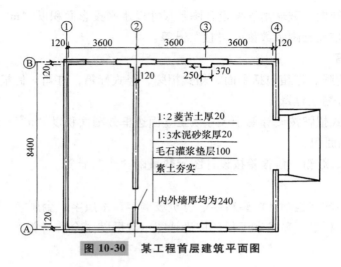

图 10-30　某工程首层建筑平面图

3. 某四层办公楼，不上人屋面，计算如图 10-31、图 10-32 所示的楼梯水磨石面层、铁栏杆木扶手工程量。

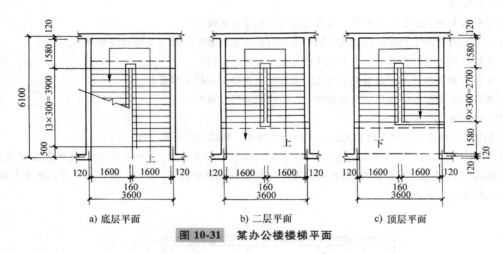

a) 底层平面　　　　　b) 二层平面　　　　　c) 顶层平面

图 10-31　某办公楼楼梯平面

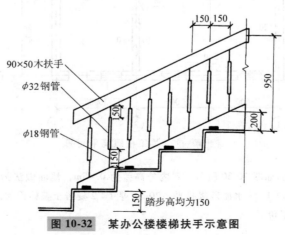

图 10-32　某办公楼楼梯扶手示意图

4. 某工程砖混结构，面积为 300m²，室内房间用蓝田玉材料粘贴，工程做法：

（1）15mm 厚 1:3 水泥砂浆打底。

（2）8mm 厚 1:2 水泥砂浆中层。

（3）大理石背面抹 AH-03 胶粘剂，粘贴到基层上。

（4）白水泥嵌缝、去污、打蜡、抛光。

根据地区定额计算定额基价合计（注意设计与定额材料种类和消耗量的不同）。

5. 某工程墙面规格为 15m×3m，墙面装饰做法如下：

（1）砖墙面上埋置木砖规格为 120mm×120mm×60mm，@ 400mm。

（2）满铺油毡一层（防潮）。

（3）钉 20mm×30mm 方木龙骨架，纵横间距为 400mm。

（4）骨架上满铺三合板一层。

（5）用木压条包铺丝绒布。

列项计算该工程综合单价合计。

第 10 章练习题

扫码进入在线答题小程序，完成答题可获取答案

第11章

房屋建筑与装饰工程措施项目

措施项目是指为完成工程项目施工，发生于该工程施工准备和施工过程中技术、生活、安全、环境保护等方面的项目。房屋建筑与装饰工程措施项目包括专业措施项目、安全文明施工及其他措施项目两类。专业措施项目包括脚手架工程、混凝土模板及支架（撑）、垂直运输、超高施工增加、大型机械设备进出场及安拆、施工排降水；安全文明施工及其他措施项目包括安全文明施工、夜间施工、非夜间施工照明、二次搬运、冬雨季施工、地上地下设施及建筑物的临时保护设施、已完工程及设备保护七项。

安全文明施工及其他措施项目已在第 2 章阐述，本章主要讲述专业措施项目。

11.1 脚手架工程

脚手架是建筑安装工程施工中不可缺少的临时设施，供工人操作、堆置建筑材料，以及作为建筑材料的运输通道等之用。

单价类措施项目

《房屋建筑与装饰工程工程量计算规范》（GB 50854—2013，以下简称《工程量计算规范》）中，脚手架工程共设置 8 个清单项目，包括综合脚手架、外脚手架、里脚手架、悬空脚手架、挑脚手架、满堂脚手架、整体提升架和外装饰吊篮。

11.1.1 综合脚手架

1. 综合脚手架适用范围

综合脚手架适用于能够按《建筑工程建筑面积计算规范》（GB/T 50353—2013）计算建筑面积的建筑工程脚手架，不适用于房屋加层、构筑物及附属工程脚手架。使用综合脚手架时，不再使用外脚手架、里脚手架等单项脚手架。

综合脚手架已综合考虑了施工主体、一般装饰和外墙抹灰脚手架。一般装饰是指室内墙面、天棚的水泥砂浆、混合砂浆抹灰或粘贴块料。外墙抹灰是指外墙面的水泥砂浆、混合砂浆抹灰、节能保温层、粘贴块料。

同一建筑物有不同的檐高时，按建筑物竖向切面分别按不同檐高编列清单项目。建筑物的檐口高度是指设计室外地坪至檐口滴水的高度（平屋顶是指屋面板底高度），凸出主体建筑物屋顶的电梯机房、楼梯出口间、水箱间、瞭望塔、排烟机房等不计入檐口高度。

2. 综合脚手架工程量计算

综合脚手架按建筑面积计算。同一建筑物檐高不同时，应按不同檐高分别列编清单项目。在进行综合单价计算时，还可根据地区定额中相应项目区分地下室、单层、多（高）层分别列项。

3. 综合脚手架定额应用

1）定额中，单层建筑综合脚手架适用于檐高 20m 以内的单层建筑工程。凡单层建筑工程执行单层建筑综合脚手架项目；二层及二层以上的建筑工程执行多层建筑综合脚手架项目；地下室部分执行地下室综合脚手架项目。

2）综合脚手架中包括外墙砌筑及外墙粉饰、3.6m 以内的内墙砌筑及混凝土浇捣用脚手架以及内墙面和天棚粉饰脚手架。

3）执行综合脚手架，有下列情况者，可另执行单项脚手架相应项目：

① 满堂基础高度（垫层上皮至基础顶面）>1.2m 时，按满堂脚手架基本层定额乘以系数 0.3；高度超过 3.6m，每增加 1m 按满堂脚手架增加层定额乘以系数 0.3。

② 砌筑高度在 3.6m 以外的砖内墙，按单排脚手架定额乘以系数 0.3；砌筑高度在 3.6m 以外的砌块内墙，按相应双排外脚手架定额乘以系数 0.3。

③ 室内墙面粉饰高度在 3.6m 以外的执行内墙面粉饰脚手架项目。

④ 室内墙面粉饰高度在 3.6m 以外的，可增列天棚满堂脚手架，室内墙面装饰不再计算墙面粉饰脚手架，只按每 100m² 墙面垂直投影面积增加改架一般技工 1.28 工日。

⑤ 室内浇筑高度在 3.6m 以外的混凝土墙，按单排脚手架定额乘以系数 0.3；室内浇筑高在 3.6m 以外的混凝土独立柱、单（连续）梁，执行双排外脚手架定额项目乘以系数 0.3；室内浇浇筑高在 3.6m 以外的楼板，执行满堂脚手架定额项目乘以系数 0.3。

⑥ 女儿墙砌筑或浇筑高度 >1.2m 时，可按相应项目计算脚手架。

11.1.2 单项脚手架

除综合脚手架外，《工程量计算规范》中其余 7 项脚手架项目均属单项脚手架。

1. 单项脚手架适用范围

单项脚手架适用于不能按《建筑工程建筑面积计算规范》计算建筑面积的建筑工程脚手架，如屋顶混凝土花架的梁、板、柱均可按单项脚手架的规定计算脚手架。

2. 单项脚手架工程量计算

1）里、外脚手架工程量。根据搭设方式、搭设高度、脚手架材质，按所服务对象的垂直投影面积计算。

2）悬空脚手架工程量。根据搭设方式、悬挑宽度、脚手架材质，按搭设的水平投影面积计算。

3）挑脚手架工程量。根据搭设方式、悬挑宽度、脚手架材质，按搭设长度乘以搭设层数以"延长米"计算。

4）整体提升架工程量。根据搭设方式及启动装置、搭设高度，按所服务对象的垂直投影面积计算。其工作内容包括：场内、场外材料搬运，选择附墙点与主体连接，搭、拆脚手架、斜道、上料平台，安全网的铺设，测试电动装置、安全锁等，拆除脚手架后材料的堆放。

应注意整体提升架项目已包括 2m 高的防护架体设施。

5）外装饰吊篮工程量。根据升降方式及启动装置、搭设高度及吊篮型号，按所服务对象的垂直投影面积计算。其工作内容包括：场内、场外材料搬运，吊篮的安装，测试电动装置、安全锁、平衡控制器等，吊篮的拆卸。

11.2　垂直运输及超高施工增加

11.2.1　垂直运输

垂直运输是指施工工程在合理工期内所需垂直运输机械。垂直运输费是指现场所用材料、机具从地面运至相应高度以及职工人员上下工作面等所发生的运输费用。垂直运输费包括单位工程在合理工期内完成全部工程项目所需的垂直运输机械费，不包括机械的场外往返运输，一次安装、拆除及路基铺垫和轨道铺拆等的费用。

1. 垂直运输工程量清单项目工作内容

垂直运输工程量清单项目工作内容包括垂直运输机械的固定装置、基础制作与安装，行走式垂直运输机械轨道的铺设、拆除、摊销。即垂直运输设备基础应计入综合单价，不单独编码列项计算工程量，但垂直运输机械的场外运输及安拆按大型机械设备进出场及安拆编码列项计算工程量。

2. 垂直运输工程量计算

建筑物垂直运输工程量，区分不同建筑物类型、结构形式、檐口高度及层数以建筑面积计算或按施工工期日历天数计算。同一建筑物有不同檐高时，按建筑物的不同檐高做纵向分割，分别计算建筑面积，以不同檐高分别编码列项。

建筑物的檐口高度是指设计室外地坪至檐口滴水的高度（平屋顶是指屋面板底高度），凸出主体建筑物屋顶的电梯机房、楼梯出口间、水箱间、瞭望塔、排烟机房等不计入檐口高度之内。

3. 垂直运输定额应用

1）建筑物垂直运输机械台班用量，区分不同建筑物结构及檐高按建筑面积计算。地下室面积与地上面积合并计算。

2）垂直运输定额中是按泵送混凝土考虑的，如采用非泵送，垂直运输费按以下方法增加：相应项目乘以调整系数（5%～10%），再乘以非泵送混凝土数量占全部混凝土数量的百分比。

3）垂直运输工作内容包括单位工程在合理工期内完成全部工程项目所需要的垂直运输机械台班，不包括机械的场外往返运输，一次安拆及路基铺垫和轨道铺拆等的费用。

4）檐高 3.6m 以内的单层建筑，不计算垂直运输机械台班。

5）定额中层高按 3.6m 考虑，超过 3.6m 者，应另计层高超高垂直运输增加费，每超过

1m，其超高部分按相应定额增加 10%，超高不足 1m 按 1m 计算。

6）垂直运输是按现行工期定额中规定的Ⅱ类地区标准编制的，Ⅰ类、Ⅲ类地区按相应定额分别乘以系数 0.95 和 1.1。

11.2.2　超高施工增加

单层建筑物檐口高度超过 20m，多层建筑物超过 6 层时，可按超高部分的建筑面积计算超高施工增加。

1. 超高施工增加工程量清单项目工作内容

超高施工增加工程量清单项目工作内容包括：建筑物超高引起的人工工效降低以及由于人工工效降低引起的机械降效；高层施工用水加压水泵的安装、拆除及工作台班；通信联络设备的使用及摊销。

2. 超高施工增加工程量计算

超高施工增加工程量，根据建筑物建筑类型及结构形式，建筑物檐口高度、层数，按单层建筑物檐口高度超过 20m、多层建筑物超过 6 层部分的超高部分的建筑面积计算。

在计算工程量时应注意：

1）计算建筑物层数时，地下室不计入层数。

2）同一建筑物有不同檐高时，可按不同高度的建筑面积分别计算建筑面积，以不同檐高分别编码列项。

11.3　大型机械设备进出场及安拆

大型机械设备进出场及安拆是指机械整体或分体自停放场地运至施工现场，或由一个施工地点运至另一个施工地点，所发生的机械进出场运输及转移以及机械在施工现场进行安装、拆卸、试运转费和安装所需的辅助设施等。

11.3.1　大型机械设备进出场及安拆工程量计算

大型机械设备进出场及安拆工程量按使用机械设备的数量以"台·次"计算。

在计算大型机械设备安拆工程量时，应根据各地定额对大型机械的划分进行列项。某地区预算定额中分别设置了自升式塔式起重机、柴油打桩机、静力压桩机、施工电梯、三轴搅拌桩机等机械的安装拆卸费子目。每台大型机械安装、拆卸一次，为一个台次。

11.3.2　大型机械设备进出场及安拆费用定额应用

1）机械安拆费是安装、拆卸的一次性费用，机械安拆费中已经包括机械安装完毕后的试运转费用。

2）柴油打桩机的安拆费中，已包括轨道的安拆费用。

3）自升式塔式起重机安拆费是按塔高 45m 确定的，>45m 且檐高≤200m，塔高每增高10m，按相应定额增加费用 10%，尾数不足 10m 按 10m 计算。

4）大型机械进出场费：

① 进出场费中已包括往返一次的费用，其中回程费按单程运费的 25% 考虑。

② 进出场费中已包括臂杆、铲斗及附件、道木、道轨的运费。

③ 机械运输路途中的台班费，不另计取。

5）大型机械现场的行使路线需修整铺垫时，其人工修整可按实际计算。同一施工现场各建筑物之间的运输定额按 100m 以内综合考虑。转移距离超过 100m，在 300m 以内的，按相应场外运输费用乘以系数 0.3；转移距离在 500m 以内的，按相应场外运输费用乘以系数 0.6。使用道木铺垫按 15 次摊销，使用碎石零星铺垫按一次摊销。

11.4 施工排水、降水

11.4.1 施工排水

施工排水是指地表水的排出、基坑开挖时采用集水坑集水及抽排水、施工中由于不可抗力因素引起的基坑内雨水或污水的排水等。

施工排水的施工内容包括排水管道的安装、维修、拆除及场内搬运等。施工排水用的临时排水沟及排水设施的安砌、维修、拆除等，应包括在安全文明施工费中。

11.4.2 施工降水

施工降水是指当建筑物的基础埋置深度在地下水位以下时，为保证土方施工的顺利进行，将地下水位降到基础埋置深度以下采取的措施。其降水除集水坑降水外，一般采用井点降水。井点类型主要有轻型井点、大口径井点、水泥管井井点等。

施工降水的施工内容包括成井，井管安装、拆除，降水设备的安拆及维护，抽水以及人工值守等。

11.4.3 施工排水、降水工程量计算

施工排水、降水工程设置成井和排降水两项工程量清单项目。

1）成井工程量根据成井方式、地层情况、成井直径、井（滤）管类型、井（滤）管直径等情况，按设计图示尺寸以钻孔深度以"m"为单位计算。

2）排降水工程量根据排降水机械规格型号、排降水管规格，按排水、降水日历天数以"昼夜"为单位计算。

11.4.4 施工排水、降水定额工程量计算及应用

1. 施工排水、降水定额工程量计算

1）轻型井点、喷射井点排水的井管安装、拆除以根为单位计算，使用以"套·天"计算；真空深井、自流深井排水的安装拆除以每口井计算，使用以每口"井·天"计算。

2）使用天数以每昼夜（24h）为一天，并按施工组织设计要求的使用天数计算。

3）集水井按设计图示数量以"座"计算，大口井按累计井深以长度计算。

2. 施工排水、降水定额应用

1）轻型井点以 50 根为一套，喷射井点以 30 根为一套，使用时累计根数轻型井点少于 25 根，喷射井点少于 15 根，使用费按相应定额乘以系数 0.7。

2）井管间距应根据地质条件和施工降水要求，按施工组织设计确定，施工组织设计未考虑时，可按轻型井点管距 1.2m、喷射井点管距 2.5m 确定。

3）直流深井降水成孔直径不同时，只调整相应的黄砂含量，其余不变；PVC-U 加筋管直径不同时，调整管材价格的同时，按管子周长的比例调整相应的密目网及铁丝。

4）排水井分集水井和大口井两种。集水井项目按基坑内设置考虑，井深在 4m 以内，按相应定额计算，如井深超过 4m 时，定额按比例调整。大口井按井管直径分两种规格，抽水结束时回填大口井的人工和材料未包括在消耗量内，实际发生时应另行计算。

习　题

简答题

1. 什么是建筑工程措施项目费？措施项目费包括哪些内容？

2. 什么是综合脚手架？综合脚手架的适用范围是什么？

3. 什么是垂直运输费？其工程量如何计算？

4. 混凝土模板及支架费怎么计算？

第 11 章练习题

扫码进入在线答题小程序，完成答题可获取答案

第**12**章

工程量清单计价示例

12.1 某住宅楼工程建筑工程施工图

12.1.1 设计说明

1）本住宅楼为二层砖混结构。其中墙体除注明者外均为240mm厚，轴线居中。

2）耐久等级三级，耐火等级三级，建筑物抗震设计烈度为六度。

3）该建筑物平面为一字形，总高为6.900m，总长为20.840m，总宽为8.340m，建筑面积为367.620m²。室内外高差为750mm。本建筑以一层室内标高作为设计相对标高±0.000。

4）各部位建筑做法如下：

① 高聚物改性沥青卷材防水屋面：

35mm厚490mm×490mm，C20预制钢筋混凝土板（φ4钢筋双向中距150mm），1：2水泥砂浆填缝。

M2.5砂浆砌120mm×120mm三皮砖，双向中距500mm砖带端部砌240mm×120mm三皮砖。

4mm厚SBS改性沥青防水卷材。

刷基层处理剂一遍。

20mm厚1：2.5水泥砂浆找平层。

20mm厚（最薄处）1：8水泥加气混凝土碎渣，2%找坡。

干铺150mm厚加气混凝土砌块。

钢筋混凝土屋面板，表面清扫干净。

② 一般房间水泥砂浆楼面：

20mm厚1：2水泥砂浆抹面压光。

素水泥砂浆结合层一遍。

钢筋混凝土楼板。

③ 水泥砂浆厨房、卫生间楼面：

20mm 厚 1：2 水泥砂浆抹面压光。

素水泥浆结合层一遍。

60mm 厚 C20 细石混凝土防水层 0.5%~1% 找坡，最薄处不小于 30mm 厚。

钢筋混凝土楼板。

④ 一般房间水泥砂浆地面：

20mm 厚 1：2 水泥砂浆抹面压光。

素水泥浆结合层一遍。

60mm 厚 C10 混凝土。

素土夯实。

⑤ 水泥砂浆厨房、卫生间地面：

20mm 厚 1：2 水泥砂浆抹面压光。

素水泥浆结合层一遍。

60mm 厚 C20 细石混凝土防水层 0.5%~1% 找坡，最薄处不小于 30mm 厚。

60mm 厚 C10 混凝土。

素土夯实。

⑥ 内墙面：

A. 厨房、卫生间水泥砂浆墙面：

15mm 厚 1：3 水泥砂浆。

5mm 厚 1：2 水泥砂浆。

B. 一般房间混合砂浆墙面：

15mm 厚 1：1：6 水泥石灰砂浆。

5mm 厚 1：0.5：3 水泥石灰砂浆。

⑦ 顶棚：

A. 厨房、卫生间水泥砂浆顶棚：

钢筋混凝土板底面清理干净。

7mm 厚 1：3 水泥砂浆。

5mm 厚 1：2 水泥砂浆。

表面抹仿瓷涂料两遍。

B. 一般房间混合砂浆顶棚：

钢筋混凝土板底面清理干净。

7mm 厚 1：1：4 水泥石灰砂浆。

5mm 厚 1：0.5：3 水泥石灰砂浆。

表面抹仿瓷涂料两遍。

⑧ 踢脚：

水泥砂浆踢脚（高 150mm）。

15mm 厚 1∶3 水泥砂浆

10mm 厚 1∶2 水泥砂浆抹面压光。

⑨ 油漆工程：

在木质基层上刮腻子，磨光，刷底油一遍，调和漆两遍。

在金属基层上除锈，刷防锈漆一遍，刮腻子，磨光，刷调和漆两遍。

5）各部位建筑材料选用：

① 基础：垫层采用三七灰土，砖基础及±0.000 以下墙体采用 MU10 红机砖，M5 水泥砂浆。

② ±0.000 以上墙体采用 MU10 红机砖，M5 混合砂浆。

③ 所有钢筋混凝土构件均采用 C20 混凝土，钢筋均采用 HPB300。

6）钢筋混凝土空心板、平板混凝土及钢筋用量见表 12-1。

表 12-1 混凝土、钢筋用量表

板型号	混凝土用量（单块）/m³	钢筋用量（单块）/kg	板型号	混凝土用量（单块）/m³	钢筋用量（单块）/kg
YKB2751	0.098	2.932	YKB3961	0.169	8.094
YKB2761	0.117	3.770	YKB3951	0.142	6.787
YKB3051 YKB3052	0.109	3.256	YKB3962	0.169	9.905
YKB3061 YKB3062	0.13	4.186	YKB3952	0.142	8.598
			PB2162	0.097	6.293
YKB3361 YKB3362	0.143	5.113	PB2152	0.080	5.226
YKB3352	0.12	4.090	PB1552	0.043	3.741
YKB2662	0.117	3.770	PB1562	0.052	3.896

7）地基土为黏土，地基承载力 f_k = 120kPa。

8）本工程圈梁满布，层层设置。构造柱纵筋伸入地圈梁底平弯 300mm。外墙构造柱伸至女儿墙压顶，内墙伸至二层圈梁顶。

9）本工程施工图为图 12-1～图 12-19，图中除标高以"m"为单位外，其余均以"mm"为单位。

10）本工程门窗表后附，详见施工图后 12.1.2 节。

11）除图中所示图样及说明外，其他未尽事宜应按国家现行有关工程施工验收规范的规定执行。

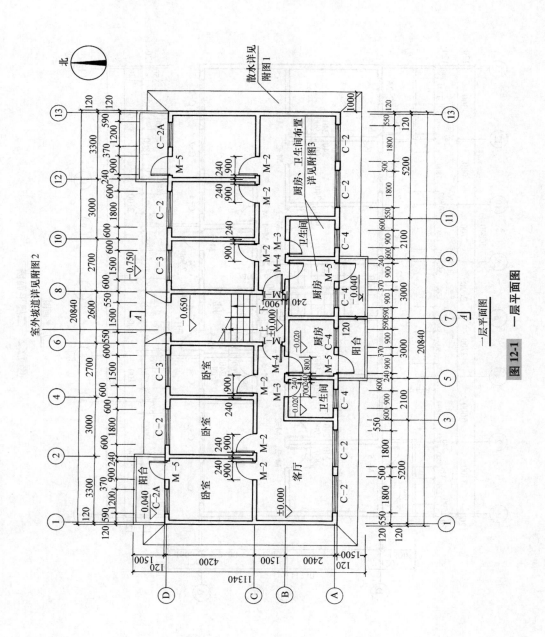

图 12-1　一层平面图

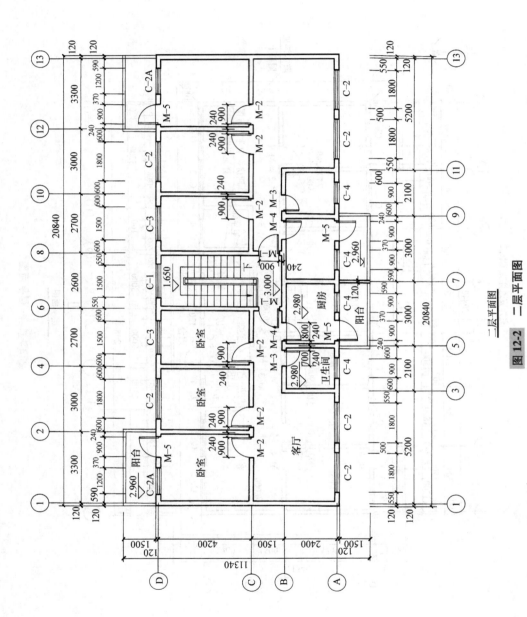

二层平面图

图 12-2 二层平面图

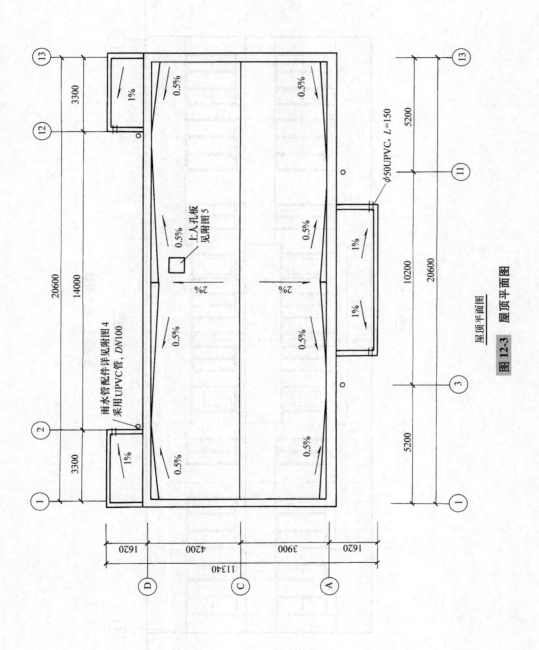

屋顶平面图

图 12-3 屋顶平面图

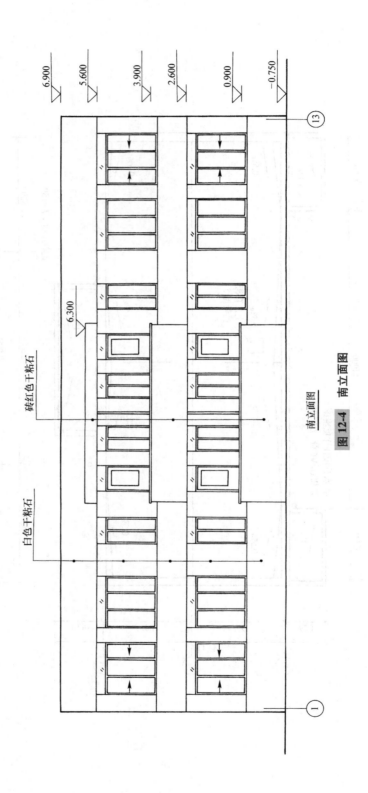

南立面图

图 12-4　南立面图

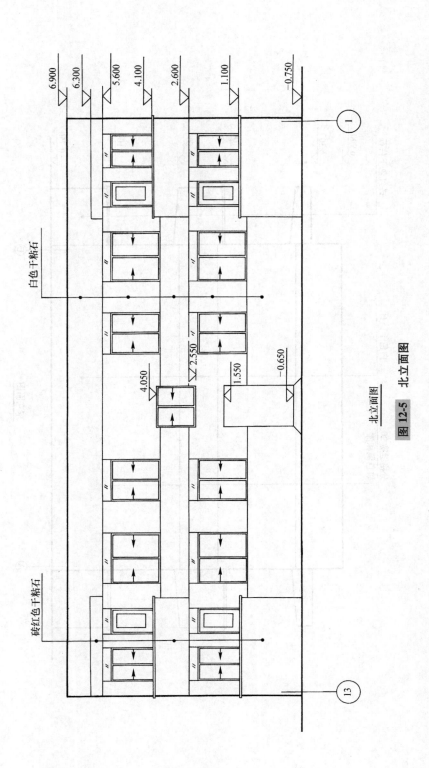

图 12-5　北立面图

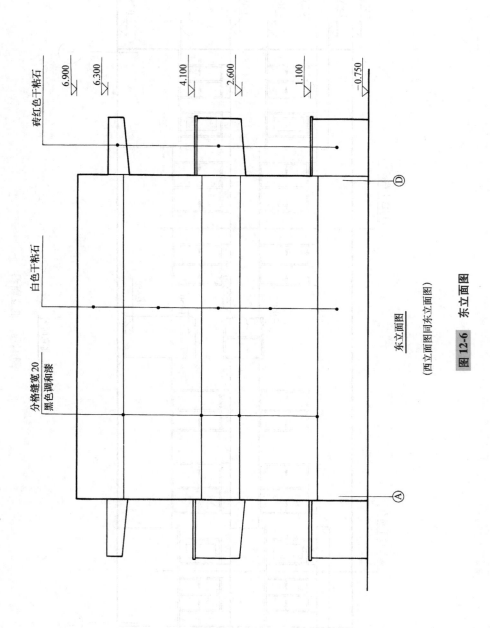

东立面图

（西立面图同东立面图）

图 12-6　东立面图

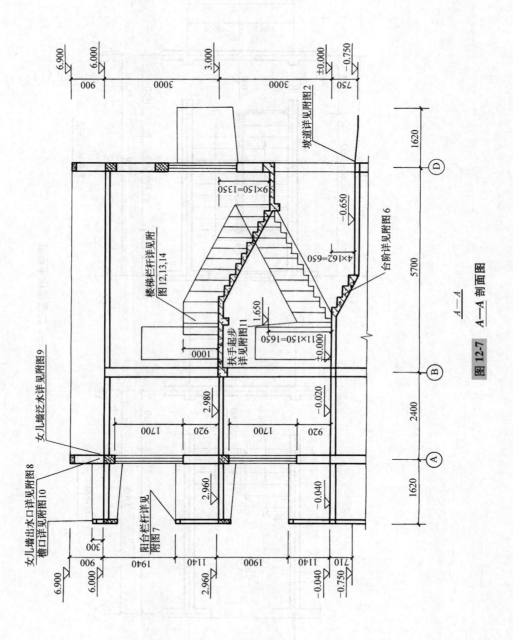

图 12-7　A—A 剖面图

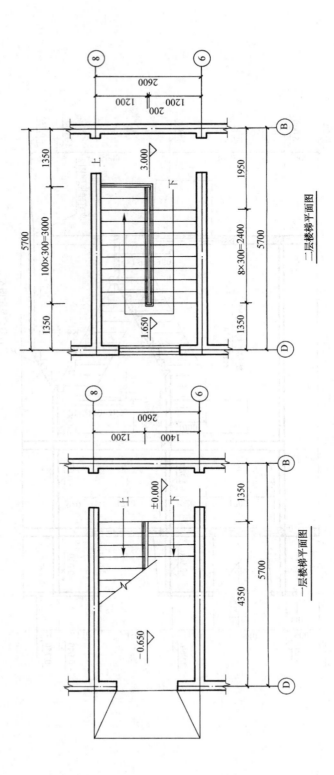

图 12-8 一、二层楼梯平面图

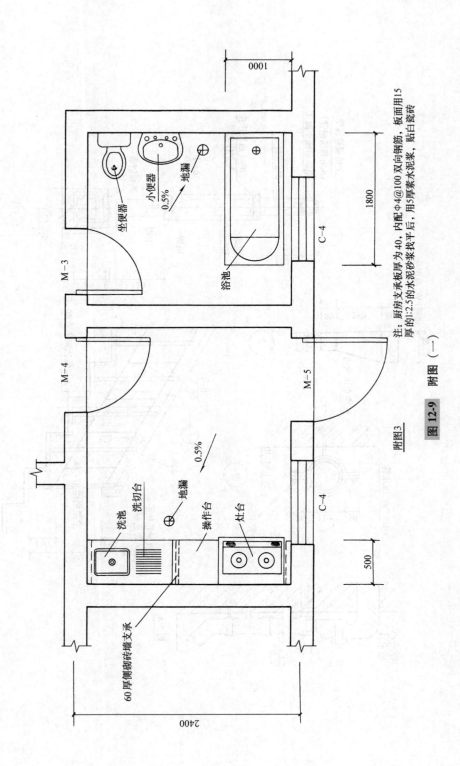

注：厨房支承板厚为40，内配φ4@100 双向钢筋，板面用15
厚的1:2.5的水泥砂浆找平后，用5厚素水泥浆，贴白瓷砖

附图3

图 12-9　附图（一）

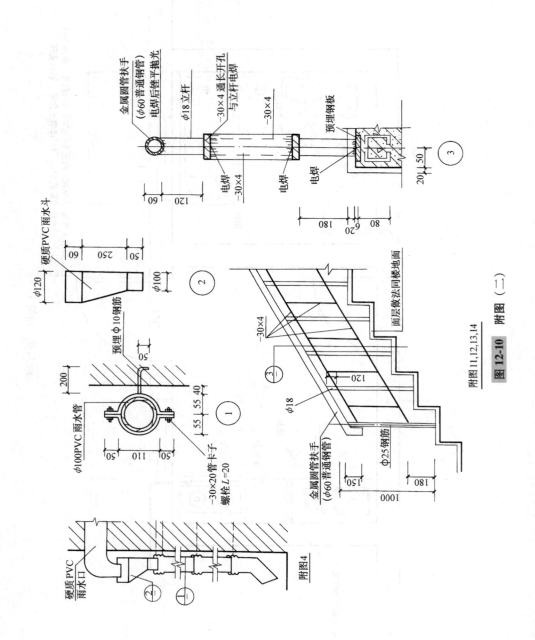

附图11,12,13,14

图 12-10 附图（二）

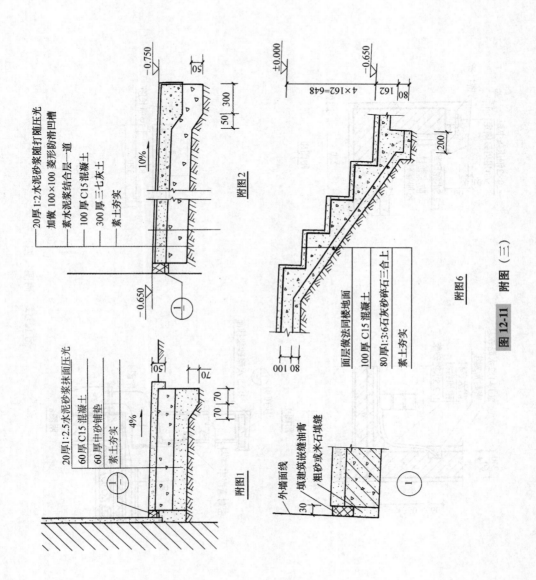

附图1

20厚1:2.5水泥砂浆抹面压光
60厚 C15 混凝土
60 厚中砂铺垫
素土夯实

4%

50
70 70

①

附图2

20厚 1:2 水泥砂浆随打随压光
加做 100×100 菱形防滑凹槽
素水泥浆结合层
100 厚 C15 混凝土
300厚三七灰土
素土夯实

10%

-0.750
-0.650

50 300
50

①

附图6

面层做法同楼地面
100 厚 C15 混凝土
80厚1:3:6石灰砂碎石三合土
素土夯实

±0.000
-0.650

4×162=648
162
80

200

08 100

①

外墙面线
填建筑嵌缝油膏
粗砂或米石填缝

30

①

图 12-11 附图（三）

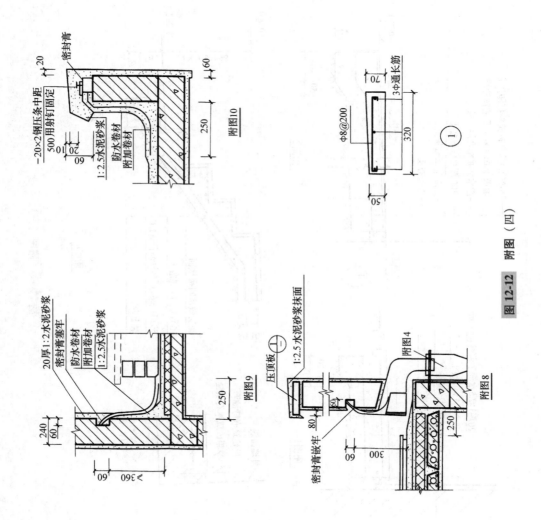

图 12-12　附图（四）

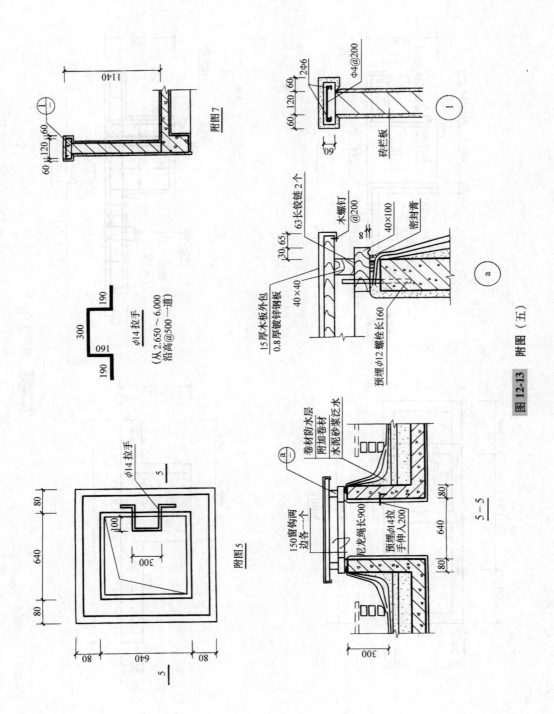

图 12-13　附图（五）

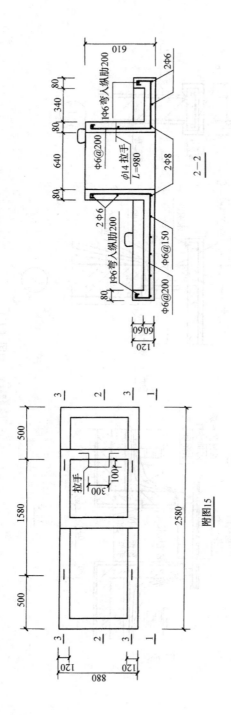

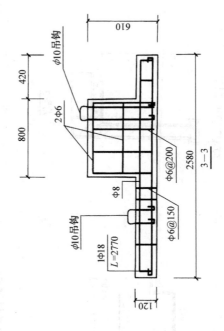

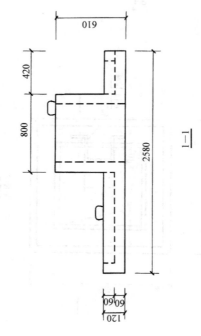

图 12-14 附图（六）

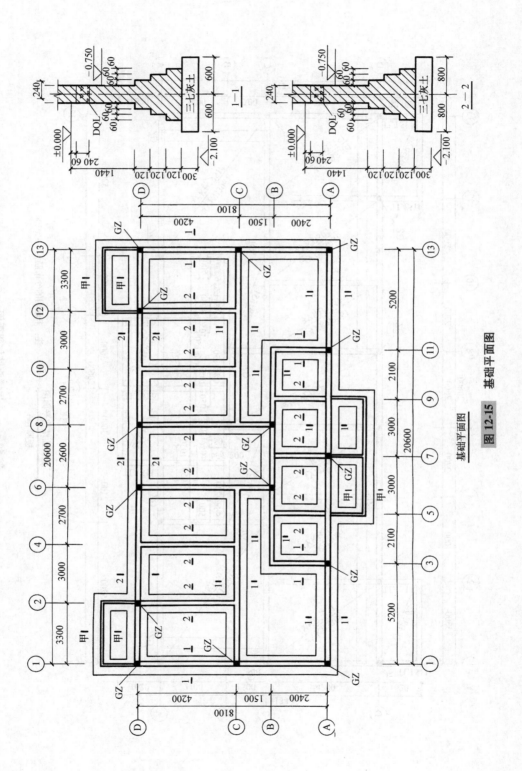

图 12-15　基础平面图

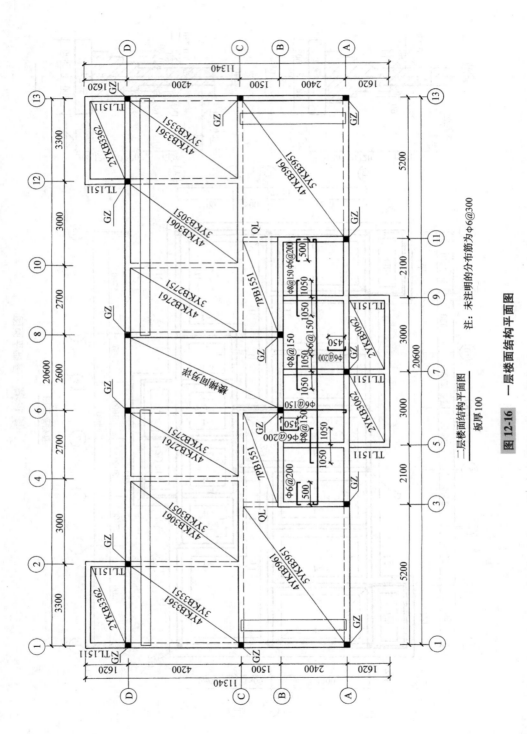

图 12-16　一层楼面结构平面图

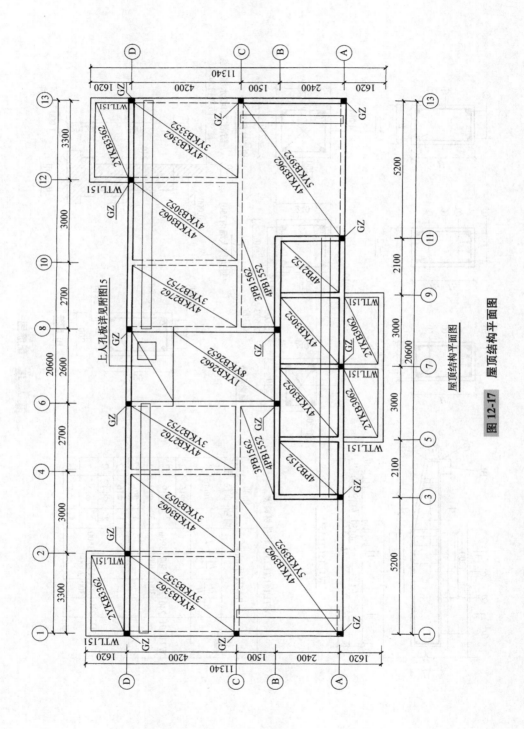

图 12-17　屋顶结构平面图

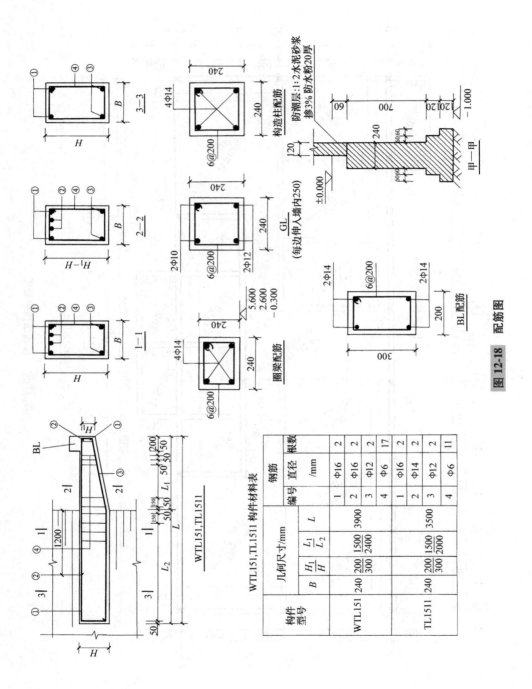

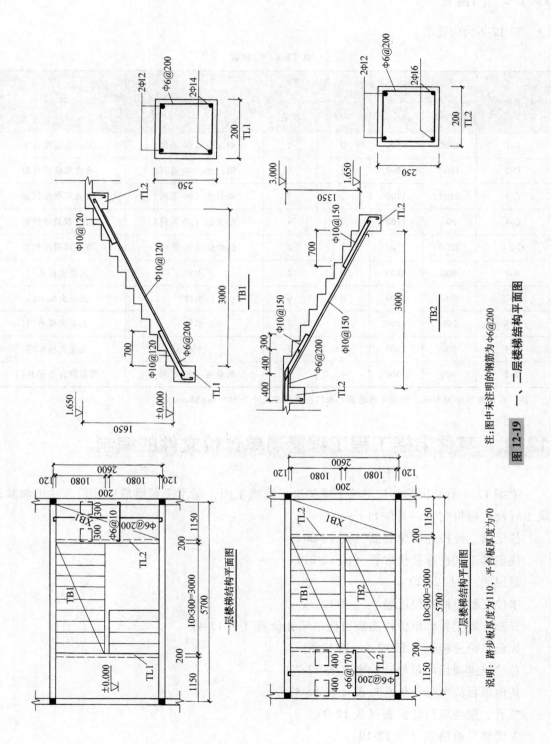

图 12-19　一、二层楼梯结构平面图

注：图中未注明的钢筋为 Φ6@200

说明：踏步板厚度为110、平台板厚度为70

12.1.2 门窗表

表 12-2 为门窗表。

表 12-2 门窗表

门窗代号	洞口尺寸		数量		材料	备注
	宽/mm	高/mm	一层	二层		
C-1	1500	1500	0	1	铝合金（90系列）	无亮双扇推拉窗
C-2	1800	1700	6	6	铝合金（90系列）	有亮双扇推拉窗
C-3	1500	1700	2	2	铝合金（90系列）	有亮双扇推拉窗
C-4	900	1700	4	4	铝合金（90系列）	有亮双扇推拉窗
C-2A	1200	1700	2	2	铝合金（90系列）	有亮双扇推拉窗
M-1	900	2100	2	2	木材	无亮夹板木门
M-2	900	2100	6	6	木材	无亮夹板木门
M-3	700	2100	2	2	木材	无亮夹板木门
M-4	800	2100	2	2	木材	无亮夹板木门
M-5	900	2600	4	4	铝合金（90系列）	有亮铝合金平开门

注：窗玻璃厚度为 5mm，选用平板玻璃；木门框料断面尺寸为 105mm×55mm。

12.2 某住宅楼工程工程量清单计价文件的编制

依据 12.1 节给出的某住宅楼工程建筑工程施工图，运用工程量清单计价方法编制其建筑工程投标报价文件，具体如下：

住宅楼工程投标报价封面（图 12-20）

住宅楼工程投标报价扉页（图 12-21）

总说明（图 12-22）

单位工程投标报价汇总表（表 12-3）

分部分项工程和单价措施项目清单与计价表（表 12-4）

综合单价分析表（表 12-5、表 12-6）

总价措施项目清单与计价表（表 12-7）

其他项目清单与计价汇总表（表 12-8）

规费、税金项目计价表（表 12-9）

主要材料价格表（表 12-10）

单位工程主材表（表 12-11）

住宅楼　　　　　　　工程

投　标　总　价

投　标　人：＿＿＿＿＿＿＿＿
　　　　　　　（单位盖章）

年　月　日

图 12-20　住宅楼工程投标报价封面

住宅楼 工程

投 标 总 价

招 标 人：＿＿＿＿＿＿＿＿＿＿＿＿＿＿＿＿＿＿＿＿＿＿

工程名称：＿＿＿＿＿＿＿＿＿＿＿＿＿＿＿＿＿＿＿＿＿＿

投标总价（小写）：＿＿＿＿＿＿＿ 429663.69 元 ＿＿＿＿＿

（大写）：＿＿＿ 肆拾贰万玖仟陆佰陆拾叁元陆角玖分 ＿＿＿

投 标 人：＿＿＿＿＿＿＿＿＿＿＿＿＿＿＿＿＿＿＿＿＿＿

（单位盖章）

法定代表人

或其授权人：＿＿＿＿＿＿＿＿＿＿＿＿＿＿＿＿＿＿＿＿＿＿

（签字或盖章）

编 制 人：＿＿＿＿＿＿＿＿＿＿＿＿＿＿＿＿＿＿＿＿＿＿

（造价人员签字盖专用章）

时 间： 年 月 日

图 12-21 住宅楼工程投标报价扉页

总　说　明

工程名称：住宅楼　　　　　　　　　　　　　　　　　　　　　　　　　第 1 页　共 1 页

1. 工程概况

（1）本住宅楼为二层砖混结构。其中墙体除注明者外均为 240mm 厚，轴线居中。

（2）耐久等级三级，耐火等级三级，建筑物抗震设计烈度为六度。

（3）该建筑物平面为一字形，总高为 6.900m，总长为 20.840m，总宽为 8.340m，建筑面积为 367.620m²。室内外高差为 750mm。本建筑以一层室内标高作为设计相对标高±0.000。

2. 编制依据

（1）《房屋建筑与装饰工程工程量计算规范》（GB 50854—2013）。

（2）《河南省房屋建筑与装饰工程预算定额》（2016）。

（3）《河南省 2016 定额综合解释》（2017）。

（4）某住宅楼建筑工程施工图。

（5）价格指数调整：人工费报告期指数 1.216，机械费报告期指数 1.157，管理费报告期指数 1.741。

（6）材料费的调整：根据某地区 2021 年第 2 期市场价格信息中的材料价格执行。

3. 编制范围

住宅楼土建工程，钢筋工程、装饰工程暂未计算。

4. 其他需要说明的问题

（1）总价措施费按照实际工程项目未发生夜间施工、冬雨季施工和二次搬运考虑。

（2）工程总造价：429663.69 元。

（3）单方造价：1168.77 元/m²。

图 12-22　总说明

建筑工程计量与计价 第3版

表 12-3 单位工程投标报价汇总表

工程名称：住宅楼 　　　　　　标段： 　　　　　　第 1 页 共 1 页

序号	汇总内容	金额（元）	其中：暂估价（元）
1	分部分项工程	352559.63	
2	措施项目	30720.48	
2.1	其中：安全文明施工费	8796.39	
2.2	其他措施费（费率类）		
2.3	单价措施费	21924.09	
3	其他项目		—
3.1	其中：1）暂列金额		—
3.2	2）专业工程暂估价		—
3.3	3）计日工		—
3.4	4）总承包服务费		—
3.5	5）其他		
4	规费	10906.76	—
4.1	定额规费	10906.76	—
4.2	工程排污费		—
4.3	其他		
5	不含税工程造价合计	394186.87	
6	增值税	35476.82	—
7	含税工程造价合计	429663.69	
	投标报价合计 = 1+2+3+4+6	429663.69	0

注：本表适用于单位工程招标控制价或投标报价的汇总，如无单位工程划分，单项工程也使用本表汇总。

表 12-4　分部分项工程和单价措施项目清单与计价表

工程名称：住宅楼　　　　　　　　　　　　　标段：　　　　　　　　　　　　第 1 页 共 2 页

序号	项目编码	项目名称	项目特征描述	计量单位	工程量	综合单价	合价	暂估价
							金额（元）	其中
		整个项目					352559.63	
1	010101001001	平整场地		m²	183.8	2.99	549.56	
2	010101003001	挖沟槽土方	1. 土壤类别：三类土 2. 挖土深度：2m 内	m³	207.56	104.88	21768.78	
3	010103002001	余方弃置	运距：1km 以内	m³	90.37	29.34	2651.46	
4	010801001001	木质门		m²	42.84	580.84	24883.55	
5	010807001001	金属（塑钢、断桥）窗	1. 框、扇材质：铝合金 2. 玻璃品种、厚度：5mm	m²	70	859.7	60179	
6	010802001001	金属（塑钢）门	门框、扇材质：铝合金	m²	18.72	714.48	13375.07	
7	010404001001	垫层	垫层材料种类、配合比、厚度：三七灰土	m³	44.81	123.49	5533.59	
8	010502002001	构造柱	1. 混凝土种类：预拌 2. 混凝土强度等级：C20	m³	7.9	620.44	4901.48	
9	010503004001	圈梁	1. 混凝土种类：预拌 2. 混凝土强度等级：C20	m³	18.3	583.8	10683.54	
10	010503003001	异形梁	1. 混凝土种类：预拌 2. 混凝土强度等级：C20	m³	27.67	498.92	13805.12	
11	010503002001	矩形梁	1. 混凝土种类：预拌 2. 混凝土强度等级：C20	m³	1.6	494.69	791.5	
12	010505003001	平板	1. 混凝土种类：预拌 2. 混凝土强度等级：C20	m³	2.45	509.57	1248.45	
13	010506001001	直形楼梯	1. 混凝土种类：预拌 2. 混凝土强度等级：C20	m²	18.69	155.75	2910.97	
14	010507001001	散水、坡道	1. 垫层材料种类、厚度：三七灰土 2. 面层厚度：30mm 3. 混凝土种类：预拌 4. 混凝土强度等级：C15	m²	63.5	94.51	6001.39	
15	010507005001	扶手、压顶	1. 混凝土种类：预拌 2. 混凝土强度等级：C20	m³	1.11	676.95	751.41	
16	010503005001	过梁	1. 混凝土种类：预拌 2. 混凝土强度等级：C20	m³	5.87	611.82	3591.38	
		本页小计					173626.25	

（续）

工程名称：住宅楼　　　　　　　　　标段：　　　　　　　　　第 2 页 共 2 页

序号	项目编码	项目名称	项目特征描述	计量单位	工程量	综合单价	合价	其中 暂估价
17	010512001001	平板	混凝土强度等级：C20	m³	1.9	671.05	1275	
18	010512002001	空心板	混凝土强度等级：C20	m³	19.98	245.34	4901.89	
19	010902001001	屋面卷材防水	1. 卷材品种、规格、厚度：SBS 改性沥青防水卷材 2. 防水层数：1 层 3. 防水层做法：热熔法	m²	166.86	155.22	25900.01	
20	010401012001	零星砌砖	砂浆强度等级、配合比：水泥砂浆 M2.5	m³	22	629.35	13845.73	
21	010401001001	砖基础	1. 砖品种、规格、强度等级：黏土砖 2. 基础类型：条形 3. 砂浆强度等级：水泥砂浆 M5.0	m³	64.22	512.6	32919.17	
22	010401003001	实心砖墙	1. 砖品种、规格、强度等级：标准砖 2. 砂浆强度等级、配合比：水泥砂浆 M5.0	m³	131.85	592.85	78167.49	
		措施项目					21924.09	
1	011702003001	构造柱		m²	48.76	46.31	2258.08	
2	011702008001	圈梁		m²	81.06	57.77	4682.84	
3	011702016001	平板	支撑高度：3.6m 以内	m²	26.76	55.05	1473.14	
4	011702024001	楼梯	类型：直行双跑楼梯	m²	12.82	53.63	687.54	
5	011703001001	垂直运输	1. 建筑物建筑类型及结构形式：砖混结构住宅 2. 建筑物檐口高度、层数：檐口高度 5.6m，二层	m²	367.62	16.65	6120.78	
6	011701001001	综合脚手架	1. 建筑结构形式：砖混结构 2. 檐口高度：5.6m	m²	367.62	18.23	6701.71	
			本页小计				178933.38	

注：为计取规费等的使用，可在表中增设其中："定额人工费"。

工程名称：住宅楼

表 12-5　综合单价分析表一（部分）

标段：

项目编码	010101001001	项目名称	平整场地	计量单位	m²	工程量	183.8

清单综合单价组成明细

定额编号	定额项目名称	定额单位	数量	单价（元）				合价（元）			
				人工费	材料费	机械费	管理费和利润	人工费	材料费	机械费	管理费和利润
1-123	人工场地平整	100m²	0.01	236.87			62.23	2.37			0.62
人工单价		小计（元）						2.37			0.62
普工 87.1元/工日		未计价材料费									
		清单项目综合单价（元）						2.99			

材料费明细	主要材料名称、规格、型号	单位	数量	单价（元）	合价（元）	暂估单价（元）	暂估合价（元）

注：1. 如不使用省级或行业建设主管部门发布的计价依据，可不填写定额编号、名称等。

2. 招标文件提供了暂估单价的材料，按暂估的单价填入表内"暂估单价"栏及"暂估合价"栏。

3. 综合单价分析表未完整显示，其余内容省略。

工程名称：住宅楼

表 12-6　综合单价分析表二（部分）

| 项目编码 | 010101003001 | 项目名称 | 挖沟槽土方 | 计量单位 | m³ | 工程量 | 207.56 |

标段：

清单综合单价组成明细

定额编号	定额项目名称	定额单位	数量	单价（元）				合价（元）			
				人工费	材料费	机械费	管理费和利润	人工费	材料费	机械费	管理费和利润
1-3	人工挖一般土方（基深）三类土 ≤2m	10m³	0.1	224.49			58.92	22.45			5.89
1-128	原土夯实二遍 人工	100m²	0.0083	84.45			22.24	0.71			0.18
1-131	夯填土 人工 槽坑	10m³	0.0564	112.85	0.73		29.72	6.36	0.04		1.68
4-72	垫层 灰土房心回填	10m³	0.0547	507.94	508.04	11.22	208.06	27.78	27.79	0.61	11.38
人工单价			小计					57.30	27.84	0.61	19.13
高级技工 201 元/工日；普工 87.1 元/工日；一般技工 134 元/工日			未计价材料费								
			清单项目综合单价					104.88			

材料费明细	主要材料名称、规格、型号	单位	数量	单价（元）	合价（元）	暂估单价（元）	暂估合价（元）
	水	m³	0.1204	4.7	0.57		
	生石灰	t	0.1357	130	17.64		
	黏土	m³	0.6422	15	9.63		
	材料费小计			—	27.84	—	

注：1. 如不使用省级或行业建设主管部门发布的计价依据，可不填定额编号、名称等。

2. 招标文件提供了暂估单价的材料，按暂估的单价填入表内"暂估单价"栏及"暂估合价"栏。

3. 综合单价分析表未完整显示，其余内容略。

表 12-7　总价措施项目清单与计价表

工程名称：住宅楼　　　　　　　　　　　　　标段：　　　　　　　　　　　　　第 1 页 共 1 页

序号	项目编码	项目名称	计算基础	费率（%）	金额（元）	调整费率（%）	调整后金额（元）	备注
1	011707001001	安全文明施工费	分部分项安全文明施工费+单价措施安全文明施工费		8796.39			
2	01	其他措施费（费率类）						
2.1	011707002001	夜间施工增加费	分部分项其他措施费+单价措施其他措施费	0				
2.2	011707004001	二次搬运费	分部分项其他措施费+单价措施其他措施费	0				
2.3	011707005001	冬雨季施工增加费	分部分项其他措施费+单价措施其他措施费	0				
3	02	其他（费率类）						
	合计				8796.39			

编制人（造价人员）：　　　　　　　　　　　　　　　复核人（造价工程师）：

注：1. "计算基础"中安全文明施工费可为"定额基价""定额人工费"或"定额人工费+定额机械费"，其他项目可为"定额人工费"或"定额人工费+定额机械费"。

　　2. 按施工方案计算的措施费，若无"计算基础"和"费率"的数值，也可只填"金额"数值，但应在备注栏说明施工方案出处或计算方法。

表 12-8 其他项目清单与计价汇总表

工程名称：住宅楼　　　　　　　　　标段：　　　　　　　　　第 1 页 共 1 页

序号	项目名称	金额（元）	结算金额（元）	备注
1	暂列金额			
2	暂估价			
2.1	材料工程设备暂估价	—		
2.2	专业工程暂估价			
3	计日工			
4	总承包服务费			
	合计	0		—

注：材料（工程设备）暂估单价计入清单项目综合单价，此处不汇总。

表 12-9 规费、税金项目计价表

工程名称：住宅楼 标段： 第 1 页 共 1 页

序号	项目名称	计算基础	计算基数	计算费率（%）	金额（元）
1	规费	定额规费+工程排污费+其他	10906.76		10906.76
1.1	定额规费	分部分项规费+单价措施规费	10906.76		10906.76
1.2	工程排污费				
1.3	其他				
2	增值税	不含税工程造价合计	394186.87	9	35476.82
	合计				46383.58

编制人（造价人员）： 复核人（造价工程师）：

表 12-10　主要材料价格表

工程名称：住宅楼　　　　　　　　　　　　　　　　　　　　第 1 页 共 1 页

序号	材料编码	材料名称	规格、型号等特殊要求	单位	数量	单价	合价
1	03030905	不锈钢合页		个	49.295988	12	591.55
2	04090213	生石灰		t	43.977304	130	5717.05
3	04090406	黏土		m³	208.123044	15	3121.85
4	04130141	烧结煤矸石普通砖	240mm×115mm×53mm	千块	143.486516	621.5	89176.87
5	04150121	加气混凝土砌块	600mm×240mm×180mm	m³	26.28045	384.2	10096.95
6	05030105	板方材		m³	0.940036	2100	1974.08
7	11010000	成品装饰门扇		m²	42.84	520	22276.8
8	11090136	铝合金隔热断桥平开门（含中空玻璃）		m²	17.978688	621.5	11173.75
9	11090226	铝合金隔热断桥推拉窗（含中空玻璃）		m²	66.801	791	52839.59
10	13330105	SBS 改性沥青防水卷材		m²	192.948561	28.84	5564.64
11	14410181	硅酮耐候密封胶		kg	85.206529	41.53	3538.63
12	14410219	聚氨酯发泡密封胶（750mL/支）		支	122.944625	23.3	2864.61
13	17250355	塑料水落管	φ110mm 以内	m	28.35	18	510.3
14	34110117	水		m³	127.303854	4.7	598.33
15	35010101	复合模板		m²	38.636115	37.12	1434.17
16	35030113	脚手架钢管		kg	127.292101	4.55	579.18
17	35030129	木脚手板		m³	0.389677	1652.1	643.79
18	80210557	预拌混凝土	C20	m³	84.693328	440	37265.06
19	80010731	干混砌筑砂浆	DM M10	m³	61.813334	180	11126.4
20	80010751	干混地面砂浆	DS M20	m³	3.403944	180	612.71

表 12-11 单位工程主材表

工程名称：住宅楼

序号	名称及规格	单位	数量	市场价	市场价合计	厂家	产地
1	成品木门框	m	145.6				
		合计					

参考文献

［1］崔艳秋，吕树俭. 房屋建筑学［M］. 3 版. 北京：中国电力出版社，2014.

［2］中华人民共和国住房和城乡建设部. 房屋建筑与装饰工程消耗量定额：TY 01-31—2015［S］. 北京：中国计划出版社，2015.

［3］全国造价工程师执业资格考试培训教材编审委员会. 建设工程计价［M］. 2 版. 北京：中国计划出版社，2021.

［4］全国造价工程师执业资格考试培训教材编审委员会. 建设工程技术与计量［M］. 2 版. 北京：中国计划出版社，2021.

［5］中华人民共和国住房和城乡建设部. 建设工程工程量清单计价规范：GB 50500—2013［S］. 北京：中国计划出版社，2013.

［6］郭正兴. 土木工程施工［M］. 3 版. 南京：东南大学出版社，2020.

［7］方俊. 土木工程造价［M］. 武汉：武汉大学出版社，2014.

［8］尹贻林. 建设工程技术与计量［M］. 6 版. 北京：中国计划出版社，2010.

［9］严玲，尹贻林. 工程计价学［M］. 3 版. 北京：机械工业出版社，2021.

［10］刘钦. 工程造价控制［M］. 北京：机械工业出版社，2010.

［11］中华人民共和国住房和城乡建设部. 混凝土结构工程施工规范：GB 50666—2011［S］. 北京：中国建筑工业出版社，2011.

［12］中华人民共和国住房和城乡建设部. 房屋建筑与装饰工程工程量计算规范：GB 50854—2013［S］. 北京：中国计划出版社，2013.

［13］中华人民共和国住房和城乡建设部. 混凝土结构施工图平面整体表示方法制图规则和构造详图：现浇混凝土框架、剪力墙、梁、板　22G101-1［S］. 北京：中国计划出版社，2016.